桩网复合地基设计和施工技术

周春儿　编著

中国计划出版社

·北　京·

图书在版编目（CIP）数据
桩网复合地基设计和施工技术 / 周春儿编著.
北京 : 中国计划出版社, 2025. 7. -- ISBN 978-7-5182-1837-0
Ⅰ. TU472
中国国家版本馆CIP数据核字第2025LR6308号

桩网复合地基设计和施工技术
ZHUANGWANG FUHE DIJI SHEJI HE SHIGONG JISHU

责任编辑：沈　建　　　　　封面设计：韩可斌

中国计划出版社出版发行
网址：www. jhpress. com
地址：北京市西城区木樨地北里甲11号国宏大厦C座4层
邮政编码：100038　电话：（010）63906433（发行部）
北京天宇星印刷厂印刷

787mm×1092mm　1/16　12印张　293千字
2025年7月第1版　2025年7月第1次印刷

定价：60.00元

前　言

随着我国社会经济持续快速发展，沿海港口货物吞吐量呈现跨越式增长态势，港区堆场基础设施面临着日益严峻的承载压力。尤其值得注意的是，当前工程实践中已出现堆场设计承载力标准提高至350 kPa的运营需求，这对建设在深厚软土地基上的沿海码头堆场提出了全新挑战。在软土天然承载力普遍低于100 kPa的地质条件下，如何通过科学的地基处理技术实现承载力跨越式提升，同时确保堆场长期使用过程中的工后沉降可控，已成为制约现代港口建设发展的关键性技术难题。

某散货码头堆场一侧临河，地基包含深厚软弱的淤泥质黏土层，堆场荷载区地基曾采用真空联合堆载预压处理，两侧地基则采用水泥搅拌桩加固处理。但在矿石试堆载过程中，堆场临河侧发生了严重的推移破坏。为了修复并加固该重载堆场地基，根据矿石堆载体形状和不同区段的地层条件，分区段提出了不同桩长的树根桩和CFG桩桩网复合地基处理方案。重载码头堆场的桩网复合地基加固稳定和变形关键技术亟须系统研究。

本书系统介绍了桩网复合地基变形与稳定关键技术的研究成果。全书共分七章。第一章介绍了工程概况和工程地质概况，进行了现状地基稳定分析，分析了推移原因，提出了项目的重点、难点分析及处理措施，阐述了桩网复合地基地基处理方法。第二章提出了桩网复合地基新的设计理念，解决堆场承载力与稳定性不足、沉降过大的问题，根据堆场区地质条件差异情况，将处理范围分成典型施工区和剩余区域，细分成20个处理区段，提出了堆载计划和控制标准。第三章提出了桩网复合地基设计计算方法，确定了计算参数，进行了地基承载力、整体稳定性、沉降计算，结果均满足使用要求。第四章总结了桩网复合地基施工技术，创新性提出了悬挂式插筋振动沉管CFG桩施工工艺。第五章提出了桩网复合地基检测内容和方法，进行了单桩竖向承载力静载试验、基桩完整性检测、CFG桩轮廓超声波法检测，结果表明，施工满足设计要求。第六章通过分析典型施工区试堆载试验现场监测各指标观测量在试验荷载350 kPa快速堆载作用下的原位表现情况，了解堆载区桩间土分层压缩、孔隙水压力、地基表层位移、深层水平位移以及桩体受力等。第七章通过对比边桩加强地基与边桩等强地基在试验工况荷载作用下的变形特性，分析边桩等强地基失稳的作用机理，并进一步模拟边桩加强地基在更高级荷载作用下的破坏模式，验证了边桩加强地基效果。

研究成果为桩网复合地基设计和施工提供了不可多得的工程范例，进一步丰富了超大荷载大面积软土地基重载堆场的加固设计理论和施工技术。

本书第一章由周春儿和林显才编写，第二章由林显才和索红彦编写，第三章由何元瑭、陈惠敏和金建军编写，第四章由曹昌浩和周春儿编写，第五章由张德恩和吴加武编写，第六章由苏彤和江文铂编写，第七章由苏彤、金泰赛和陈惠敏编写，全书由周春儿统稿。参与本书研究工作的还有研究团队的许多同志，凝聚了他们的心血与智慧，同时参考和引用了许多专家学者的研究成果和资料，在此表示诚挚的谢意。

本书针对深厚软基桩网复合地基设计和施工技术，既突出了理论性和先进性，又有实用性和可操作性，注重理论与实践相结合，以满足有关教学、科研、设计、施工、监理、建设的工程与管理技术人员的需要。

中国计划出版社的编辑为本书的出版做了大量艰辛、细致的工作，在此作者非常感激，并向支持本书出版的各位领导表示衷心的感谢。

鉴于作者水平有限，书中定有不足之处，敬请各位专家和广大读者批评指正。

目　　录

第1章　概论　001

1.1　工程概况　001

1.2　工程地质概况　001

1.3　现状地基稳定分析及推移原因分析　006

1.4　项目的重点、难点分析及处理措施　009

1.5　桩–网复合地基　013

第2章　桩网复合地基设计方案　018

2.1　概述　018

2.2　典型施工区设计方案　021

2.3　剩余区域A区设计方案　029

2.4　剩余区域B区（推移区）设计方案　035

2.5　剩余区域C区设计方案　042

2.6　试堆载计划　062

第3章　桩网复合地基设计计算　064

3.1　设计计算方法　064

3.2　地基稳定计算参数　069

3.3　承载力计算结果　075

3.4　稳定性计算结果　078

3.5　沉降计算结果　087

第4章　桩网复合地基施工技术　090

4.1　一般要求　090

4.2　悬挂式插筋振动沉管CFG桩施工工艺　091

4.3 振动沉管CFG桩 097
4.4 插筋CFG桩 100
4.5 长螺旋管内泵压CFG桩 101
4.6 树根桩 103
4.7 土工编织布铺设 107
4.8 土工格栅铺设及填料 107
4.9 土工格室铺设及填料 108
4.10 桩帽 109
4.11 树根桩面板 110
4.12 塑料排水板 111

第5章 桩网复合地基现场检测 113

5.1 概述 113
5.2 单桩竖向承载力静载试验 115
5.3 基桩完整性检测 128
5.4 CFG桩轮廓超声波法检测 130

第6章 桩网复合地基现场监测 135

6.1 监测目的 135
6.2 典型施工区监测设施 136
6.3 D3断面监测结果分析 147
6.4 D4断面监测结果分析 156
6.5 小结 163

第7章 边桩加强效果数值分析 165

7.1 数值模型的建立 165
7.2 边桩加强和等强效果对比 173
7.3 边桩加强地基破坏模拟分析 179
7.4 小结 182

参考文献 183

第1章　概　　论

1.1　工 程 概 况

湛江港霞山港区散货码头散货堆场共分为6个堆场条带，从北至南分别为11#堆场~16#堆场。本工程位于16#散货堆场，16#堆场堆矿范围：东侧（向603泊位方向）距东侧防尘网基础47 m、西侧（向污水处理站方向）距西侧防尘网基础77 m，南侧（向南柳河方向）距排水沟6 m，北侧（向堆取料机轨道方向）距离5#堆取料机轨道梁基础5 m，堆矿范围为长1271.4 m、宽54.5 m的矩形，实际堆场面积为69291 m^2。

根据霞山港区散货码头工程（含16#堆场）设计资料，本工程区域已采用真空联合堆载预压进行地基处理，靠近南柳河侧采用水泥搅拌桩复合地基（直径80 cm，间距1.40 m，正方形布置，置换率25.6%）进行岸坡加固，5#斗轮机轨道梁基础采用水泥搅拌桩复合地基加固（直径80 cm，间距1.40 m，正方形布置，置换率25.6%）。堆场铺面结构、防尘网、堆取料机轨道梁、水电管网、排水沟等附属设施均已施工完成。

近期16#堆场沿堆场纵向中部（临近1#跨河桥）发生往南柳河一侧的岸坡推移现象，推移区长度约148 m，往南柳河推移推出宽度0~20 m。

依据《湛江港散货码头16#堆场修复工程水泥搅拌桩钻芯检测》的结论，综合桩身缺陷、桩底标高等检测指标，水泥搅拌桩合格率仅为6.8%。因此，现有南柳河侧岸坡加固效果无法满足使用要求，必须对16#堆场重新进行加固处理，以满足使用要求。

16#堆场内：16#堆场场地整体上平整度较好，局部有不均匀沉降。推移区堆场面层经修复后沉降较为明显，堆场六角块面层部分已损坏。16#堆场部分区域（对应本工程典型施工区）正在堆取矿石作业，现场堆矿高度大约4~5 m（折合均布荷载100~125 kPa）。推移区靠近斗轮堆取料机轨道梁区域堆存有3~4 m高的矿石（折合均布荷载75~100 kPa）。

16#堆场外：推移区段南柳河侧河床挤出明显，目前已按推移后地形修筑永久围堰反压。

1.2　工程地质概况

根据本次钻探资料揭露的地层，并结合前期勘察钻孔分析，在揭示深度内，勘察区自上而下分为①~④大层。

（1）第四系全新统人工堆填土层（Q_4^{ml}）：划分为①$_2$素填土1个亚层。

（2）第四系全新统海陆交互相层（Q_4^{mc}）：划分为②$_1$淤泥~淤泥质土及②$_2$粉细砂、②3中粗砂3个亚层。

（3）第四系中更新统土层（Q_2）：划分为③$_2$中粗砂、③$_4$粉质黏土2个亚层。

（4）第四系下更新统地层（Q_1）：划分为④$_1$黏土、④$_2$黏土、④$_3$中粗砂、④$_5$粉细砂4个亚层。

1.2.1 推移区工程地质概况

①$_2$素填土：灰褐色、浅灰色、灰黄色，湿~饱和，稍密为主，局部松散或中密，主要为碎石、中粗砂及少量黏性土回填，顶部15 cm为六角块混凝土地面。该层于推移区全部钻孔均有分布，厚度不均匀，揭示层厚为2.90~9.00 m，平均层厚为5.18 m。标准贯入试验平均值为N=13.9击（范围值为7~21击）。

②$_1$淤泥~淤泥质土：灰色，饱和，流塑~软塑，较黏腻，稍具臭味，土质不均匀，混少量粉细砂，经堆场长期堆载后局部排水固结，呈粉质黏土性质。该层于推移区全部钻孔均有分布，厚度不均匀，揭示层厚为2.10~8.40 m，平均层厚为4.99 m。标准贯入试验平均值为N=3.9击（范围值为2~6击）。

②$_2$粉细砂：灰色，饱和，松散，以粉细砂为主，级配不良，混少量淤泥质土。该层于推移区零星分布，层厚为1.50~3.20 m，平均层厚为2.35 m。标准贯入试验平均值为N=7.3击（范围值为6~8击）。

②$_3$中粗砂：灰色、灰黄色，饱和，松散以主，局部稍密，以中砂为主，次为粗砾砂，级配较好，混少量淤泥质土。该层于推移区局部分布，揭示层厚为1.40~2.10 m，平均层厚为1.75 m。标准贯入试验平均值为N=9.0击（范围值为6~14击）。

③$_2$中粗砂：灰黄色、褐黄色、灰褐色，饱和，稍密~中密，局部松散，级配一般，局部混黏性土。该层在推移区广泛分布，厚度变化较大，层厚为1.40~3.10 m，平均层厚为2.32 m。标准贯入试验平均值为N=13.8击（范围值为8~18击）。

③$_4$粉质黏土：灰黄色、褐黄色、灰白色，饱和，可塑，黏性较好，切面较光滑，局部混多量中粗砂，呈砂混黏性土状。该层在推移区广泛分布，厚度变化较大，层厚为0.80~7.10 m，平均层厚为3.32 m。标准贯入试验平均值为N=11.5击（范围值为6~15击）。

④$_1$黏土：灰色，饱和，可塑，黏性较好，切面较光滑，局部混少量中粗砂，局部间（夹）薄层粉细砂。该层在推移区广泛分布，厚度变化较大，层厚为1.40~5.50 m，平均层厚为2.95 m。标准贯入试验平均值为N=11.6击（范围值为8~14击）。

④$_2$黏土：灰色，湿，硬塑，黏性较好，切面较光滑，局部混少量中粗砂，局部间（夹）薄层粉细砂。该层在推移区广泛分布，厚度变化较大，根据技术要求，本次勘察所有钻孔未揭穿该层。揭示层厚为6.70~16.70 m，平均层厚为11.11 m。标准贯入试验平均值为N=23.3击（范围值为16~35击）。

④$_3$中粗砂：灰色，灰黄色，饱和，中密，级配良好，局部间较多薄层黏性土。该

层于推移区零星分布，仅在ZK8、ZK11钻孔有揭示，层厚为2.20~3.20 m，平均层厚为2.70 m。标准贯入试验平均值为N=17.7击（范围值为15~19击）。

1.2.2　非推移区工程地质概况

①$_2$素填土：灰褐色、浅灰色、灰黄色，湿~饱和，稍密为主，局部松散或中密，主要为碎石、中粗砂及少量黏性土回填，顶部15 cm为六角块混凝土地面。该层于非推移区全部钻孔均有分布，厚度不均匀，层厚为2.00~5.30 m，平均层厚为3.09 m。标准贯入试验平均值为N=13.3击（范围值为8~20击）。

②$_1$淤泥~淤泥质土：灰色，饱和，流塑~软塑，较黏腻，稍具臭味，土质不均匀，混少量粉细砂，经堆场长期堆载后局部排水固结，呈粉质黏土性质。该层于非推移区全部钻孔均有分布，厚度不均匀，揭示层厚为0.60~6.70 m，平均层厚为3.73 m。标准贯入试验平均值为N=4.1击（范围值为2~6击）。

②$_2$粉细砂：灰色，饱和，松散，以粉细砂为主，级配不良，混少量淤泥质土。该层于非推移区零星分布，层厚为0.70~1.50 m，平均层厚为1.10 m。标准贯入试验平均值为N=5.5击（范围值为4~7击）。

②$_3$中粗砂：灰色、灰黄色，饱和，松散以主，局部稍密，以中砂为主，次为粗砾砂，级配较好，混少量淤泥质土。该层于非推移区局部分布，揭示层厚为0.90~5.00 m，平均层厚为3.27 m。标准贯入试验平均值为N=9.3击（范围值为6~11击）。

③$_2$中粗砂：灰黄色、褐黄色、灰褐色，饱和，稍密~中密，局部松散，级配一般，局部混黏性土。该层在非推移区广泛分布，厚度变化较大，层厚为1.30~7.90 m，平均层厚为3.51 m。标准贯入试验平均值为N=14.2击（范围值为8~20击）。

③$_4$粉质黏土：灰黄色、褐黄色、灰白色，饱和，可塑，黏性较好，切面较光滑，局部混多量中粗砂，呈砂混黏性土状。该层在非推移区广泛分布，厚度变化较大，层厚为0.60~8.00 m，平均层厚为2.98 m。标准贯入试验平均值为N=10.3击（范围值为6~16击）。

④$_1$黏土：灰色，饱和，可塑，黏性较好，切面较光滑，局部混少量中粗砂，局部间（夹）薄层粉细砂。该层在非推移区广泛分布，厚度变化较大，层厚为2.40~12.90 m，平均层厚为5.58 m。标准贯入试验平均值为N=10.4击（范围值为5~15击）。

④$_2$黏土：灰色，湿，硬塑，黏性较好，切面较光滑，局部混少量中粗砂，局部间（夹）薄层粉细砂。该层在非推移区广泛分布，厚度变化较大，根据技术要求，本次勘察所有钻孔未揭穿该层。揭示层厚为2.70~22.65 m，平均层厚为11.63 m。标准贯入试验平均值为N=23.3击（范围值为15~38击）。

④$_3$中粗砂：灰色，灰黄色，饱和，中密，级配良好，局部间较多薄层黏性土。该层于非推移区零星分布，仅在1个钻孔有揭示，层厚为2.00 m。标准贯入试验实测值为N=17击。

④$_5$粉细砂：浅灰色，饱和，中密，级配不良，局部含黏性土。该层仅在1个钻孔中有揭示，层厚为1.70 m。标准贯入试验实测值为N=19击。

1.2.3 水文地质条件

（1）地下水类型与赋存条件：本勘察区地下水类型按埋藏条件为潜水和承压水；浅部土层中的地下水类型为潜水，主要赋存于①、②、③层中，地下水主要受大气降水及海水的影响，与海水有一定的水力联系。淤泥质土及黏性土均属相对隔水层，下部④$_3$、④$_5$层为主要承压含水层，微承压性含水层水量较丰富。

（2）地下水的补给与排泄条件：本勘察区地表水主要为海水，补给受潮汐、大气降水以及临近南柳河的影响。排泄主要表现为大气蒸发。

1.2.4 物理力学性质指标

地基土的物理力学性质指标列于表1.1和表1.2，地基承载力特征值及桩基极限承载力标准值列于表1.3，十字板剪切试验得到的软土原位不排水强度实测结果如图1.1所示，从现场实测数据，软土原位不排水强度基本在30 kPa以上，大部分位于30~60 kPa之间，平均值在40~50 kPa之间。

表1.1　推移区土的物理力学性质指标

土名		②$_1$淤泥~淤泥质土	③$_4$粉质黏土	④$_1$黏土	④$_2$黏土
含水率w/%		52.9	33.2	43.2	41.6
密度ρ/（g·cm^{-3}）		1.72	1.84	1.76	1.72
孔隙比e		1.456	0.886	1.185	1.232
液限w_L/%		50.7	42.2	50.5	51.9
塑性指数I_p		27.2	16.7	25.8	26.6
压缩系数$a_{v0.1-0.2}$/MPa^{-1}		1.15	0.48	0.63	0.49
压缩模量$E_{s0.1-0.2}$/MPa		2.6	8.9	7	8.2
压缩指数C_c		0.35	0.249	0.246	0.208
固结系数c_v/（10^{-3} cm^2/s）	垂直	0.98	3.03	2.34	4.01
	水平	3.19	3.66	1.39	5.68
渗透系数k/（10^{-7} cm/s）	垂直	0.35	0.44	0.78	1
	水平	0.5	0.79	0.54	1.43
直剪快剪	凝聚力c_q/kPa	12.4	39.3	35.2	43.9
	摩擦角ϕ_q/（°）	5.8	6.1	7.8	18.6
直剪固快	凝聚力c_{cq}/kPa	13.2	50.6	73.6	45.3
	摩擦角ϕ_{cq}/（°）	5.4	20.4	10.4	21.1
三轴UU	凝聚力c_u/kPa	11	31.2	11.3	
	摩擦角ϕ_u/（°）	0.8	6.8	7.2	
三轴CU	凝聚力c_{cu}/kPa		21.4		
	摩擦角ϕ_{cu}/（°）		17.6		
	凝聚力c'/kPa		28.5		
	摩擦角ϕ'/（°）		13.3		
无侧限抗压强度q_u/kPa		43.2			

表1.2　非推移区土的物理力学性质指标

土名		②$_1$淤泥~淤泥质土	③$_4$粉质黏土	④$_1$黏土	④$_2$黏土
含水率w/%		54.9	24.4	42.6	45.5
密度ρ/（g·cm^{-3}）		1.68	1.94	1.74	1.7
孔隙比e		1.453	0.739	1.092	1.254
液限w_L/%		53.6	32.9	49.5	58.9
塑性指数I_p		25.9	15	23.6	28
压缩系数$a_{v0.1-0.2}$/MPa^{-1}		1.22	0.41	0.55	0.48
压缩模量$E_{s0.1-0.2}$/MPa		2.6	9.7	7.8	0.82
压缩指数C_c		0.375	0.178	0.243	0.193
固结系数c_v/（10^{-3} cm^2/s）	垂直	0.87	3.73	3.19	4.52
	水平	1.8	2.81	5.04	5.64
渗透系数k/（10^{-7} cm/s）	垂直	0.28	0.71	0.86	0.96
	水平	0.43	0.72	1.36	1.28
直剪快剪	凝聚力c_q/kPa	17.6	40.9	33.9	36.2
	摩擦角ϕ_q/(°)	4.7	6	7.6	13.1
直剪固快	凝聚力c_{cq}/kPa	19.4	44.8	32.8	39.7
	摩擦角ϕ_{cq}/(°)	12	14.8	18.4	20.3
三轴UU	凝聚力c_u/kPa	11.7	26.2	23.3	
	摩擦角ϕ_u/(°)	3.2	6.8	4.9	
三轴CU	凝聚力c_{cu}/kPa	9.9	27.2	15.7	
	摩擦角ϕ_{cu}/(°)	12.2	17.7	13.6	
	凝聚力c'/kPa	13	31.9	20.3	
	摩擦角ϕ'/(°)	13.7	18.2	15.1	
无侧限抗压强度q_u/kPa		42.4		35.1	

表1.3　地基承载力特征值及桩基极限承载力标准值

地层名称及编号	地基承载力特征值f_{ak}/kPa	混凝土预制桩		泥浆护壁钻（冲）孔桩	
		桩的极限侧阻力标准值q_{sik}/kPa	桩的极限端阻力标准值q_{pk}/kPa	桩的极限侧阻力标准值q_{sik}/kPa	桩的极限端阻力标准值q_{pk}/kPa
①$_2$素填土	150				
②$_1$淤泥~淤泥质土	60	20		12	
②$_2$粉细砂	90	30		25	
②$_3$中粗砂	110	35		30	
③$_2$中粗砂	200	75	2400	60	1200
③$_4$粉质黏土	160	60	1000	55	550
④$_1$黏土	150	55	900	45	500
④$_2$黏土	200	75	1400	60	700
④$_3$中粗砂	220	85		80	
④$_5$粉细砂	180	65		50	

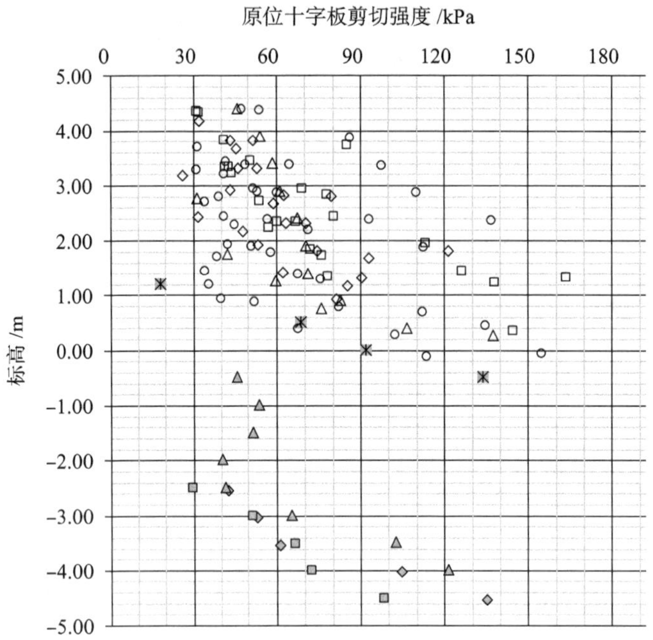

图 1.1　十字板强度分布

1.3　现状地基稳定分析及推移原因分析

1.3.1　现状地基稳定性计算分析

为研究现状地基稳定性，结合16#堆场现状地质条件及地质成因，将工程区域划分为典型施工区、剩余区域（推移区）、剩余区域非推移区三个区段，取最不利地质断面进行地基稳定性计算分析，计算方法采用瑞典简单条分法。土体抗剪强度指标根据地质资料并结合地基土应力历史及地质成因综合取值。由于16#堆场已采用真空联合堆载预压处理（预压荷载约120 kPa），典型施工区和剩余区域非推移区根据计算采用的使用荷载取值大小确定抗剪强度指标，当使用荷载大于先期固结压力（120 kPa）时采用直剪指标，当使用荷载小于先期固结压力（120 kPa）时采用固快指标。剩余区域（推移区）土体已发生扰动，仅考虑采用直剪指标。现状地基在不同使用荷载及抗剪强度指标下的稳定性计算结果列于表1.4~表1.6。

表 1.4　使用荷载350 kPa下稳定安全系数（直剪快剪）

滑动方向	区域		
	典型施工区	剩余区域（推移区）	剩余区域（非推移区）
南柳河围堰	0.801	0.441	0.757
斗轮机轨道梁	0.742	0.671	0.820
堆场纵向	0.532	0.364	0.598

表1.5 安全系数达到1.1对应的使用荷载（直剪快剪）

区域	典型施工区	剩余区域（推移区）	剩余区域（非推移区）
滑动方向	南柳河（或纵向）	南柳河围堰	南柳河（或纵向）
使用荷载/kPa	105	75	90

表1.6 使用荷载120 kPa下稳定安全系数（固结快剪）

区域	典型施工区	剩余区域（非推移区）
滑动方向	南柳河（或纵向）	南柳河（或纵向）
安全系数	1.298	1.320

根据上述不同工况计算结果，汇总成表1.7，可得到以下结论：

（1）当使用荷载为350 kPa满载时，典型施工区原状地基最小安全系数为0.532，推移区原状地基最小安全系数为0.364，剩余区域（非推移区）原状地基安全系数为0.598。

（2）当要求瑞典条分法安全系数达到1.1时，采用直剪快剪指标计算的使用荷载均小于先期固结压力（120 kPa）。除推移区外，其他区域软土层在120 kPa附加应力下已完成固结，故采用固快指标计算120 kPa使用荷载作用下的稳定安全系数。

（3）当使用荷载为120 kPa时，除剩余区域（推移区）外，典型施工区和剩余区域（非推移区）采用固快指标计算的地基整体稳定安全系数均大于1.2。

因此，典型施工区和剩余区域（非推移区）现状地基满足120 kPa使用荷载下的稳定要求，但不满足350 kPa的稳定要求，剩余区域（推移区）现状地基仅能满足75 kPa使用荷载下的稳定要求。

表1.7 原状地基稳定性计算结果

区域	使用荷载/kPa	稳定安全系数（瑞典条分法）	是否满足要求
典型施工区	350	0.532	小于1.1，不满足稳定性要求
	120	1.298	使用荷载不满足要求
剩余区域（推移区）	350	0.364	小于1.1，不满足稳定性要求
	75	—	使用荷载不满足要求
剩余区域（非推移区）	350	0.598	小于1.1，不满足稳定性要求
	120	1.32	使用荷载不满足要求

1.3.2 推移原因分析

1. 地基滑动形式的初步判断

根据16#堆场地质条件，原地基浅层基本分布淤泥~淤泥质土软土层，地基深层为性质较好的粉质黏土~黏土层。根据以往工程经验，在使用荷载作用下，地基极有可能在淤泥~淤泥质土软土层中发生推移挤出滑动或小圆弧滑动，而发生通过粉质黏土~黏土层的大圆弧滑动的概率较小。

从推移区原地质钻孔（推移前）稳定性计算结果（图1.2）看，在使用荷载作用下，地基圆弧滑动面剪出口位于堤顶内侧，并未通过南柳河围堰底部。结合工程经验，堆矿坡脚距离南柳河围堰前沿线约30 m距离，而软土埋深约10 m左右，可判断圆弧滑动面位于堤顶内侧是合理的。而现场推移的现象为：围堰往南柳河侧推移约20 m，伴随着堆场区地基下沉。

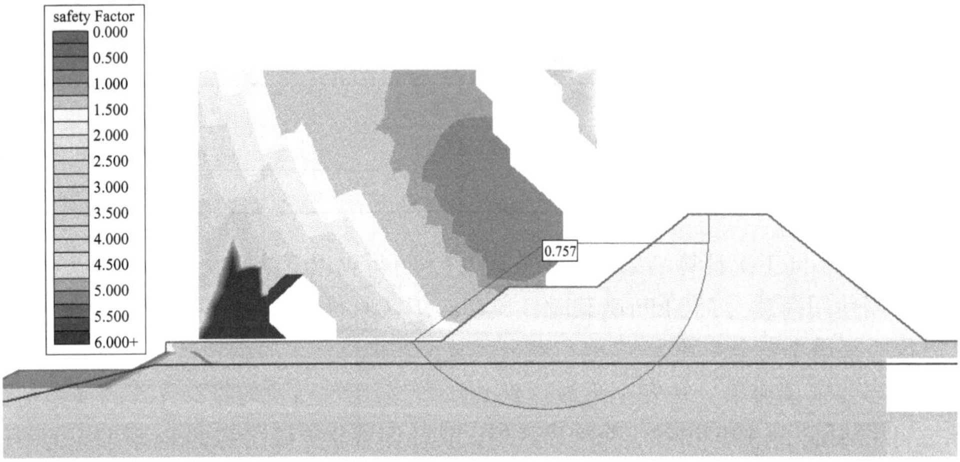

图1.2　计算的南柳河侧典型滑动面

软土的高触变性和塑流态结构使得土体极易在荷载作用下发生侧向滑移和斜向隆起的复合移动。在靠近堆料中部区域，下部软土承受较均匀的竖向力而容易产生侧向（横向）滑移变形。接近坡脚位置的下部软土处于边坡下滑力和横向滑移力的双向受力状态，故坡脚位置较易产生斜向滑移剪切变形（图1.3）。

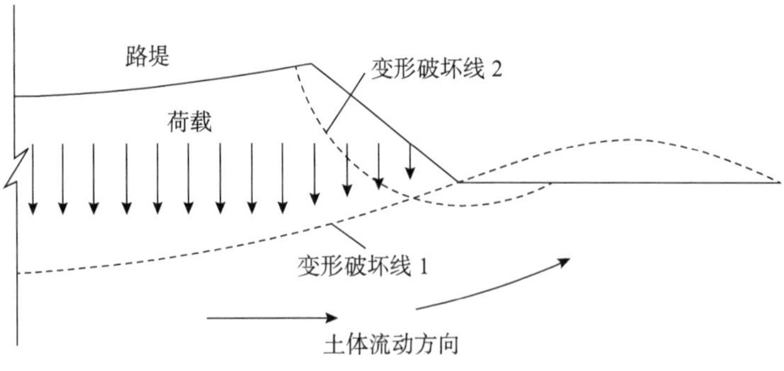

图1.3　散货堆场土体变形破坏线示意图

原设计在堆场矿堆坡脚处采用水泥搅拌桩复合地基进行岸坡加固处理，限制了坡脚的斜向滑移剪切变形。强大的堆矿荷载作用下，软土承载力严重不足，使软土向周边产生了巨大的水平（横向）挤压推力，并由此诱发了向南柳河侧推移的现象。因此，本工程需同时满足地基承载力（防止软土侧向挤出）及地基稳定问题。

2.原设计方案的不足

（1）潮汐影响导致水泥搅拌桩施工质量难以保证。根据本工程所在区域水位资料，最高潮位7.1 m，最低潮位–0.57 m，潮位变动区域正好位于软土加固深度区段，且软土上部及下部普遍有砂层分布。在潮汐水位变动的影响下，水泥搅拌桩水泥浆液易被流动的地下水带走流失，导致水泥搅拌桩质量缺陷，加固效果不理想。

（2）未解决地基承载力350 kPa的关键问题。根据霞山港区散货堆场前期工程资料，工程场地经真空联合堆载预压处理，并在南柳河围堰侧采用水泥搅拌桩进行岸坡加固。

地基承载力与地基整体稳定性两者均为地基土强度不足导致地基土体发生剪切破坏。散货堆料荷载与刚性基础荷载不同，大面积堆料荷载斜坡区对地基土具有边载作用，提高地基土侧向围压，从而提高地基承载力。基于上述原因，以往的散货堆场设计以稳定性控制为主。

本工程具有一定的特殊性。场地地基中软土埋深较浅，侧向围压较小。在使用荷载350 kPa作用下，软土将产生巨大的超孔隙水压力，在坡脚附近土体两侧的围压差值大，剪切应力大，导致局部土体结构迅速破坏，强度骤降。随着破坏范围逐渐扩大，地基土整体失稳。为避免软土承受过大荷载产生挤出破坏，必须提高地基承载力，并在地基中设置竖向增强体分担大部分使用荷载。因此，本工程地基处理设计需同时满足地基整体稳定性和地基承载力的要求。

（3）未考虑散货堆场堆料的随机性。原加固方案仅考虑沿南柳河侧围堰纵向采用水泥搅拌桩岸坡加固，堆场内侧纵向方向未进行二次加固，未考虑散货堆场堆料的随机性以及多向性，某些薄弱区域局部失稳后，剪切破裂面将不断延伸，最终导致地基局部破坏失稳。

1.4　项目的重点、难点分析及处理措施

1.重点、难点1：满足本工程堆场满载时，对应的15#堆场无反压要求

根据霞山港区散货堆场区地基处理相关资料，11#~16#堆场已经过真空联合堆载预压处理。目前11#~15#堆场通过采取反压及限制堆高等措施提高地基稳定性。16#堆场北侧5#斗轮机轨道梁基础采用水泥搅拌桩复合地基，处理宽度28.8 m，置换率25.6%。经地基整体稳定性计算，当16#堆场满载，且15#堆场不考虑反压时，如16#堆场内侧不进行地基加固，地基整体稳定性无法满足规范要求。因此，必须在16#堆场内部采取必要的地基加固措施，以满足使用要求。

处理措施：

（1）16#堆场内部主要采用CFG桩＋网复合地基加固，通过CFG桩将大部分上部使用荷载传递至土质较好的深层良好地基，减少桩间土的荷载分担比例，避免桩间软土承受过大荷载产生浅层侧向挤出。另外，高强土工格栅＋土工格室复合加筋垫层可起到“横向加筋作用”，进一步约束软土浅层侧向挤出变形。

（2）CFG桩与地基土共同形成复合地基，可提高复合土层的综合抗剪强度，高强土工格栅＋土工格室形成的纵横向加筋体系可提供强大的水平抗力，从而提高地基深层滑移稳定安全系数，保证深层地基整体稳定。

（3）高强土工格栅＋土工格室形成的复合加筋垫层，能够限制其填充材料发生侧向位移，并使填充料更加紧密的结合，此时垂直力大部分被转化为侧向力向四周扩散，而土工格室网状结构的独立性会使得这些侧向力互相抵消，从而减轻了荷载作用，增强了地基的承载能力和抵抗变形能力。另外，土工格室能大幅度提高地基的整体刚性，减缓了不均匀沉降，复合加筋垫层可有效限制浅层地基侧向位移的发生，防止CFG桩桩顶区段发生压弯破坏。

（4）5#斗轮机轨道梁位于15#堆场和16#堆场之间，基础已采用水泥搅拌桩复合地基加固，其对16#堆场满载时地基稳定性有利，应加以保护。本工程CFG桩采用振动沉管施工工艺，施工产生的振动波和挤土效应对已施工水泥搅拌桩将产生不利影响。因此，在靠近5#斗轮机轨道梁侧预留约4 m宽缓冲带作为CFG桩施工安全距离。待CFG桩施工完成后，该区域内打设两排树根桩。树根桩采用钻孔投料注浆工艺，对原水泥搅拌桩和已施工CFG桩影响很小。另外，树根桩具有较大的抗剪强度，可明显提高地基抗滑力，阻止向15#堆场侧的滑移。

本工程地基处理后，可满足16#堆场满载时，对应的15#堆场无反压要求。

2.重点、难点2：本工程堆场要求一次性堆矿全部达到承载350 kPa要求时，需考虑堆场周边护岸等设施稳定及变形影响

根据现行国家标准《复合地基技术规范》GB/T 50783，对于填土路堤和柔性面层堆场，除应满足地基承载力要求外，还需满足地基整体稳定性的要求。

处理措施：

（1）满足承载能力350 kPa的要求：为满足招标文件提出的一次堆载到位，满足350 kPa使用荷载的要求，一般可采用桩体复合地基进行加固处理。根据桩体材料特性的不同，复合地基中桩体可采用柔性桩、半柔半刚性桩以及刚性桩。柔性桩有碎石桩、砂桩等，半柔半刚性桩有水泥搅拌桩、高压旋喷桩、石灰桩等，刚性桩有CFG桩、预应力混凝土管桩、钢管桩等。根据以往工程经验，柔性桩复合地基承载力主要依靠桩周土的性质，复合地基承载力一般不超过150 kPa。半柔半刚性桩复合地基承载力主要限制于桩身强度，一般不超过180 kPa。刚性桩复合地基由于桩体强度大，承载力高，可以较大幅度地提高原地基承载力，其形成的复合地基承载力可达到150~500 kPa，可满足本工程承载能力350 kPa的要求。因此，本工程采用刚性桩复合地基。

（2）考虑堆场周边护岸等设施稳定及变形影响：①散货堆场矿石堆料随机性较大，堆场内任意方向及部位，都应满足地基承载力和稳定性要求。本工程地基处理采用满堂加固的布置方式，可满足堆料随机性的要求，确保周边设施安全稳定。②充分分析场地水文地质条件，确定合理的地基稳定计算模型及参数取值，选取最不利工况进行细化分析。③进一步了解原16#堆场推移区情况及非推移区的使用情况，如堆矿高度、堆矿速度、地下水位等，深入分析产生推移的原因，有针对性地确定加固方案，必要时采用反分析法、原位试验、室内试验和工程经验综合获取土体及控制性结构面的物理力学参数。④加强施工期和缺陷期监控技术，确定变形控制标准，制定详细的应急预案，采用自动化监测技术，对南柳河围堰、防尘网基础、轨道梁基础、码头等的沉降位移进行严密监控，确保周边设施的安全稳定。

3.重点、难点3：本工程堆场紧邻南柳河，因高差较大，且受潮汐涨落地下水位变动的影响，应考虑其对施工质量及岸坡稳定的影响

本工程所在区域最高潮位7.1 m，最低潮位–0.57 m，潮位变动区域正好位于软土加固深度区段，且软土层上部及下部普遍有砂层分布。在潮汐水位变动的影响下，水泥浆液易被流动的地下水带走流失，导致加固效果不理想。本工程桩体采用CFG桩及树根桩，均需在地下成桩并逐步形成强度。树根桩的注浆过程尤其应考虑地下水流动导致的成桩质量问题。

水位变动与岸坡稳定性密切相关，本工程受潮汐涨落地下水位变动的影响较大，稳定计算分析应考虑最不利的水头高差，保证岸坡稳定。

处理措施：

（1）根据16#堆场周边环境，16#堆场两侧已施工水泥搅拌桩加固体（南柳河侧围堰水泥搅拌桩和轨道梁基础下方水泥搅拌桩），可一定程度上削弱地下水的流动，从而减少地下水对桩体施工质量的影响。

（2）树根桩施工采取的应对措施：本工程树根桩主要布置在斗轮机轨道梁侧及推移区。斗轮机轨道梁侧树根桩距离南柳河约80 m，地下水的流动对该区域树根桩的成桩质量影响小。推移区树根桩靠近南柳河，但其施工工程量较少，树根桩施工速度快，且在典型施工区可积累丰富的施工经验。因此，推移区树根桩水泥浆液加入速凝剂，施工期加强水位观测，尽量避开退潮时段施工，保证在规定工期内完成施工。

（3）CFG桩施工采取的应对措施：CFG桩主要发明人闫明礼研究了若干个饱和粉土和砂土中超孔隙水在桩体向上排出的工程案例，排水现象可持续至桩体材料初凝前，施工后通过凿桩解剖检验和静载试验，并未发现该种现象会影响桩体强度。可见，地下水流动对CFG桩的施工质量影响有限。为安全起见，施工期加强水位观测，靠近南柳河侧3~4排CFG桩应尽量避开退潮时段施工。

（4）地下水对岸坡稳定的影响：根据规范相关规定，岸坡稳定计算时，堆场内地下水位一般选取设计高水位，南柳河侧选取设计低水位，绘制浸润线，考虑水头差压力对岸坡稳定的不利影响。根据工程场地水文资料，本工程设计高水位4.14 m，设计低水位0.45 m。结合场地内工程地质资料，16#堆场场地内不同区域的稳定地下水位标高基本在标高3.5~4.5 m之间。为安全起见，本工程岸坡稳定计算时，堆场内水位标高取稳定地下水位4.5 m，南柳河侧取设计低水位0.45 m。

4.重点、难点4：缺陷责任期内沉降不能超过0.8 m

本工程要求在两年缺陷责任期内，堆场沉降需在80 cm以内。

处理措施：

根据招标文件达到承载力350 kPa的要求，一般采用桩体复合地基进行加固。加固后工后沉降和不均匀沉降不宜过大，否则将导致桩体破坏，复合地基失效。本工程堆场内部采用刚性桩＋网复合地基，刚性桩复合地基沉降一般包括四个部分组成：加固区段沉降量；下卧层沉降量；桩顶刺入褥垫层深度；桩端刺入下卧层深度。刚性桩刚度较大，加固区段压缩沉降较小，一般在5~10 cm以内，下卧持力层性质较好，抗变形能力强，计算的下卧层压缩变形为20~30 cm。褥垫层厚度一般为10~30 cm，桩顶刺入褥垫层深度一般为2~3 cm；桩端刺入下卧层深度根据桩端土层性质而定，本工程计算的刺入深度约为3 cm。另外，桩顶设置了高强土工格栅和土工格室形成纵横向复合加筋网，可明显减小地基不均匀沉降。因此，预计本工程地基处理工后沉降量可控制在40 cm以内，远远低于招标文件要求的缺陷责任期内沉降不能超过0.8 m的要求，且有利于减少建设单位后续的维护保养费用。

5.重点、难点5：均化桩顶应力，充分调动桩间土承载能力，减小桩土应力比

本工程场地前期已采用真空联合堆载预压进行地基处理，场地表层普遍分布较厚的中粗砂层或素填土层（砂层为主），天然地基承载力较高，可达到150 kPa以上，约为使用荷载的2/5。因此，设计方案宜充分利用原状土地基承载能力，做到技术可行、经济合理，是本工程地基处理设计的重点、难点。

处理措施：

由于CFG桩桩体模量大于土体模量，上部荷载作用下桩土间会出现差异沉降，产生土拱效应，使得桩体承担了大部分荷载，桩体出现应力集中；当在CFG桩顶面铺设土工加筋垫层后，因土工格栅＋土工格室形成的复合加筋垫层本身属于半刚性垫层，具有较大抗弯和抗剪刚度，上部荷载作用下CFG桩复合地基顶面应力得到均化，桩体刺入垫层变形减小，桩土差异沉降不大，土拱效应表现不明显，桩体应力集中得到缓解。同时由于土工格栅＋土工格室复合加筋体受张拉，其竖向分力会增加部分荷载作用于桩体，使得桩体更难发生向上刺入变形，反而会产生少量竖向沉降（本工程桩基持力层为黏土层，可塑状态，桩基属于摩擦性桩，允许桩端刺入持力层）。随着桩间土体承受竖向荷载作用，浅层土体逐渐密实，而土工格栅＋土工格室复合加筋垫层的存在又使得浅层地基侧向刚度会有所增加，桩间土的承载力不断提高；承载力得到提高的桩间土可提供更大的侧向约束力，间接提高CFG桩的极限承载力，从而提高整个CFG桩复合地基的承载力。另外，土工合成材料可以通过平衡全部或部分堆料的水平土压力，减少桩体弯矩，这对浅层土软弱且桩体抗弯能力较低的散货堆场非常重要。

桩–网复合地基桩土荷载的分担比例是设计方案的关键环节。应加强桩土应力的监测，在CFG桩顶及桩间土设置土压力盒，埋设在堆料区荷载最大处，CFG桩桩顶中心布置1个，在CFG桩两桩之间中心和三桩之间中心各布置1个，加强试堆期监测，分析加载过程的桩土应力变化情况，指导其他区段优化设计和施工。

6.重点、难点6：剩余区域B段（推移段）岸坡稳定性加固方案

推移段发生推移变形后，土体已发生扰动，抗剪强度指标明显降低，强度恢复非常缓慢，且由于推移挤压导致南柳河侧软土层厚度增大，对地基整体稳定极为不利。通过对推移区推移原因分析，软土在使用荷载作用下产生侧向挤出是岸坡推移的诱发因素。因此，需针对性地提出推移区岸坡加固措施。

处置措施：

在南柳河侧推移区设置11排树根桩（内插钢管，二次注浆）形成整体抗滑体抵抗滑坡推力，并保证树根桩有足够的嵌固深度，防止整体水平推移。树根桩起着“桩体纵向加筋作用”，其桩身刚度远高于桩周土，桩身材料抗剪强度高，能够抵抗大部分滑坡推力，从而起到提高岸坡稳定系数的作用；另外，树根桩通过二次注浆工艺能够改善桩周土的性能，约束桩周土体的变形，使桩体与桩周土能够呈整体作用共同承担滑坡推力。在桩顶上部高强土工格栅和土工格室的抗拉和围箍作用下，共同构成强大的纵横向加筋体系抵抗滑坡推力。

1.5 桩－网复合地基

1.5.1 桩－网复合地基简介

1. 桩－网复合地基的定义

桩网复合地基是由桩（预应力管桩等刚性桩、CFG桩）、桩帽、网（土工格栅、土工格室等）以及桩间土构成的复合系统（图1.4）。桩作为竖向加强体，可以提高地基的承载力，从而减小沉降，同时利用桩帽和网均化上部荷载，充分利用桩间土的承载力，从而控制桩土差异沉降。当采用低强度桩时布桩间距较密，桩顶不需要设置荷载传递所需的桩帽和加筋层。

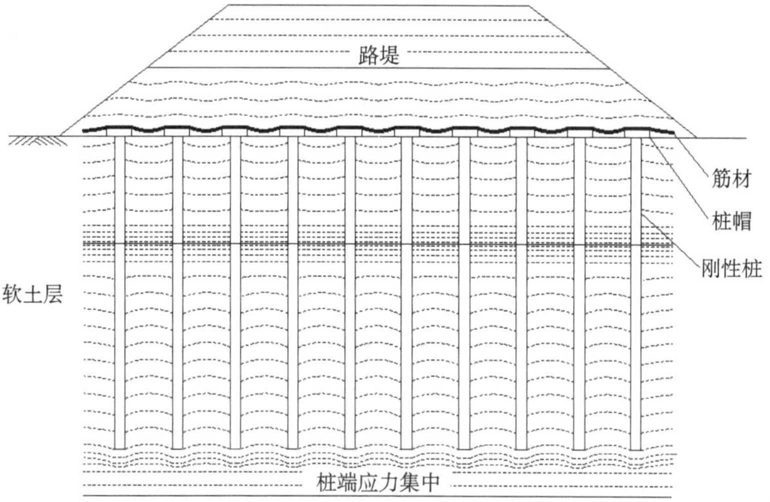

图1.4 桩－网复合地基体系荷载传递及变形示意图

2. 桩－网复合地基的作用原理

桩－网复合地基是“桩－网－土”协同工作，桩和土共同承担荷载的人工地基系统。这种复合地基的特点是能够充分调动桩、网、土三者的潜力，具有桩体、垫层、排水、挤密、加筋、防护等综合功效，具有沉降变形小及完成快、工后沉降容易控制、加固体稳定性高、工期短、施工方便等优点。

桩－网复合地基以桩承担大部分或全部桩顶以上的填土荷载和使用荷载。当桩土共同作用形成复合地基时，最终桩－网复合地基的工作机理与刚性桩复合地基基本一致，但加筋网在协调桩土应力比过程中的作用仍然非常重要。当处理新近填土、湿陷性土和欠固结淤泥等地基，且桩端不允许刺入变形时，桩间土工后沉降较大，桩间土不能与桩共同作用承担上部荷载，桩帽以上的填土荷载、使用荷载通过填土层、垫层和加筋层共同作用形成土拱，将桩帽以上的荷载全部转移至桩帽由桩承担，此时的桩－网复合地基是填土路堤下桩承堤的一种形式。

3. 桩－网复合地基的应用范围

桩－网复合地基应由刚性桩、桩帽（必要时）、加筋层和垫层构成，适用于处理黏性土、粉土、砂土、淤泥、淤泥质土地基，也可用于处理新近填土、湿陷性土和欠固结淤泥等地基。在具体工程应用上，可用于填土路堤、柔性面层堆场和机场跑道等构筑物的地基加固与处理。

近年来，国内桩－网复合地基在公路的路桥过渡段病害整治、高速公路拓宽工程以及新建高等级公路等方面都获得了广泛的应用。如深圳市固戍开发区市政道路工程、东莞市东部城市快速路、南京至合肥高速公路工程、泸宁高速公路拓宽工程等。在铁路方面，桩–网复合地基主要应用于软土地基的处理，如京津城际铁路、武广客运专线铁路等。

4. 桩－网复合地基的设计要点

（1）桩型选择及桩长的选择。桩－网复合地基中桩型一般选用刚性桩，可采用预应力管桩或CFG桩等。

（2）桩径的选择。应根据桩的设计承载力、桩型和施工可行性等因素选用经济合理的桩径。

（3）桩间距的选取。桩－网复合地基桩间距一般为3~8倍桩径。对于上部荷载较大的情况，过大的桩间距必然这导致加筋层强度的增大及桩长或桩径的增大，需综合考虑确定。

（4）加筋材料的选择。加筋体设计抗拉强度对应应变率为4%~6%，蠕变应变率应小于2%。

1.5.2 树根桩简介

1. 树根桩的定义

树根桩，又称微型桩、小直径桩，是一种小直径的钻孔灌注桩。桩身直径一般为100~300 mm，长细比较大（一般大于30），桩体主要由压力灌浆（水泥砂浆、纯水泥浆或细石混凝土）与加筋材料组成，依据其承载受力要求，加筋材料可用钢筋、钢管、钢棒或型钢等。根据工程需要，树根桩可设置成竖向或斜向，或排或交叉网状布置。

2. 树根桩的加固机理

（1）抗剪作用。首先，通过压力注浆作用能够很好地胶结松散破碎的桩周土，桩周土性能进而得到改善，这样就能够减少桩周土的变形；另外，在成桩的过程中钻孔还能够挤压桩周破碎的岩土体，进而提高桩周土的强度和承载能力。其次，由于树根桩的桩身刚度要高于桩周土，所以其能够提高桩周软弱土体的抗剪能力，起到加固边坡的作用。

（2）抗弯作用。当树根桩布置在边坡体内时，可将其视为悬臂结构，这样树根桩就可以通过发挥其抗弯性能来抵抗部分滑坡推力，从而起到稳定边坡的作用。

（3）桩－土整体作用。在岩土体中布置树根桩桩群体系时，树根桩能够约束桩周土体的变形，改善桩周土的性能，使桩体与桩周土能够呈整体作用共同承担滑坡推力。

3. 树根桩的应用范围

树根桩最早应用于欧洲古建筑基础补强加固，后广泛应用于堤防、边坡支护、深基坑支护、构筑物抗浮、高速公路沉降、隧道加固等各类土木工程中。

4. 树根桩的优点

（1）桩径小，在地基加固或支护工程中，对原基础或地基土扰动较小。

（2）施工所需要的场地小，可采用小型钻机钻孔。在净高为2.5 m及平面尺寸1.0 m×1.5 m时即可施工。可靠近原建（构）筑物基础甚至建筑物内部施工，施工期间对生产生活设施影响小。

（3）所有施工作业都在地面上进行，施工方便，无需临时支撑，施工中的振动和噪声小，对周边环境安全影响小。

（4）压力注浆使桩周土层空隙得以填灌，提高桩间土的力学性能，桩身表面粗糙，大大提高树根桩及桩间土承载力。

（5）适用于黏土、砂土、碎石土、杂填土、湿陷性黄土甚至喀斯特溶岩区等各种不同的地质条件。树根桩可与承台、结构物联接成一体，整体性好。

5. 树根桩的设计要点

（1）树根桩结构体系布设位置的选取。一般情况下，树根桩结构体系可以根据实际工程的需求布设在边坡断面的任意位置处。但大量理论研究表明，树根桩抵抗滑坡下滑力的能力与其布设位置密切相关，其具体选取位置不仅要考虑到安全性要求，还要满足经济合理性的要求。总之，鉴于树根桩结构体系主要是起到稳定边坡的作用，所以在选取桩体布设位置时要以确保边坡的安全系数达到设计安全系数以上为基本出发点。

（2）树根桩结构体系的设计抗滑力。当树根桩布设位置选定以后，其下一步骤即是计算结构体系的设计抗滑力。此设计抗滑力其实是该结构体系应该提供的最小设计抗滑力，即桩位处设计安全系数下的下滑力。对于树根桩结构体系设计中最小设计抗滑力的计算方法与传统抗滑桩计算方法一致。

（3）边坡局部稳定性评价。树根桩结构设计过程中，若加固后的边坡局部坡体的稳定系数最小值小于设计安全系数的话，则需要采取一些措施来保证边坡局部稳定性满足要求，具体措施可考虑在局部增加树根桩结构或者重新调整树根桩的布设位置以满足设计需要。实际边坡加固工程中树根桩结构的布设位置及范围确定后，经验算其布设位置以上的坡体及以下的坡体均满足局部稳定性要求。

（4）树根桩断面的选择。实践工程中树根桩的断面选择通常采用以下几种形式：加筋体为钢管的树根桩断面、加筋体为钢筋的树根桩断面、纯水泥浆形式（无加筋体）的树根桩断面。

（5）树根桩桩长的选择。大量工程实践表明：若树根桩的嵌固段长度不满足设计要求的话，桩体在受到滑坡推力后很容易被拔出。因此，为了保证桩体在滑坡推力作用下不发生破坏，其在潜在滑面以下的长度必须满足设计要求。

（6）树根桩桩距的选取。树根桩结构提供的总抗力必须大于设计抗滑力，其剪切抗力可通过公式计算确定，进而得到树根桩的最大桩距。

1.5.3 CFG桩简介

1.CFG桩的定义

CFG桩是水泥粉煤灰碎石桩的简称，是由水泥、粉煤灰、碎石、石屑或砂加水拌和形成的高粘结强度桩。

2.CFG桩的应用范围

CFG桩与桩间土、褥垫层一起构成复合地基，具有承载力提高幅度大，地基变形小的特点，使用范围较大，适用于处理黏性土、粉土、砂土和自重固结已完成的素填土地基，通过采取必要的措施，可在淤泥等软土地基中使用。

对基础形式而言，CFG桩既可适用于条形基础、独立基础，也可用于筏基和箱形基础。就土性而言，CFG桩可用于填土、饱和及非饱和黏性土，既可用于挤密效果好的土，又可用于挤密效果差的土。当CFG桩用于挤密效果好的土时，承载力的提高值既有挤密分量，又有置换分量；当CFG桩用于不可挤密土时，承载力的提高只与置换作用有关。

3.CFG桩的加固作用

（1）置换作用（桩体效应）。CFG桩桩体的强度和模量比桩间土大，在荷载作用下，桩顶应力比桩间土表面应力大。桩可将承受的荷载向较深的土层中传递并相应减少了桩间土承担的荷载。这样，由于桩的作用使复合地基承载力提高，变形减小。

工程实践表明，复合地基置换作用的大小，主要取决于桩体材料的组成。散体桩置换作用最小，高粘结强度桩置换作用最大。散体桩增加桩的长度，对复合地基置换作用影响不大；一般粘结强度桩，特别是高粘结强度桩，加大桩长可使复合地基置换作用明显提高。

（2）挤密、振密作用。对松散填土、松散粉细砂、粉土，采用挤土和振动成桩工艺，可使桩间土孔隙比减小，密实度增加，提高桩间土的强度和模量。本工程采用振动沉管CFG桩，对场地松散的砂层及素填土层具有挤密，振密效果。

对饱和软黏土，振动成桩工艺不仅不能使桩间土挤密、振密，反而使土体结构强度丧失，孔隙比增大，密实度减小，承载力降低。因此，本工程采用桩间打设塑料排水板加快超孔隙水压力的排出，加速桩间土强度恢复和增加。

（3）排水作用。振动沉管CFG桩在桩体初凝以前具有相当大的渗透性。可使振动产生的超孔隙水压力通过桩体得以迅速消散。桩体的排水作用，有利于孔隙水压力消散，有效应力增长、桩间土强度和复合地基承载力提高。

（4）桩对土的约束作用。在群桩复合地基中，桩对桩间土具有阻止土体侧向变形的作用。相同荷载水平条件下，无侧向约束时土的侧向变形大，从而使垂直变形加大；由于桩对土体侧向变形的限制，减少了侧向变形，也就减小了垂直变形，使复合地基抵抗垂直变形的能力有所加强。

1.5.4 褥垫层简介

褥垫层技术是CFG桩复合地基的一个核心技术，复合地基的许多特性都与褥垫层有关。这里所说的褥垫层是由粒状材料组成的散体垫层，其主要作用如下：

1.保证桩土共同承担荷载

若基础下面不设置褥垫层，基础直接与桩和桩间土接触，在垂直荷载作用下承载特性和桩基差不多。在给定荷载作用下，桩承受较多的荷载，随着时间的增加，桩发生一定的沉降，荷载场渐向土体转移。其时程曲线的特点是：土承担的荷载随时间增加逐渐增加；桩承担的荷载随时间增加逐渐减少。如果桩端落在坚硬土层或岩石上，桩的沉降很小，桩上的荷载向土上转移数量很小，桩间土承载力很少发挥。在基础下设置一定厚度的褥垫层，情况就不同了，即使桩端落在好的土层上，也能保证一部分荷载通过褥垫作用在桩间土上，借助褥垫的调整作用，使给定荷载作用下桩，土受力时程曲线均为常值。

2.调整桩土荷载分担比

复合地基桩土荷载分担，可用桩土应力比n表示。在软土中，桩土应力比n可以超过100，桩分担的荷载相当大。在褥垫层厚度很大时，桩土应力比接近于1。此时桩的荷载分担比很小。桩土荷载分担与褥垫层厚度密切相关。

3.减小基础底面的应力集中

当褥垫层厚度$H=0$时，桩对基础的应力集中很显著，和桩基础一样，需要考虑桩对基础的冲切破坏。当H大到一定程度后，基底反力即为天然地基的反力分布。

桩顶对应的基础底面测得的反力σ_{Rp}与桩间土对应的基础底面测得的反力σ_{Rs}之比用β表示（$\beta=\sigma_{Rp}/\sigma_{Rs}$）。当褥垫厚度大于10 cm时，桩对基础底面产生的应力集中已显著降低，当H为30 cm时，β值已经很小。因此，褥垫厚度H取10~30 cm较为合适。

第2章　桩网复合地基设计方案

2.1　概　　述

2.1.1　使用要求和设计标准

（1）本工程实施完成后，16#堆场按一次性达到承载350 kPa的使用要求。其中东（603#泊位侧）、西（污水处理站侧）两侧反压平台宽15.0 m，高6.0 m，南侧（即南柳河侧）反压平台宽10.0 m，高6.0 m，北侧（斗轮机轨道侧）不设置反压平台，并且当16#堆场北侧满载时（即5#轨道侧），相对应的15#堆场无反压堆载要求。

（2）当16#堆场满载时，保证周边设施（斗轮堆取料机轨道、排水沟、电缆沟、防尘网、皮带机廊道、高杆灯及周边管线等）的安全稳定。

（3）两年缺陷责任期内，16#堆场沉降控制在80 cm以内。

2.1.2　设计理念

本工程设计使用荷载大，且为散货堆场，需同时满足地基承载力和地基稳定性要求。

传统的地基处理方法难以满足该重载堆场工程对软土地基处理的高承载力、稳定性及大面积快速高效经济处理的要求。鉴于前期已采用真空联合堆载预压对整个场地进行加固处理，现状地基已具有较高的承载能力和抗变形能力，对减小土体侧向变形及发挥刚性桩高承载性能和桩间土承载力有利。因此，本工程提出采用“CFG桩/插筋CFG桩–树根桩–土工格室–土工格栅加筋土”双向增强复合地基的综合处理方案，通过单桩承载力、深层侧向位移、沉降、孔压和土压力盒等现场监测检测方法验证加固效果，确保项目的安全稳定，并深入研究该加固方案的作用机理。

土工格室加固机理主要表现为侧向约束效应、拉膜效应、柔性筏板效应、应力扩散效应等（如图2.1所示）。土工格室对其中的粒料填料提供了强大的侧限，格室侧壁也对填料产生了竖向的摩擦约束，使大部分垂直力被转化成向四周分散的侧向力，大小相等方向相反而相互抵消，从而降低了地基的实际负荷，土工格室–填料复合结构可以看作是一个具有一定强度和抗弯刚度的筏基。土工格室结构不仅能承担路堤对地基的侧向推力，而且还能有效降低地基的竖向附加应力，起到了扩散竖向应力的作用。土工格室置于地基表面，还限制了软土的侧向隆起，使得土的滑移剪切面向更深的区域发展，类似于深基础的效果，也增强了地基的稳定性。

土工格栅具有强大的水平抗拉能力，一方面通过碎石垫层的摩擦作用增强上部土工

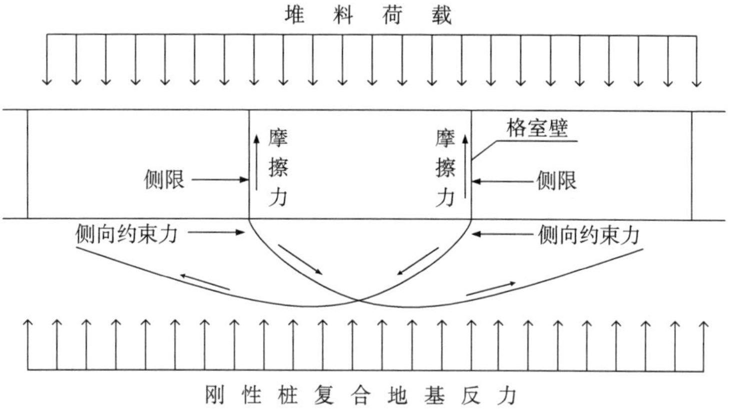

图2.1　土工格室加固作用机理

格室的水平抗力，同时增强整个堆场面层结构的抗变形能力；另一方面，将上部土工格室传递来的竖向荷载更多地分配到刚性桩，充分发挥刚性桩的高承载能力。

堆场面层结构通过六角块体、土工格室、土工格栅的环箍和加筋作用，加之桩帽进一步缩小了桩之间的净间距，从而改良了堆场面层的柔性性状，使其对竖向荷载的分配更倾向于刚性基础（如图2.2所示）。

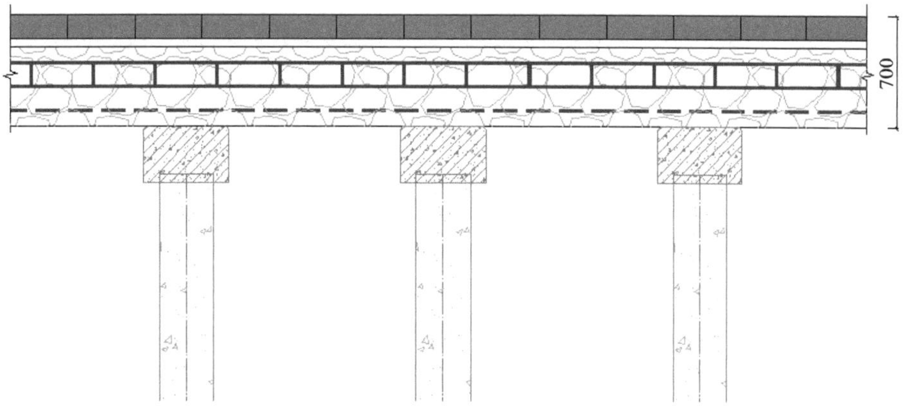

图2.2　堆场面层加筋结构

设计方案充分发挥了现状地基经过真空联合堆载预压具有较高强度的有利条件，通过土工格室和土工格栅均化荷载，并将竖向荷载更多地分配到具有高承载力的刚性桩，充分发挥刚性桩的竖向承载能力，减小桩间土的受荷水平（同时也减小了桩间土的侧向变形）。中部大荷载区域采用插筋和提高混凝土标号的措施，增加CFG桩桩身抗压能力，确保单桩竖向承载力能充分发挥。两侧坡脚处分别设置两排树根桩和两排插筋CFG桩，树根桩顶部采用钢筋混凝土板连接成整体，提高坡脚处抗侧向变形能力。为减少挤土效应的不利影响，通过桩间设置竖向排水通道，连续施工（必要时采取引孔或长螺旋钻孔工艺），插筋，控制桩基垂直度，合理安排施工工序，避免重载设备碾压等一系列的施工措施，保证CFG桩的施工质量。

对于推移区，重点对中部滑坡区域进行加固处理，采用树根桩满堂复合地基。树根桩具有施工深度大，对地质适应性强，对周边环境影响小等优点，非常适用于本工程滑坡地段复杂的地下环境。注浆对周边土层的加固作用可大大提升单桩承载能力和桩间土强度，从而形成一个具有高承载力和高抗剪强度的刚性地基结构。

总之，该设计方案因地制宜，充分利用现状地基和各加固体的优点，可有效解决堆场承载力与稳定性不足、沉降过大的问题，且施工速度快，可大大缩短工期。

2.1.3 地基处理分区

工程分为典型施工区和剩余区域，如图2.3所示，典型施工区长度260 m，自16#堆场西端起200~460 m区段，剩余区域总长度1011.4 m，其中剩余区域A区长度200 m，剩余区域B区（推移区）长度148 m，剩余区域C区长度663.4 m。

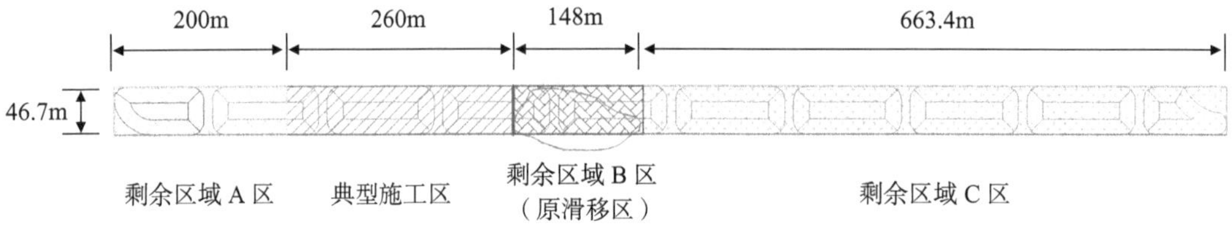

图2.3 堆场地基处理分区平面图

地基处理总体设计方案：非推移区采用“CFG桩/插筋CFG桩+树根桩+网复合地基”；推移区两侧区域采用“插筋CFG桩+树根桩+网复合地基”，中部区域采用“树根桩+网复合地基”。

2.1.4 特别说明

（1）本工程典型施工区先行施工，剩余区域具体设计参数将结合典型施工区现场实测数据及施工情况进行深化调整。

（2）本工程已在剩余区域C区ZK16附近进行现场试桩，并采用低应变、静载试验和抽芯等检测方法，检验桩身完整性（含挤土效应的验证）、单桩承载力、复合地基承载力、芯样抗压强度等指标。根据检测结果分析，实测单桩承载力较依据本工程勘察报告计算得到的单桩承载力大得多，且终止加载的原因基本为浅部桩身混凝土破坏。综合试桩检测结果及试桩施工过程情况，对设计方案和施工控制措施进行了调整，具体如下：

1）桩基施工前，先打设塑料排水板形成竖向排水通道，加速消散挤土效应引起的超孔压。

2）建议CFG桩连续施工，必要时采取先行引孔或长螺旋钻孔工艺，合理安排施工工序，避免重载设备碾压已施工桩基。

3）中部荷载较大区域，混凝土等级由C25提高至C30。

4）中部荷载较大区域、过渡区及边缘两侧区域，桩顶插入钢筋笼，减小施工振动的影响，并提高浅部桩身抗压能力。

5）桩端进入④$_1$黏土层一定深度后，单桩承载力有明显提高。

6）实测单桩承载力较勘察报告参数计算值大得多。

2.2 典型施工区设计方案

典型施工区地基加固采用“CFG桩/插筋CFG桩、树根桩+网复合地基”，地基处理平面图见图2.4。根据不同区段代表性钻孔，分区段设计方案及参数如下。

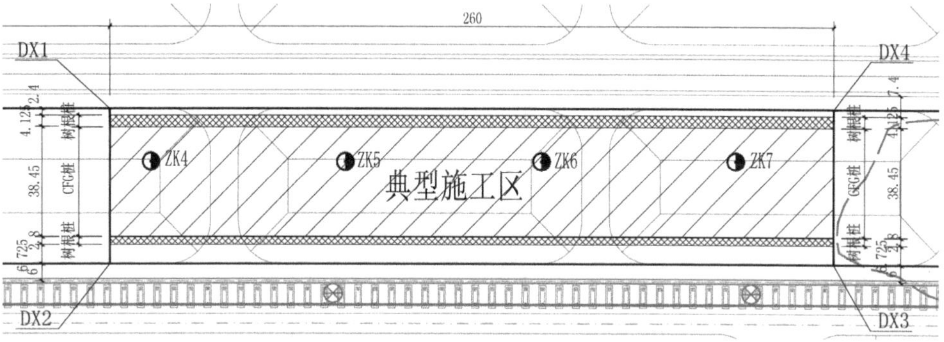

图2.4 典型施工区地基处理平面图

2.2.1 地基处理4区

典型施工区地基处理4区对应钻孔ZK4，设计断面见图2.5，详细设计方案如下。

（1）南柳河侧4–1区：2排树根桩，ϕ300 mm间距1400 mm×1600 mm，三角形布置，桩长16 m，桩身强度C30，内插ϕ133 mm、壁厚5 mm无缝钢管，桩顶采用钢筋混凝土板联结成整体。

（2）堆场中部4–2区：2排插筋CFG桩，ϕ350 mm间距1800 mm，正方形布置，桩长10 m，桩身强度C25，桩顶插入钢筋笼，插筋长度≥5 m，顶部与桩顶齐平。

（3）堆场中部4–3区：3排CFG桩，ϕ350 mm间距1800 mm，正方形布置，桩长10 m，桩身强度C25。

（4）堆场中部4–4区：3排插筋CFG桩，ϕ350 mm间距1800 mm，正方形布置，桩长13 m，桩身强度C25，桩顶插入钢筋笼，插筋长度≥5 m，顶部外露25 cm伸入桩帽，桩帽尺寸60 cm×60 cm×35 cm。

（5）堆场中部4–5区：10排插筋CFG桩，中部6排ϕ350 mm间距1650 mm，边缘4排ϕ350 mm间距1800 mm，正方形布置，桩长16 m，桩身强度C30，桩顶插入钢筋笼，插筋长度≥5 m，顶部外露25 cm伸入桩帽，桩帽尺寸55 cm×55 cm×35 cm（中部6排）和60 cm×60 cm×35 cm（中部两侧各2排）。

（6）堆场中部4–6区：2排插筋CFG桩，ϕ350 mm间距1800 mm，正方形布置，桩长13 m，桩身强度C25，桩顶插入钢筋笼，插筋长度≥5 m，顶部外露25 cm伸入桩帽，桩帽尺寸60 cm×60 cm×35 cm。

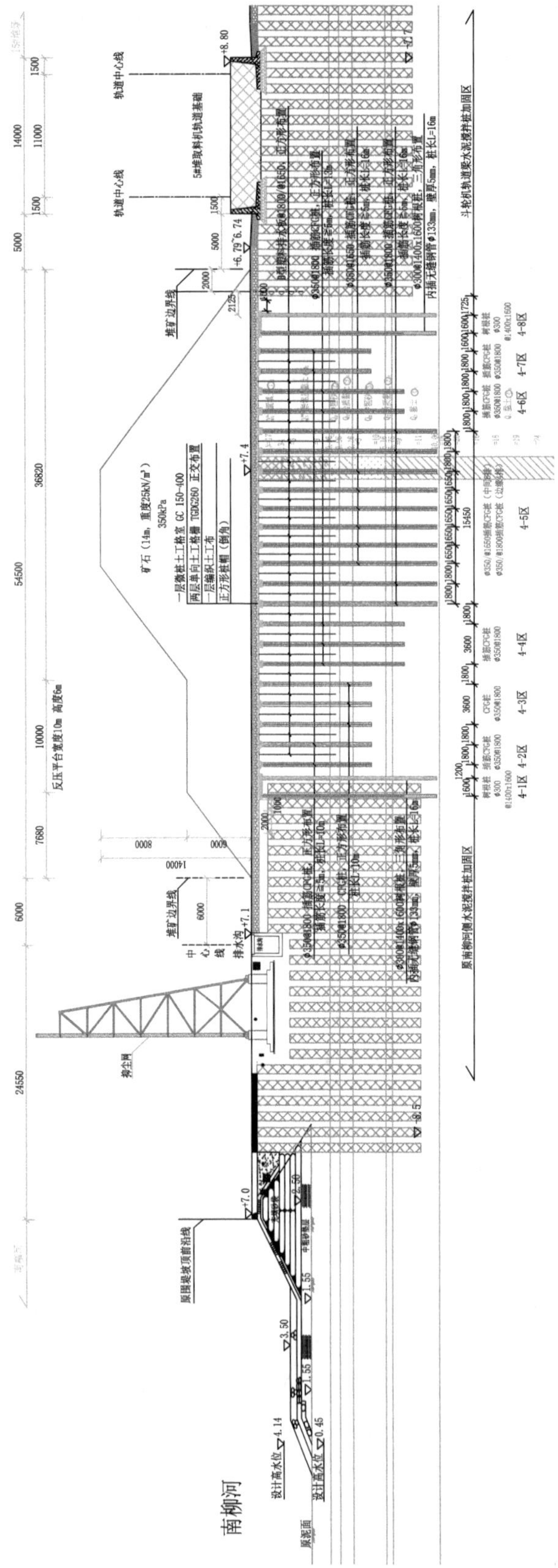

图 2.5　地基处理 4-4 断面图

（7）堆场中部4–7区：2排插筋CFG桩，ϕ350 mm间距1800 mm，正方形布置，桩长10 m，桩身强度C25，桩顶插入钢筋笼，插筋长度≥5 m，顶部与桩顶齐平。

（8）轨道梁侧4–8区：2排树根桩，ϕ300 mm间距1400 mm×1600 mm，三角形布置，桩长16 m，桩身强度C30，内插ϕ133 mm、壁厚5 mm无缝钢管，桩顶采用钢筋混凝土板联结成整体。

（9）桩帽浇筑完成，桩间土压实后，铺设10 cm厚碎石土，压实后铺设一层编织土工布，再铺设两层单向土工格栅TGDG260，单向抗拉强度260 kN/m，正交布置。

（10）在带桩帽桩基区域，土工格栅上铺设10 cm厚碎石，两侧可逐渐减小铺设厚度平顺过渡，压实后铺设一层土工格室GC150–400，再依次铺设碎石土，5 cm厚中粗砂层，15 cm厚六角块。

（11）中部区域10排桩和过渡区5排插筋CFG桩桩顶标高6.3 m，桩帽顶标高6.6 m；边缘区无桩帽CFG桩或插筋CFG桩桩顶标高6.3 m，上面回填30 cm厚碎石至标高6.6 m（可利用原堆场面层碎石砂土）；CFG桩施工时应考虑浮浆影响，现场采取必要的处理措施。南柳河侧树根桩顶标高6.35 m，面板顶标高6.6 m，轨道梁侧树根桩顶标高6.25 m，面板顶标高6.5 m。

（12）桩基施工前，先在堆场中部区域四桩中心打设一根B型塑料排水板，要求穿透软土层。

2.2.2　地基处理5区

典型施工区地基处理5区对应钻孔ZK5，设计断面见图2.6，详细设计方案如下。该区域土层分布情况变化较大，施工前将在ZK5两侧补充勘察，再根据补勘结果确定5区具体设计桩长。

（1）南柳河侧5–1区：2排树根桩，ϕ300 mm间距1400 mm×1600 mm，三角形布置，桩长16 m，桩身强度C30，内插ϕ133 mm、壁厚5 mm无缝钢管，桩顶采用钢筋混凝土板联结成整体。

（2）堆场中部5–2区：2排插筋CFG桩，ϕ350 mm间距1800 mm，正方形布置，桩长9 m，桩身强度C25，桩顶插入钢筋笼，插筋长度≥5 m，顶部与桩顶齐平。

（3）堆场中部5–3区：3排CFG桩，ϕ350 mm间距1800 mm，正方形布置，桩长9 m，桩身强度C25。

（4）堆场中部5–4区：3排插筋CFG桩，ϕ350 mm间距1800 mm，正方形布置，桩长10~11 m，桩身强度C25，桩顶插入钢筋笼，插筋长度≥5 m，顶部外露25 cm伸入桩帽，桩帽尺寸60 cm×60 cm×35 cm。

（5）堆场中部5–5区：10排插筋CFG桩，中部6排ϕ350 mm间距1650 mm，边缘4排ϕ350 mm间距1800 mm，正方形布置，桩长12~14 m，桩身强度C30，桩顶插入钢筋笼，插筋长度≥5 m，顶部外露25 cm伸入桩帽，桩帽尺寸55 cm×55 cm×35 cm（中部6排）和60 cm×60 cm×35 cm（中部两侧各2排）。

（6）堆场中部5–6区：2排插筋CFG桩，ϕ350 mm间距1800 mm，正方形布置，桩长10~11 m，桩身强度C25，桩顶插入钢筋笼，插筋长度≥5 m，顶部外露25 cm伸入桩

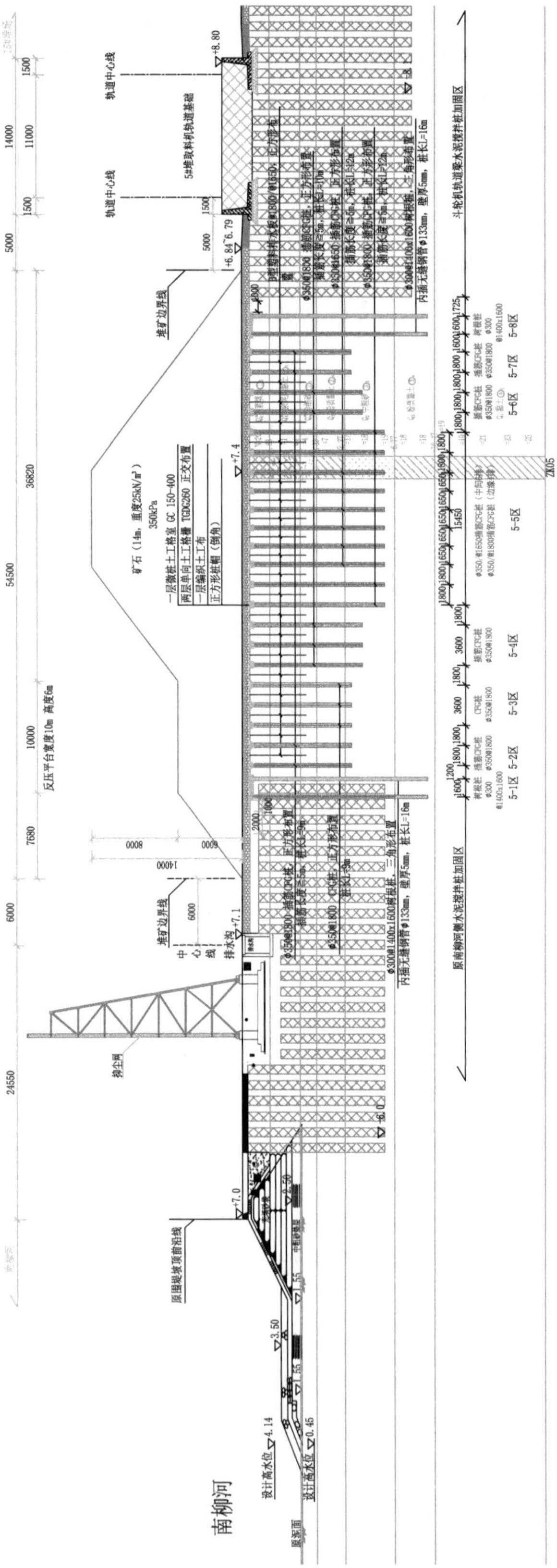

图 2.6　地基处理 5-5 断面图

帽，桩帽尺寸60 cm×60 cm×35 cm。

（7）堆场中部5–7区：2排插筋CFG桩，ϕ350 mm间距1800 mm，正方形布置，桩长9 m，桩身强度C25，桩顶插入钢筋笼，插筋长度≥5 m，顶部与桩顶齐平。

（8）轨道梁侧5–8区：2排树根桩，ϕ300 mm间距1400 mm×1600 mm，三角形布置，桩长16 m，桩身强度C30，内插ϕ133 mm、壁厚5 mm无缝钢管，桩顶采用钢筋混凝土板联结成整体。

（9）桩帽浇筑完成，桩间土压实后，铺设10 cm厚碎石土，压实后铺设一层编织土工布，再铺设两层单向土工格栅TGDG260，单向抗拉强度260 kN/m，正交布置。

（10）在带桩帽桩基区域，土工格栅上铺设10 cm厚碎石，两侧可逐渐减小铺设厚度平顺过渡，压实后铺设一层土工格室GC150–400，再依次铺设碎石土，5 cm厚中粗砂层，15 cm厚六角块。

（11）中部区域10排桩和过渡区5排插筋CFG桩桩顶标高6.3 m，桩帽顶标高6.6 m；边缘区无桩帽CFG桩或插筋CFG桩桩顶标高6.3 m，上面回填30 cm厚碎石至标高6.6 m（可利用原堆场面层碎石砂土）；CFG桩施工时应考虑浮浆影响，现场采取必要的处理措施。南柳河侧树根桩顶标高6.35 m，面板顶标高6.6 m，轨道梁侧树根桩顶标高6.25 m，面板顶标高6.5 m。

（12）桩基施工前，先在堆场中部区域四桩中心打设一根B型塑料排水板，要求穿透软土层。

2.2.3　地基处理6区

典型施工区地基处理6区对应钻孔ZK6，设计断面见图2.7，详细设计方案如下。

（1）南柳河侧6–1区：2排树根桩，ϕ300 mm间距1400 mm×1600 mm，三角形布置，桩长16 m，桩身强度C30，内插ϕ133 mm、壁厚5 mm无缝钢管，桩顶采用钢筋混凝土板联结成整体。

（2）堆场中部6–2区：2排插筋CFG桩，ϕ350 mm间距1800 mm，正方形布置，桩长10 m，桩身强度C25，桩顶插入钢筋笼，插筋长度≥9 m，顶部与桩顶齐平。

（3）堆场中部6–3区：3排CFG桩，ϕ350 mm间距1800 mm，正方形布置，桩长10 m，桩身强度C25。

（4）堆场中部6–4区：3排插筋CFG桩，ϕ350 mm间距1800 mm，正方形布置，桩长14 m，桩身强度C25，桩顶插入钢筋笼，插筋长度≥5 m，顶部外露25 cm伸入桩帽，桩帽尺寸60 cm×60 cm×35 cm。

（5）堆场中部6–5区：10排插筋CFG桩，中部6排ϕ350 mm间距1650 mm，边缘4排ϕ350 mm间距1800 mm，正方形布置，桩长16 m，桩身强度C30，桩顶插入钢筋笼，插筋长度≥5 m，顶部外露25 cm伸入桩帽，桩帽尺寸55 cm×55 cm×35 cm（中部6排）和60 cm×60 cm×35 cm（中部两侧各2排）。

（6）堆场中部6–6区：2排插筋CFG桩，ϕ350 mm间距1800 mm，正方形布置，桩长14 m，桩身强度C25，桩顶插入钢筋笼，插筋长度≥5 m，顶部外露25 cm伸入桩帽，桩帽尺寸60 cm×60 cm×35 cm。

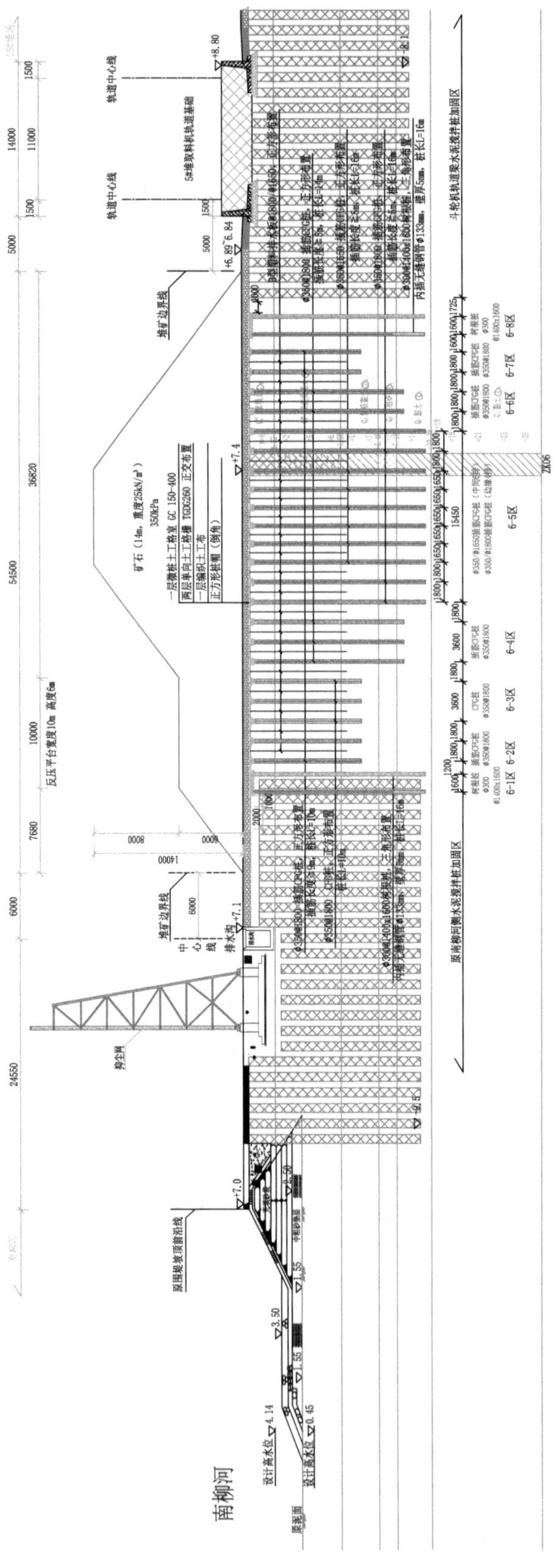

图2.7 地基处理6-6断面图

（7）堆场中部6-7区：2排插筋CFG桩，ϕ350 mm间距1800 mm，正方形布置，桩长10 m，桩身强度C25，桩顶插入钢筋笼，插筋长度≥9 m，顶部与桩顶齐平。

（8）轨道梁侧6-8区：2排树根桩，ϕ300 mm间距1400 mm×1600 mm，三角形布置，桩长16 m，桩身强度C30，内插ϕ133 mm、壁厚5 mm无缝钢管，桩顶采用钢筋混凝土板联结成整体。

（9）桩帽浇筑完成，桩间土压实后，铺设10 cm厚碎石土，压实后铺设一层编织土工布，再铺设两层单向土工格栅TGDG260，单向抗拉强度260 kN/m，正交布置。

（10）在带桩帽桩基区域，土工格栅上铺设10 cm厚碎石，两侧可逐渐减小铺设厚度平顺过渡，压实后铺设一层土工格室GC150-400，再依次铺设碎石土，5 cm厚中粗砂层，15 cm厚六角块。

（11）中部区域10排桩和过渡区5排插筋CFG桩桩顶标高6.3 m，桩帽顶标高6.6 m；边缘区无桩帽CFG桩或插筋CFG桩桩顶标高6.3 m，上面回填30 cm厚碎石至标高6.6 m（可利用原堆场面层碎石砂土）；CFG桩施工时应考虑浮浆影响，现场采取必要的处理措施。南柳河侧树根桩顶标高6.35 m，面板顶标高6.6 m，轨道梁侧树根桩顶标高6.25 m，面板顶标高6.5 m。

（12）桩基施工前，先在堆场中部区域四桩中心打设一根B型塑料排水板，要求穿透软土层。

2.2.4　地基处理7区

典型施工区地基处理7区对应钻孔ZK7，设计断面见图2.8，详细设计方案如下。

（1）南柳河侧7-1区：2排树根桩，ϕ300 mm间距1400 mm×1600 mm，三角形布置，桩长16 m，桩身强度C30，内插ϕ133 mm、壁厚5 mm无缝钢管，桩顶采用钢筋混凝土板联结成整体。

（2）堆场中部7-2区：2排插筋CFG桩，ϕ350 mm间距1800 mm，正方形布置，桩长10 m，桩身强度C25，桩顶插入钢筋笼，插筋长度≥9 m，顶部与桩顶齐平。

（3）堆场中部7-3区：3排CFG桩，ϕ350 mm间距1800 mm，正方形布置，桩长10 m，桩身强度C25。

（4）堆场中部7-4区：3排插筋CFG桩，ϕ350 mm间距1800 mm，正方形布置，桩长14 m，桩身强度C25，桩顶插入钢筋笼，插筋长度≥5 m，顶部外露25 cm伸入桩帽，桩帽尺寸60 cm×60 cm×35 cm。

（5）堆场中部7-5区：10排插筋CFG桩，中部6排ϕ350 mm间距1650 mm，边缘4排ϕ350 mm间距1800 mm，正方形布置，桩长16 m，桩身强度C30，桩顶插入钢筋笼，插筋长度≥5 m，顶部外露25 cm伸入桩帽，桩帽尺寸55 cm×55 cm×35 cm（中部6排）和60 cm×60 cm×35 cm（中部两侧各2排）。

（6）堆场中部7-6区：2排插筋CFG桩，ϕ350 mm间距1800 mm，正方形布置，桩长14 m，桩身强度C25，桩顶插入钢筋笼，插筋长度≥5 m，顶部外露25 cm伸入桩帽，桩帽尺寸60 cm×60 cm×35 cm。

（7）堆场中部7-7区：2排插筋CFG桩，ϕ350 mm间距1800 mm，正方形布置，桩

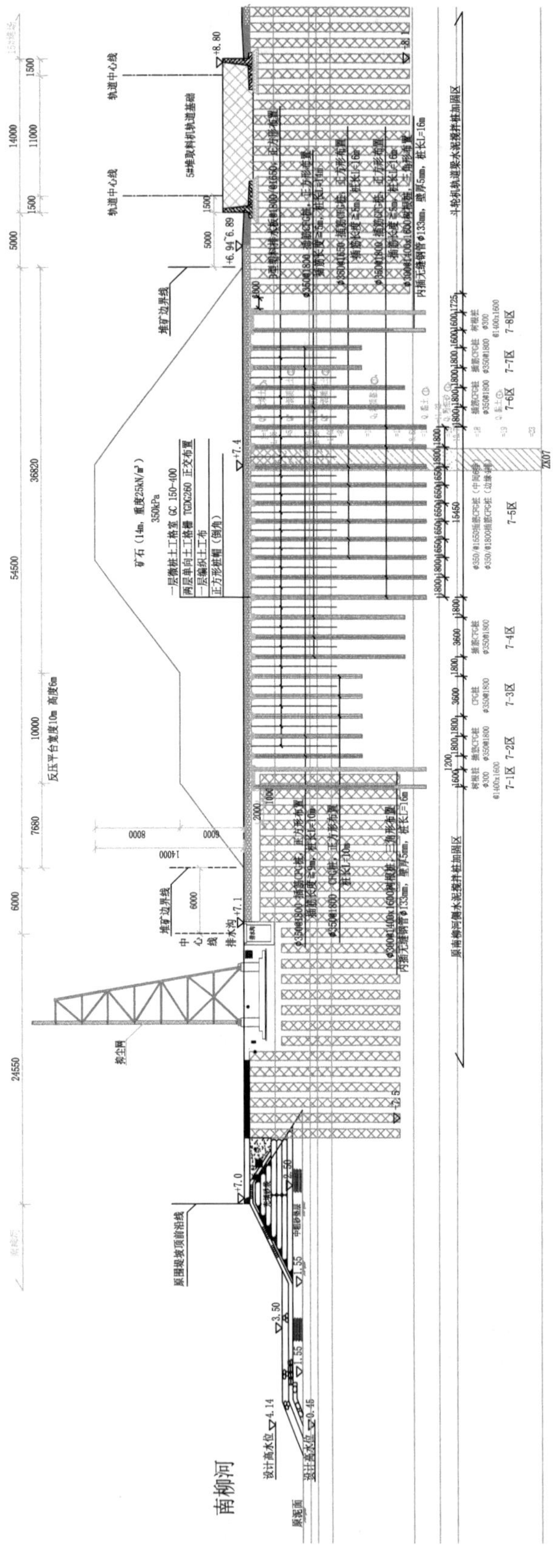

图2.8 地基处理7-7断面图

长10 m，桩身强度C25，桩顶插入钢筋笼，插筋长度≥9 m，顶部与桩顶齐平。

（8）轨道梁侧7–8区：2排树根桩，ϕ300 mm间距1400 mm×1600 mm，三角形布置，桩长16 m，桩身强度C30，内插ϕ133 mm、壁厚5 mm无缝钢管，桩顶采用钢筋混凝土板联结成整体。

（9）桩帽浇筑完成，桩间土压实后，铺设10 cm厚碎石土，压实后铺设一层编织土工布，再铺设两层单向土工格栅TGDG260，单向抗拉强度260 kN/m，正交布置。

（10）在带桩帽桩基区域，土工格栅上铺设10 cm厚碎石，两侧可逐渐减小铺设厚度平顺过渡，压实后铺设一层土工格室GC150–400，再依次铺设碎石土，5 cm厚中粗砂层，15 cm厚六角块。

（11）中部区域10排桩和过渡区5排插筋CFG桩桩顶标高6.3 m，桩帽顶标高6.6 m；边缘区无桩帽CFG桩或插筋CFG桩桩顶标高6.3 m，上面回填30 cm厚碎石至标高6.6 m（可利用原堆场面层碎石砂土）；CFG桩施工时应考虑浮浆影响，现场采取必要的处理措施。南柳河侧树根桩顶标高6.35 m，面板顶标高6.6 m，轨道梁侧树根桩顶标高6.25 m，面板顶标高6.5 m。

（12）桩基施工前，先在堆场中部区域四桩中心打设一根B型塑料排水板，要求穿透软土层。

2.3　剩余区域A区设计方案

剩余区域A区地基加固采用“CFG桩/插筋CFG桩、树根桩+网复合地基”，地基处理平面图见图2.9。根据不同区段代表性钻孔，分区段设计方案及参数如下。

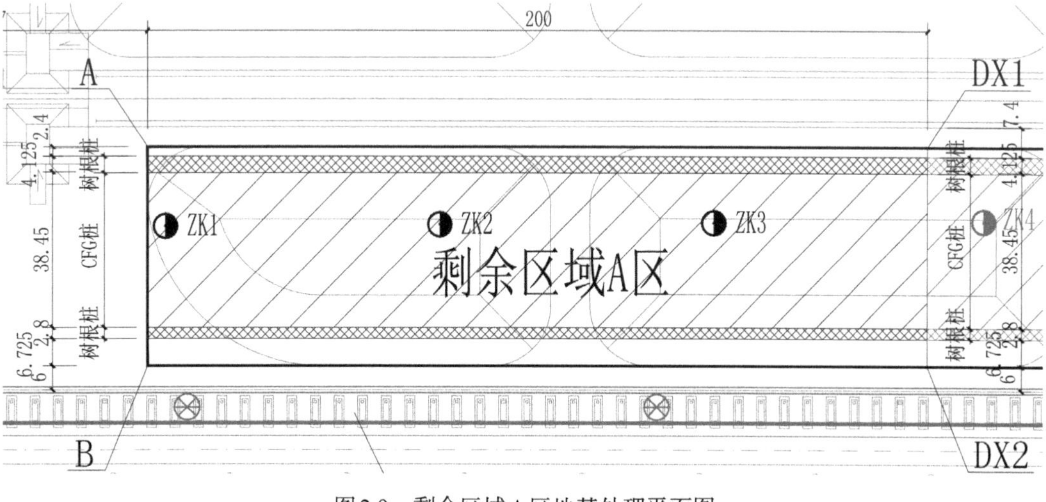

图2.9　剩余区域A区地基处理平面图

2.3.1　地基处理1区

剩余区域A区地基处理1区对应钻孔ZK1，设计断面见图2.10，详细设计方案如下。

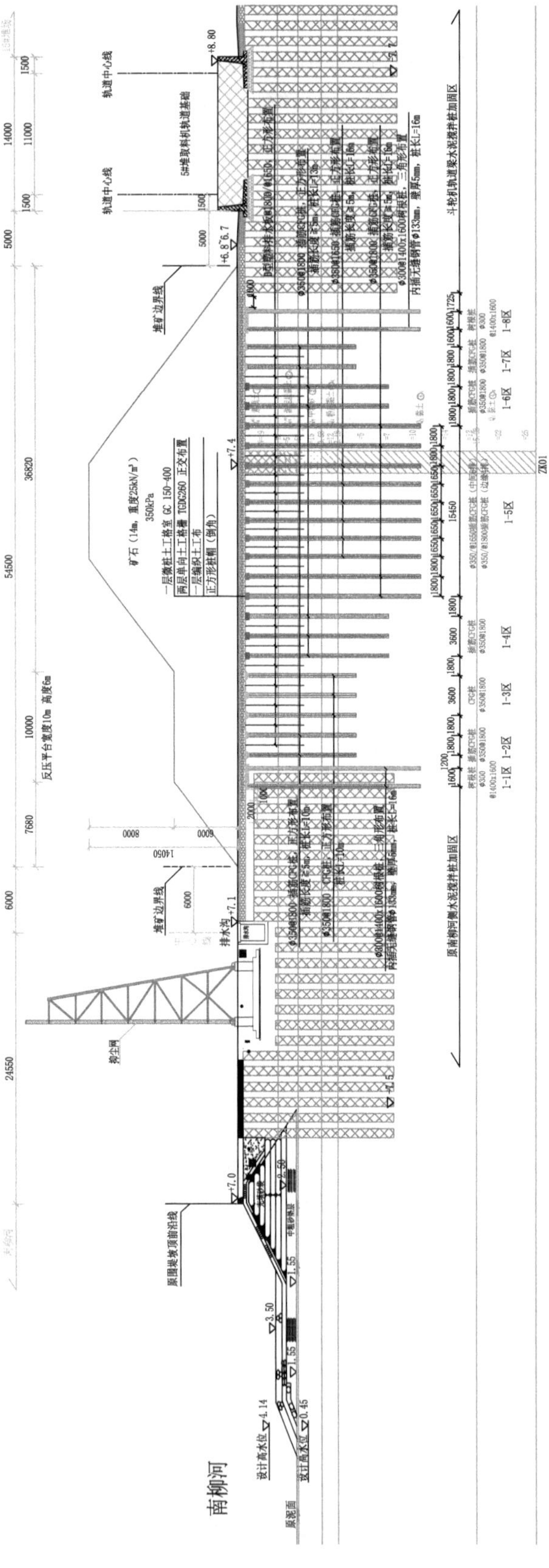

图2.10　地基处理1-1断面图

（1）南柳河侧1–1区：2排树根桩，ϕ300 mm间距1400 mm×1600 mm，三角形布置，桩长16 m，桩身强度C30，内插ϕ133 mm、壁厚5 mm无缝钢管，桩顶采用钢筋混凝土板联结成整体。

（2）堆场中部1–2区：2排插筋CFG桩，ϕ350 mm间距1800 mm，正方形布置，桩长10 m，桩身强度C25，桩顶插入钢筋笼，插筋长度≥5 m，顶部与桩顶齐平。

（3）堆场中部1–3区：3排CFG桩，ϕ350 mm间距1800 mm，正方形布置，桩长10 m，桩身强度C25。

（4）堆场中部1–4区：3排插筋CFG桩，ϕ350 mm间距1800 mm，正方形布置，桩长13 m，桩身强度C25，桩顶插入钢筋笼，插筋长度≥5 m，顶部外露25 cm伸入桩帽，桩帽尺寸60 cm×60 cm×35 cm。

（5）堆场中部1–5区：10排插筋CFG桩，中部6排ϕ350 mm间距1650 mm，边缘4排ϕ350 mm间距1800 mm，正方形布置，桩长16 m，桩身强度C30，桩顶插入钢筋笼，插筋长度≥5 m，顶部外露25 cm伸入桩帽，桩帽尺寸55 cm×55 cm×35 cm（中部6排）和60 cm×60 cm×35 cm（中部两侧各2排）。

（6）堆场中部1–6区：2排插筋CFG桩，ϕ350 mm间距1800 mm，正方形布置，桩长13 m，桩身强度C25，桩顶插入钢筋笼，插筋长度≥5 m，顶部外露25 cm伸入桩帽，桩帽尺寸60 cm×60 cm×35 cm。

（7）堆场中部1–7区：2排插筋CFG桩，ϕ350 mm间距1800 mm，正方形布置，桩长10 m，桩身强度C25，桩顶插入钢筋笼，插筋长度≥5 m，顶部与桩顶齐平。

（8）轨道梁侧1–8区：2排树根桩，ϕ300 mm间距1400 mm×1600 mm，三角形布置，桩长16 m，桩身强度C30，内插ϕ133 mm、壁厚5 mm无缝钢管，桩顶采用钢筋混凝土板联结成整体。

（9）桩帽浇筑完成，桩间土压实后，铺设10 cm厚碎石土，压实后铺设一层编织土工布，再铺设两层单向土工格栅TGDG260，单向抗拉强度260 kN/m，正交布置。

（10）在带桩帽桩基区域，土工格栅上铺设10 cm厚碎石，两侧可逐渐减小铺设厚度平顺过渡，压实后铺设一层土工格室GC150–400，再依次铺设碎石土，5 cm厚中粗砂层，15 cm厚六角块。

（11）中部区域10排桩和过渡区5排插筋CFG桩桩顶标高6.3 m，桩帽顶标高6.6 m；边缘区无桩帽CFG桩或插筋CFG桩桩顶标高6.3 m，上面回填30 cm厚碎石至标高6.6 m（可利用原堆场面层碎石砂土）；CFG桩施工时应考虑浮浆影响，现场采取必要的处理措施。南柳河侧树根桩顶标高6.35 m，面板顶标高6.6 m，轨道梁侧树根桩顶标高6.25 m，面板顶标高6.5 m。

（12）桩基施工前，先在堆场中部区域四桩中心打设一根B型塑料排水板，要求穿透软土层。

2.3.2　地基处理2区

剩余区域A区地基处理2区对应钻孔ZK2，设计断面见图2.11，详细设计方案如下。

（1）南柳河侧2–1区：2排树根桩，ϕ300 mm间距1400 mm×1600 mm，三角形布置，

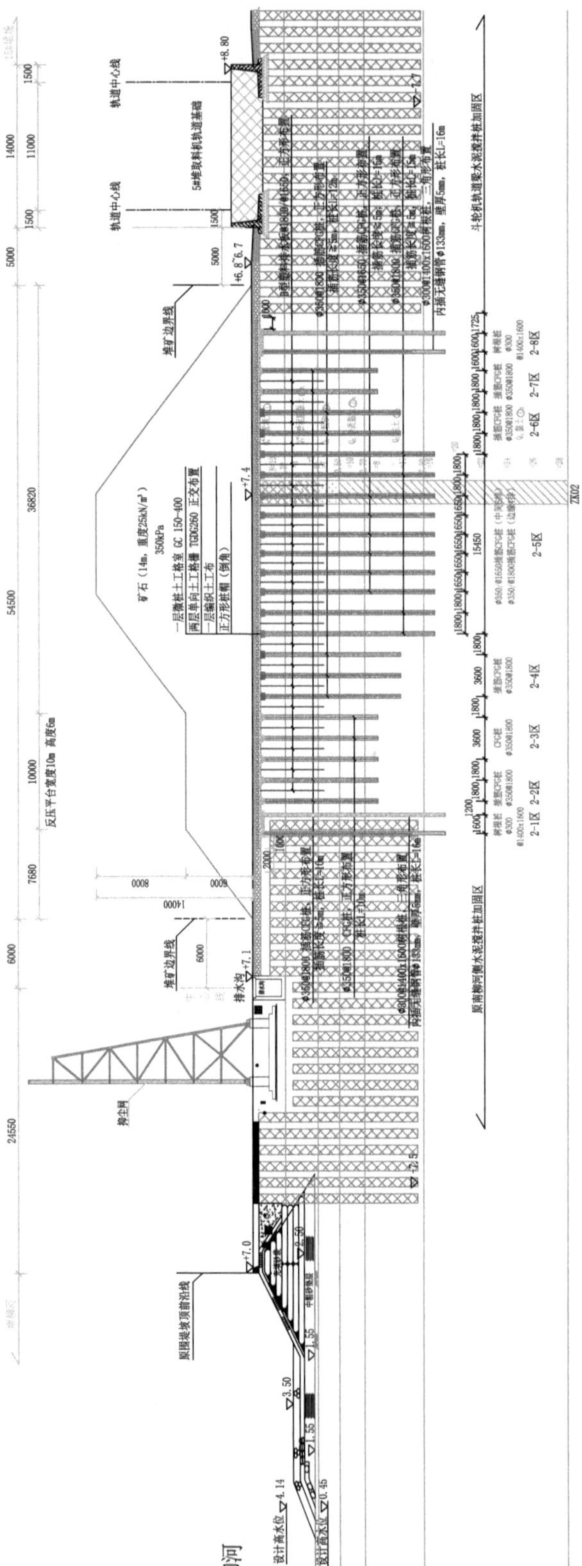

图2.11 地基处理2-2断面图

桩长16 m，桩身强度C30，内插ϕ133 mm、壁厚5 mm无缝钢管，桩顶采用钢筋混凝土板联结成整体。

（2）堆场中部2–2区：2排插筋CFG桩，ϕ350 mm间距1800 mm，正方形布置，桩长10 m，桩身强度C25，桩顶插入钢筋笼，插筋长度≥5 m，顶部与桩顶齐平。

（3）堆场中部2–3区：3排CFG桩，ϕ350 mm间距1800 mm，正方形布置，桩长10 m，桩身强度C25。

（4）堆场中部2–4区：3排插筋CFG桩，ϕ350 mm间距1800 mm，正方形布置，桩长12 m，桩身强度C25，桩顶插入钢筋笼，插筋长度≥5 m，顶部外露25 cm伸入桩帽，桩帽尺寸60 cm×60 cm×35 cm。

（5）堆场中部2–5区：10排插筋CFG桩，中部6排ϕ350 mm间距1650 mm，边缘4排ϕ350 mm间距1800 mm，正方形布置，桩长15 m，桩身强度C30，桩顶插入钢筋笼，插筋长度≥5 m，顶部外露25 cm伸入桩帽，桩帽尺寸55 cm×55 cm×35 cm（中部6排）和60 cm×60 cm×35 cm（中部两侧各2排）。

（6）堆场中部2–6区：2排插筋CFG桩，ϕ350 mm间距1800 mm，正方形布置，桩长12 m，桩身强度C25，桩顶插入钢筋笼，插筋长度≥5 m，顶部外露25 cm伸入桩帽，桩帽尺寸60 cm×60 cm×35 cm。

（7）堆场中部2–7区：2排插筋CFG桩，ϕ350 mm间距1800 mm，正方形布置，桩长10 m，桩身强度C25，桩顶插入钢筋笼，插筋长度≥5 m，顶部与桩顶齐平。

（8）轨道梁侧2–8区：2排树根桩，ϕ300 mm间距1400 mm×1600 mm，三角形布置，桩长16 m，桩身强度C30，内插ϕ133 mm、壁厚5 mm无缝钢管，桩顶采用钢筋混凝土板联结成整体。

（9）桩帽浇筑完成，桩间土压实后，铺设10 cm厚碎石土，压实后铺设一层编织土工布，再铺设两层单向土工格栅TGDG260，单向抗拉强度260 kN/m，正交布置。

（10）在带桩帽桩基区域，土工格栅上铺设10 cm厚碎石，两侧可逐渐减小铺设厚度平顺过渡，压实后铺设一层土工格室GC150–400，再依次铺设碎石土，5 cm厚中粗砂层，15 cm厚六角块。

（11）中部区域10排桩和过渡区5排插筋CFG桩桩顶标高6.3 m，桩帽顶标高6.6 m；边缘区无桩帽CFG桩或插筋CFG桩桩顶标高6.3 m，上面回填30 cm厚碎石至标高6.6 m（可利用原堆场面层碎石砂土）；CFG桩施工时应考虑浮浆影响，现场采取必要的处理措施。南柳河侧树根桩顶标高6.35 m，面板顶标高6.6 m，轨道梁侧树根桩顶标高6.25 m，面板顶标高6.5 m。

（12）桩基施工前，先在堆场中部区域四桩中心打设一根B型塑料排水板，要求穿透软土层。

2.3.3 地基处理3区

剩余区域A区地基处理3区对应钻孔ZK3，设计断面见图2.12，详细设计方案如下。

（1）南柳河侧3–1区：2排树根桩，ϕ300 mm间距1400 mm×1600 mm，三角形布置，桩长16 m，桩身强度C30，内插ϕ133 mm、壁厚5 mm无缝钢管，桩顶采用钢筋混凝土

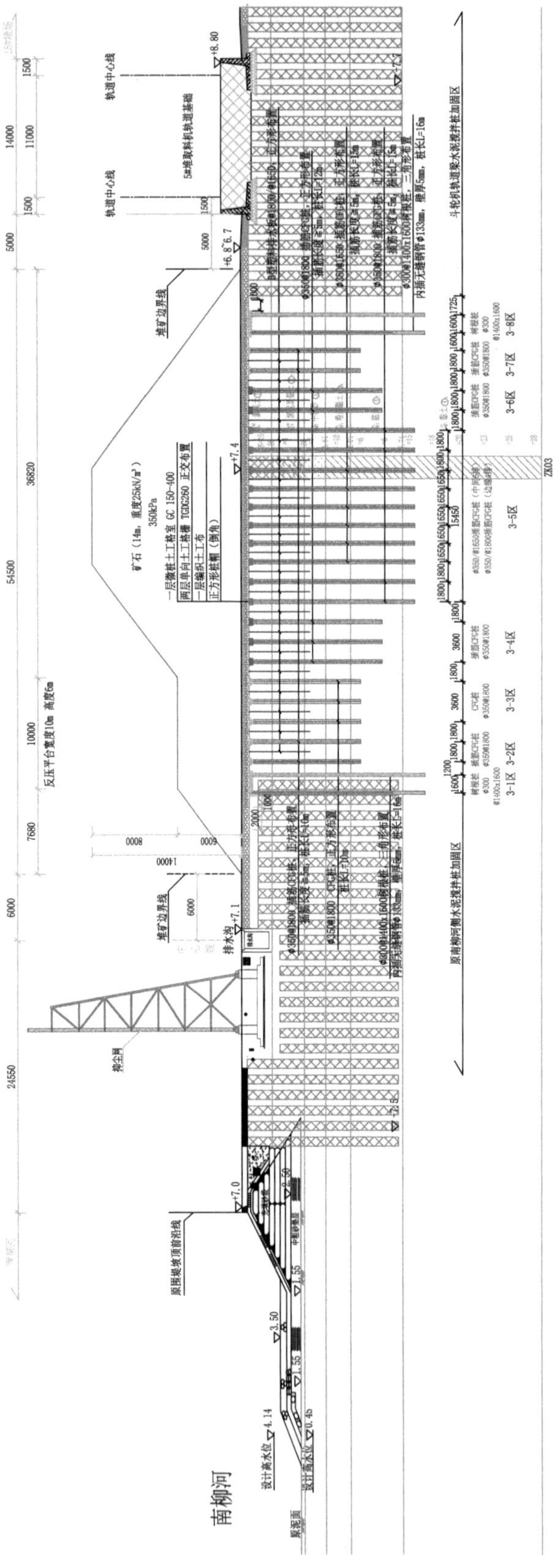

图2.12　地基处理3-3断面图

板联结成整体。

（2）堆场中部3-2区：2排插筋CFG桩，ϕ350 mm间距1800 mm，正方形布置，桩长10 m，桩身强度C25，桩顶插入钢筋笼，插筋长度≥5 m，顶部与桩顶齐平。

（3）堆场中部3-3区：3排CFG桩，ϕ350 mm间距1800 mm，正方形布置，桩长10 m，桩身强度C25。

（4）堆场中部3-4区：3排插筋CFG桩，ϕ350 mm间距1800 mm，正方形布置，桩长12 m，桩身强度C25，桩顶插入钢筋笼，插筋长度≥5 m，顶部外露25 cm伸入桩帽，桩帽尺寸60 cm×60 cm×35 cm。

（5）堆场中部3-5区：10排插筋CFG桩，中部6排ϕ350 mm间距1650 mm，边缘4排ϕ350 mm间距1800 mm，正方形布置，桩长15 m，桩身强度C30，桩顶插入钢筋笼，插筋长度≥5 m，顶部外露25 cm伸入桩帽，桩帽尺寸55 cm×55 cm×35 cm（中部6排）和60 cm×60 cm×35 cm（中部两侧各2排）。

（6）堆场中部3-6区：2排插筋CFG桩，ϕ350 mm间距1800 mm，正方形布置，桩长12 m，桩身强度C25，桩顶插入钢筋笼，插筋长度≥5 m，顶部外露25 cm伸入桩帽，桩帽尺寸60 cm×60 cm×35 cm。

（7）堆场中部3-7区：2排插筋CFG桩，ϕ350 mm间距1800 mm，正方形布置，桩长10 m，桩身强度C25，桩顶插入钢筋笼，插筋长度≥5 m，顶部与桩顶齐平。

（8）轨道梁侧3-8区：2排树根桩，ϕ300 mm间距1400 mm×1600 mm，三角形布置，桩长16 m，桩身强度C30，内插ϕ133 mm、壁厚5 mm无缝钢管，桩顶采用钢筋混凝土板联结成整体。

（9）桩帽浇筑完成，桩间土压实后，铺设10 cm厚碎石土，压实后铺设一层编织土工布，再铺设两层单向土工格栅TGDG260，单向抗拉强度260 kN/m，正交布置。

（10）在带桩帽桩基区域，土工格栅上铺设10 cm厚碎石，两侧可逐渐减小铺设厚度平顺过渡，压实后铺设一层土工格室GC150-400，再依次铺设碎石土，5 cm厚中粗砂层，15 cm厚六角块。

（11）中部区域10排桩和过渡区5排插筋CFG桩桩顶标高6.3 m，桩帽顶标高6.6 m；边缘区无桩帽CFG桩或插筋CFG桩桩顶标高6.3 m，上面回填30 cm厚碎石至标高6.6 m（可利用原堆场面层碎石砂土）；CFG桩施工时应考虑浮浆影响，现场采取必要的处理措施。南柳河侧树根桩顶标高6.35 m，面板顶标高6.6 m，轨道梁侧树根桩顶标高6.25 m，面板顶标高6.5 m。

（12）桩基施工前，先在堆场中部区域四桩中心打设一根B型塑料排水板，要求穿透软土层。

2.4 剩余区域B区（推移区）设计方案

剩余区域B区为推移区，中部有明显的滑坡迹象。两侧地基加固采用“插筋CFG桩、树根桩＋网复合地基”，中部地基加固采用“树根桩＋网复合地基”，地基处理平面图见

图2.13。根据不同区段代表性钻孔，分区段设计方案及参数如下。

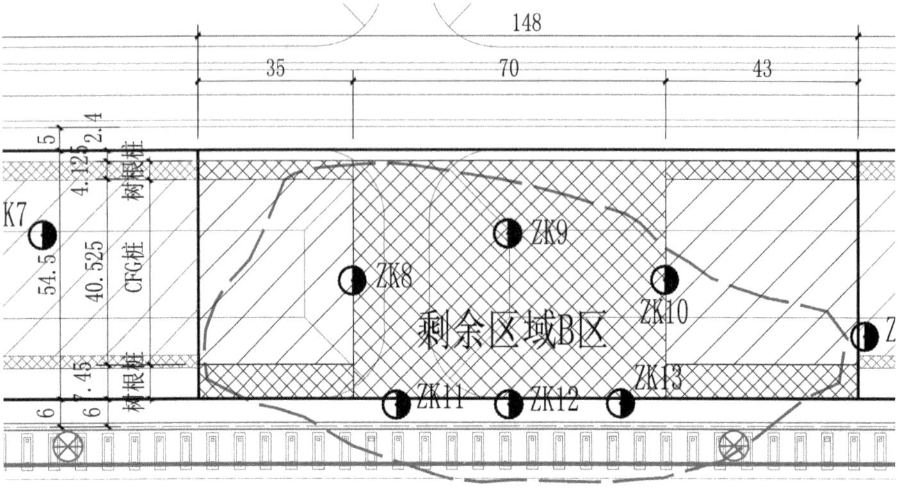

图2.13　剩余区域B区（推移区）地基处理平面图

2.4.1　地基处理8区

剩余区域B区（推移区）地基处理8区对应钻孔ZK8，设计断面见图2.14，详细设计方案如下。

（1）南柳河侧8–1区：4排树根桩，ϕ300 mm间距1400 mm×1400 mm，三角形布置，桩长20 m，桩身强度C30，内插ϕ133 mm、壁厚5 mm无缝钢管，桩顶采用钢筋混凝土板联结成整体。

（2）堆场中部8–2区：2排插筋CFG桩，ϕ350 mm间距1800 mm，正方形布置，桩长16 m，桩身强度C25，桩顶插入钢筋笼，插筋长度≥12 m，顶部与桩顶齐平。

（3）堆场中部8–3区：3排插筋CFG桩，ϕ350 mm间距1800 mm，正方形布置，桩长16 m，桩身强度C25，桩顶插入钢筋笼，插筋长度≥5 m，顶部与桩顶齐平。

（4）堆场中部8–4区：3排插筋CFG桩，ϕ350 mm间距1800 mm，正方形布置，桩长18 m，桩身强度C25，桩顶插入钢筋笼，插筋长度≥5 m，顶部外露25 cm伸入桩帽，桩帽尺寸70 cm×70 cm×35 cm。

（5）堆场中部8–5区：10排插筋CFG桩，中部6排ϕ350 mm间距1650 mm，边缘4排ϕ350 mm间距1800 mm，正方形布置，桩长20 m，桩身强度C30，桩顶插入钢筋笼，插筋长度≥5 m，顶部外露25 cm伸入桩帽，桩帽尺寸70 cm×70 cm×35 cm。

（6）堆场中部8–6区：2排插筋CFG桩，ϕ350 mm间距1800 mm，正方形布置，桩长18 m，桩身强度C25，桩顶插入钢筋笼，插筋长度≥5 m，顶部外露25 cm伸入桩帽，桩帽尺寸70 cm×70 cm×35 cm。

（7）堆场中部8–7区：2排插筋CFG桩，ϕ350 mm间距1800 mm，正方形布置，桩长16 m，桩身强度C25，桩顶插入钢筋笼，插筋长度≥12 m，顶部与桩顶齐平。

（8）轨道梁侧8–8区：2排树根桩，ϕ300 mm间距1400 mm×1600 mm，三角形布置，桩长20 m，桩身强度C30，内插ϕ133 mm、壁厚5 mm无缝钢管，桩顶采用钢筋混凝土

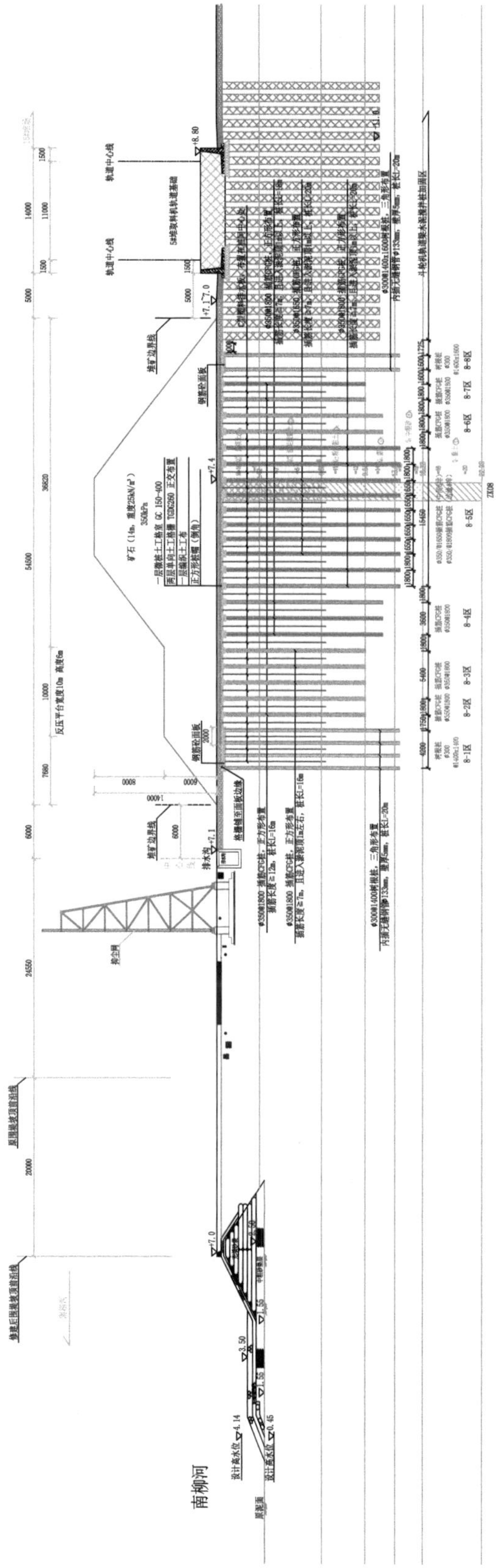

图2.14　地基处理8-8断面图

板联结成整体。

（9）桩帽浇筑完成，桩间土压实后，铺设10 cm厚碎石土，压实后铺设一层编织土工布，再铺设两层单向土工格栅TGDG260，单向抗拉强度260 kN/m，正交布置。

（10）在带桩帽桩基区域，土工格栅上铺设10 cm厚碎石，两侧可逐渐减小铺设厚度平顺过渡，压实后铺设一层土工格室GC150-400，再依次铺设碎石土，5 cm厚中粗砂层，15 cm厚六角块。

（11）中部区域10排桩和过渡区5排插筋CFG桩桩顶标高6.3 m，桩帽顶标高6.6 m；边缘区无桩帽CFG桩或插筋CFG桩桩顶标高6.3 m，上面回填30 cm厚碎石至标高6.6 m（可利用原堆场面层碎石砂土）；CFG桩施工时应考虑浮浆影响，现场采取必要的处理措施。南柳河侧树根桩顶标高6.35 m，面板顶标高6.6 m，轨道梁侧树根桩顶标高6.35 m，面板顶标高6.6 m。

（12）桩基施工前，先在堆场中部区域四桩中心打设一根B型塑料排水板，要求穿透软土层。

2.4.2 地基处理9区

剩余区域B区（推移区）地基处理9区对应钻孔ZK9，设计断面见图2.15，详细设计方案如下。

（1）南柳河侧9-1区：6排树根桩，ϕ300 mm间距1400 mm×1600 mm，三角形布置，桩长23 m，桩身强度C30，内插ϕ133 mm、壁厚5 mm无缝钢管，桩顶采用钢筋混凝土板联结成整体。

（2）堆场中部9-2区：3排树根桩，ϕ300 mm间距1800 mm，正方形布置，桩长20 m，桩身强度C30，内插ϕ133 mm、壁厚5 mm无缝钢管，桩帽尺寸70 cm×70 cm×35 cm。

（3）堆场中部9-3区：3排树根桩，ϕ300 mm间距1800 mm，正方形布置，桩长23 m，桩身强度C30，内插ϕ133 mm、壁厚5 mm无缝钢管，桩帽尺寸70 cm×70 cm×35 cm。

（4）堆场中部9-4区：11排树根桩，ϕ300 mm间距1500 mm，正方形布置，桩长25 m，桩身强度C30，内插ϕ133 mm、壁厚5 mm无缝钢管，桩帽尺寸70 cm×70 cm×35 cm。

（5）堆场中部9-5区：4排树根桩，ϕ300 mm间距1800 mm，正方形布置，桩长23 m，桩身强度C30，内插ϕ133 mm、壁厚5 mm无缝钢管，前两排桩帽尺寸70 cm×70 cm×35 cm，后两排桩顶与9-6区树根桩采用钢筋混凝土板联结成整体。

（6）轨道梁侧9-6区：2排树根桩，ϕ300 mm间距1400 mm×1600 mm，三角形布置，桩长23 m，桩身强度C30，内插ϕ133 mm、壁厚5 mm无缝钢管，桩顶与9-5区树根桩采用钢筋混凝土板联结成整体。

（7）桩帽浇筑完成，桩间土压实后，铺设10 cm厚碎石土，压实后铺设一层编织土工布，再铺设两层单向土工格栅TGDG260，单向抗拉强度260 kN/m，正交布置。

（8）在带桩帽桩基区域，土工格栅上铺设10 cm厚碎石，两侧可逐渐减小铺设厚度平顺过渡，压实后铺设一层土工格室GC150-400，再依次铺设碎石土，5 cm厚中粗砂层，15 cm厚六角块。

（9）带桩帽树根桩顶标高为6.3 m，桩帽顶标高为6.6 m，带面板树根桩顶标高为

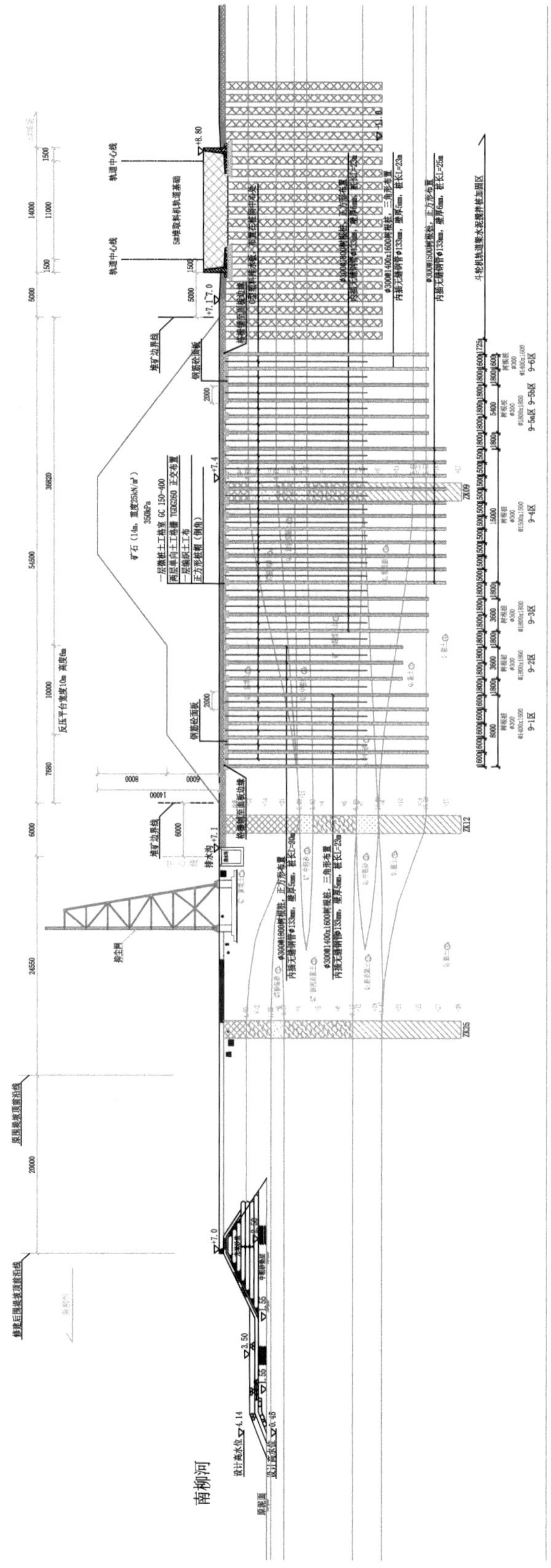

图2.15　地基处理9-9断面图

6.35 m，面板顶标高为6.6 m，钢管露出15 cm伸入桩帽或面板。

（10）桩基施工前，先在堆场中部区域四桩中心打设一根B型塑料排水板，要求穿透软土层。

2.4.3 地基处理10区

剩余区域B区（推移区）地基处理10区对应钻孔ZK10，设计断面见图2.16，详细设计方案如下。

（1）南柳河侧10–1区：4排树根桩，ϕ300 mm间距1400 mm×1400 mm，三角形布置，桩长20 m，桩身强度C30，内插ϕ133 mm、壁厚5 mm无缝钢管，桩顶采用钢筋混凝土板联结成整体。

（2）堆场中部10–2区：2排插筋CFG桩，ϕ350 mm间距1800 mm，正方形布置，桩长16 m，桩身强度C25，桩顶插入钢筋笼，插筋长度≥12 m，顶部与桩顶齐平。

（3）堆场中部10–3区：3排插筋CFG桩，ϕ350 mm间距1800 mm，正方形布置，桩长16 m，桩身强度C25，桩顶插入钢筋笼，插筋长度≥5 m，顶部与桩顶齐平。

（4）堆场中部10–4区：3排插筋CFG桩，ϕ350 mm间距1800 mm，正方形布置，桩长18 m，桩身强度C25，桩顶插入钢筋笼，插筋长度≥5 m，顶部外露25 cm伸入桩帽，桩帽尺寸70 cm×70 cm×35 cm。

（5）堆场中部10–5区：10排插筋CFG桩，中部6排ϕ350 mm间距1650 mm，边缘4排ϕ350 mm间距1800 mm，正方形布置，桩长20 m，桩身强度C30，桩顶插入钢筋笼，插筋长度≥5 m，顶部外露25 cm伸入桩帽，桩帽尺寸70 cm×70 cm×35 cm。

（6）堆场中部10–6区：2排插筋CFG桩，ϕ350 mm间距1800 mm，正方形布置，桩长18 m，桩身强度C25，桩顶插入钢筋笼，插筋长度≥5 m，顶部外露25 cm伸入桩帽，桩帽尺寸70 cm×70 cm×35 cm。

（7）堆场中部10–7区：2排插筋CFG桩，ϕ350 mm间距1800 mm，正方形布置，桩长16 m，桩身强度C25，桩顶插入钢筋笼，插筋长度≥12 m，顶部与桩顶齐平。

（8）轨道梁侧10–8区：2排树根桩，ϕ300 mm间距1400 mm×1600 mm，三角形布置，桩长20 m，桩身强度C30，内插ϕ133 mm、壁厚5 mm无缝钢管，桩顶采用钢筋混凝土板联结成整体。

（9）桩帽浇筑完成，桩间土压实后，铺设10 cm厚碎石土，压实后铺设一层编织土工布，再铺设两层单向土工格栅TGDG260，单向抗拉强度260 kN/m，正交布置。

（10）在带桩帽桩基区域，土工格栅上铺设10 cm厚碎石，两侧可逐渐减小铺设厚度平顺过渡，压实后铺设一层土工格室GC150–400，再依次铺设碎石土，5 cm厚中粗砂层，15 cm厚六角块。

（11）中部区域10排桩和过渡区5排插筋CFG桩桩顶标高6.3 m，桩帽顶标高6.6 m；边缘区无桩帽CFG桩或插筋CFG桩桩顶标高6.3 m，上面回填30 cm厚碎石至标高6.6 m（可利用原堆场面层碎石砂土）；CFG桩施工时应考虑浮浆影响，现场采取必要的处理措施。南柳河侧树根桩顶标高6.35 m，面板顶标高6.6 m，轨道梁侧树根桩顶标高6.35 m，面板顶标高6.6 m。

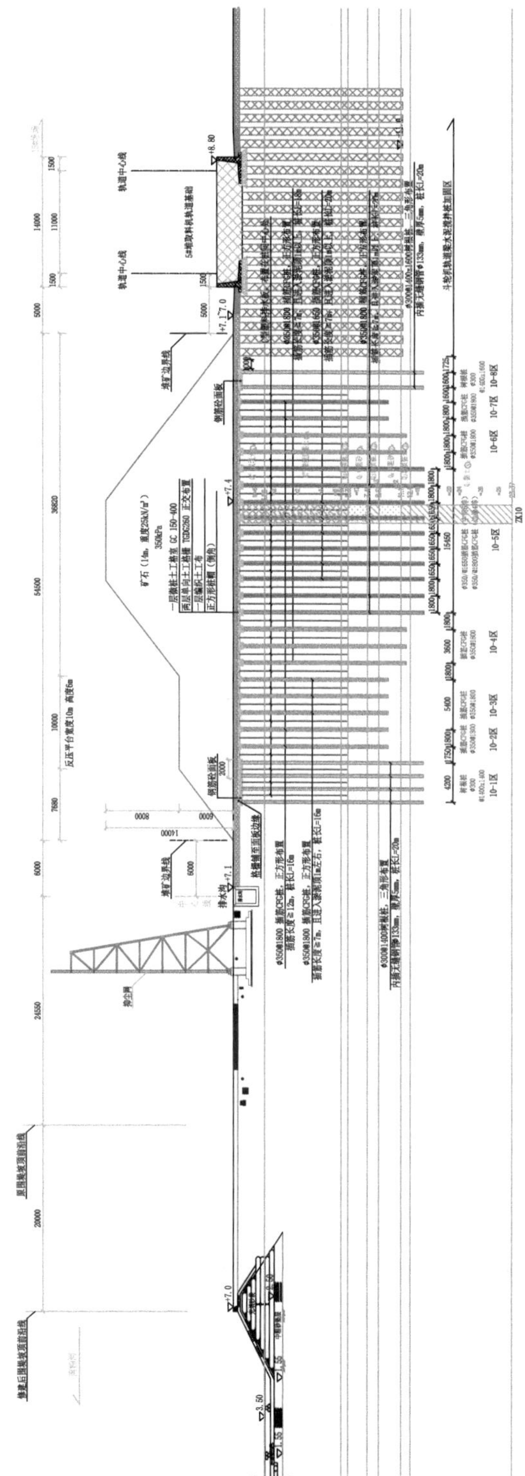

图2.16　地基处理10-10断面图

（12）桩基施工前，先在堆场中部区域四桩中心打设一根B型塑料排水板，要求穿透软土层。

2.5 剩余区域C区设计方案

剩余区域C区地基加固采用CFG桩/插筋CFG桩、树根桩+网复合地基，地基处理平面图见图2.17。根据不同区段代表性钻孔，分区段设计方案及参数如下。

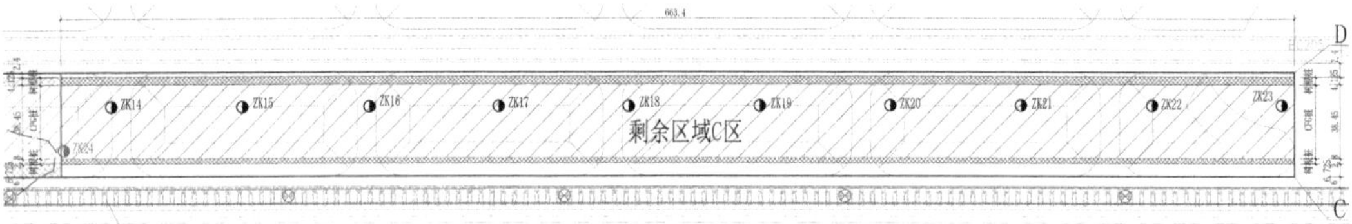

图2.17 剩余区域C区地基处理平面图

2.5.1 地基处理11区

剩余区域C区地基处理11区对应钻孔ZK14，设计断面见图2.18，详细设计方案如下。

（1）南柳河侧11–1区：2排树根桩，ϕ300 mm间距1400 mm×1600 mm，三角形布置，桩长16 m，桩身强度C30，内插ϕ133 mm、壁厚5 mm无缝钢管，桩顶采用钢筋混凝土板联结成整体。

（2）堆场中部11–2区：2排插筋CFG桩，ϕ350 mm间距1800 mm，正方形布置，桩长10 m，桩身强度C25，桩顶插入钢筋笼，插筋长度≥5 m，顶部与桩顶齐平。

（3）堆场中部11–3区：3排CFG桩，ϕ350 mm间距1800 mm，正方形布置，桩长10 m，桩身强度C25。

（4）堆场中部11–4区：3排插筋CFG桩，ϕ350 mm间距1800 mm，正方形布置，桩长15 m，桩身强度C25，桩顶插入钢筋笼，插筋长度≥5 m，顶部外露25 cm伸入桩帽，桩帽尺寸60 cm×60 cm×35 cm。

（5）堆场中部11–5区：10排插筋CFG桩，中部6排ϕ350 mm间距1650 mm，边缘4排ϕ350 mm间距1800 mm，正方形布置，桩长18 m，桩身强度C30，桩顶插入钢筋笼，插筋长度≥5 m，顶部外露25 cm伸入桩帽，桩帽尺寸60 cm×60 cm×35 cm。

（6）堆场中部11–6区：2排插筋CFG桩，ϕ350 mm间距1800 mm，正方形布置，桩长15 m，桩身强度C25，桩顶插入钢筋笼，插筋长度≥5 m，顶部外露25 cm伸入桩帽，桩帽尺寸60 cm×60 cm×35 cm。

（7）堆场中部11–7区：2排插筋CFG桩，ϕ350 mm间距1800 mm，正方形布置，桩长10 m，桩身强度C25，桩顶插入钢筋笼，插筋长度≥5 m，顶部与桩顶齐平。

（8）轨道梁侧11–8区：2排树根桩，ϕ300 mm间距1400 mm×1600 mm，三角形布置，桩长16 m，桩身强度C30，内插ϕ133 mm、壁厚5 mm无缝钢管，桩顶采用钢筋混凝土板联结成整体。

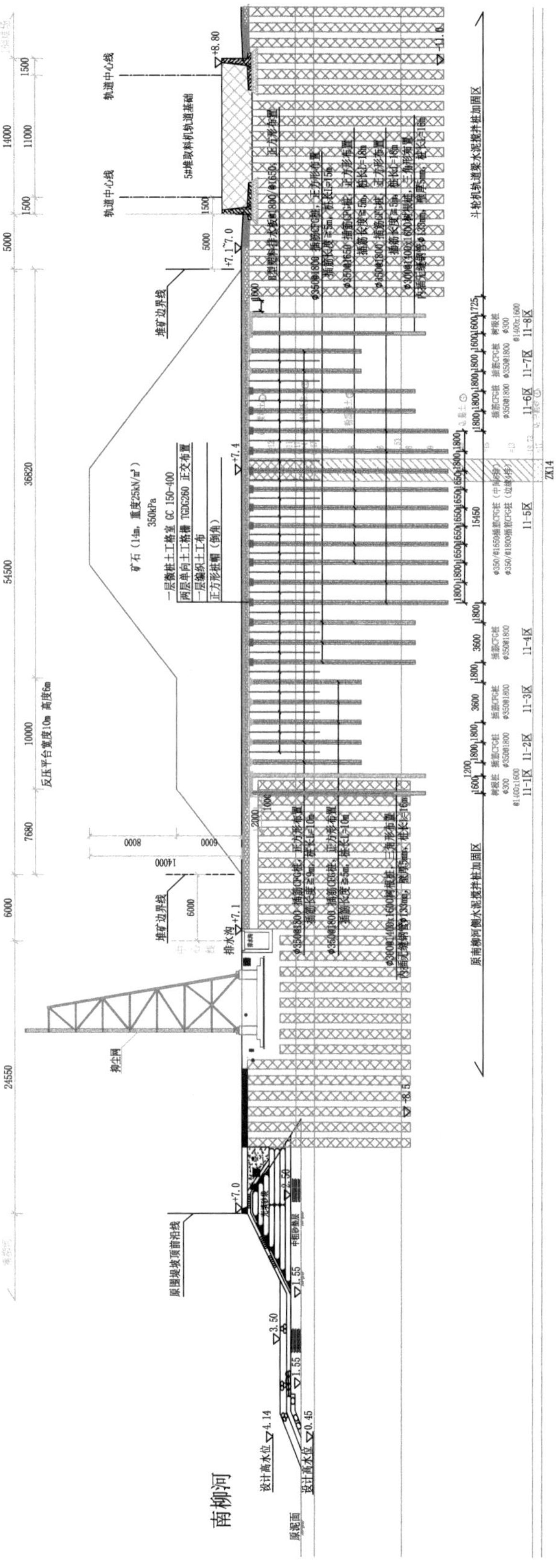

图2.18　地基处理11-11断面图

（9）桩帽浇筑完成，桩间土压实后，铺设10 cm厚碎石土，压实后铺设一层编织土工布，再铺设两层单向土工格栅TGDG260，单向抗拉强度260 kN/m，正交布置。

（10）在带桩帽桩基区域，土工格栅上铺设10 cm厚碎石，两侧可逐渐减小铺设厚度平顺过渡，压实后铺设一层土工格室GC150–400，再依次铺设碎石土，5 cm厚中粗砂层，15 cm厚六角块。

（11）中部区域10排桩和过渡区5排插筋CFG桩桩顶标高6.3 m，桩帽顶标高6.6 m；边缘区无桩帽CFG桩或插筋CFG桩桩顶标高6.3 m，上面回填30 cm厚碎石至标高6.6 m（可利用原堆场面层碎石砂土）；CFG桩施工时应考虑浮浆影响，现场采取必要的处理措施。南柳河侧树根桩顶标高6.35 m，面板顶标高6.6 m，轨道梁侧树根桩顶标高6.45 m，面板顶标高6.7 m。

（12）桩基施工前，先在堆场中部区域四桩中心打设一根B型塑料排水板，要求穿透软土层。

2.5.2 地基处理12区

剩余区域C区地基处理12区对应钻孔ZK15，设计断面见图2.19，详细设计方案如下。

（1）南柳河侧12–1区：2排树根桩，ϕ300 mm间距1400 mm×1600 mm，三角形布置，桩长16 m，桩身强度C30，内插ϕ133 mm、壁厚5 mm无缝钢管，桩顶采用钢筋混凝土板联结成整体。

（2）堆场中部12–2区：2排插筋CFG桩，ϕ350 mm间距1800 mm，正方形布置，桩长11 m，桩身强度C25，桩顶插入钢筋笼，插筋长度≥9 m，顶部与桩顶齐平。

（3）堆场中部12–3区：3排插筋CFG桩，ϕ350 mm间距1800 mm，正方形布置，桩长11 m，桩身强度C25。

（4）堆场中部12–4区：3排插筋CFG桩，ϕ350 mm间距1800 mm，正方形布置，桩长15 m，桩身强度C25，桩顶插入钢筋笼，插筋长度≥5 m，顶部外露25 cm伸入桩帽，桩帽尺寸60 cm×60 cm×35 cm。

（5）堆场中部12–5区：10排插筋CFG桩，中部6排ϕ350 mm间距1650 mm，边缘4排ϕ350 mm间距1800 mm，正方形布置，桩长18 m，桩身强度C30，桩顶插入钢筋笼，插筋长度≥5 m，顶部外露25 cm伸入桩帽，桩帽尺寸60 cm×60 cm×35 cm。

（6）堆场中部12–6区：2排插筋CFG桩，ϕ350 mm间距1800 mm，正方形布置，桩长15 m，桩身强度C25，桩顶插入钢筋笼，插筋长度≥5 m，顶部外露25 cm伸入桩帽，桩帽尺寸60 cm×60 cm×35 cm。

（7）堆场中部12–7区：2排插筋CFG桩，ϕ350 mm间距1800 mm，正方形布置，桩长11 m，桩身强度C25，桩顶插入钢筋笼，插筋长度≥9 m，顶部与桩顶齐平。

（8）轨道梁侧12–8区：2排树根桩，ϕ300 mm间距1400 mm×1600 mm，三角形布置，桩长16 m，桩身强度C30，内插ϕ133 mm、壁厚5 mm无缝钢管，桩顶采用钢筋混凝土板联结成整体。

（9）桩帽浇筑完成，桩间土压实后，铺设10 cm厚碎石土，压实后铺设一层编织土工布，再铺设两层单向土工格栅TGDG260，单向抗拉强度260 kN/m，正交布置。

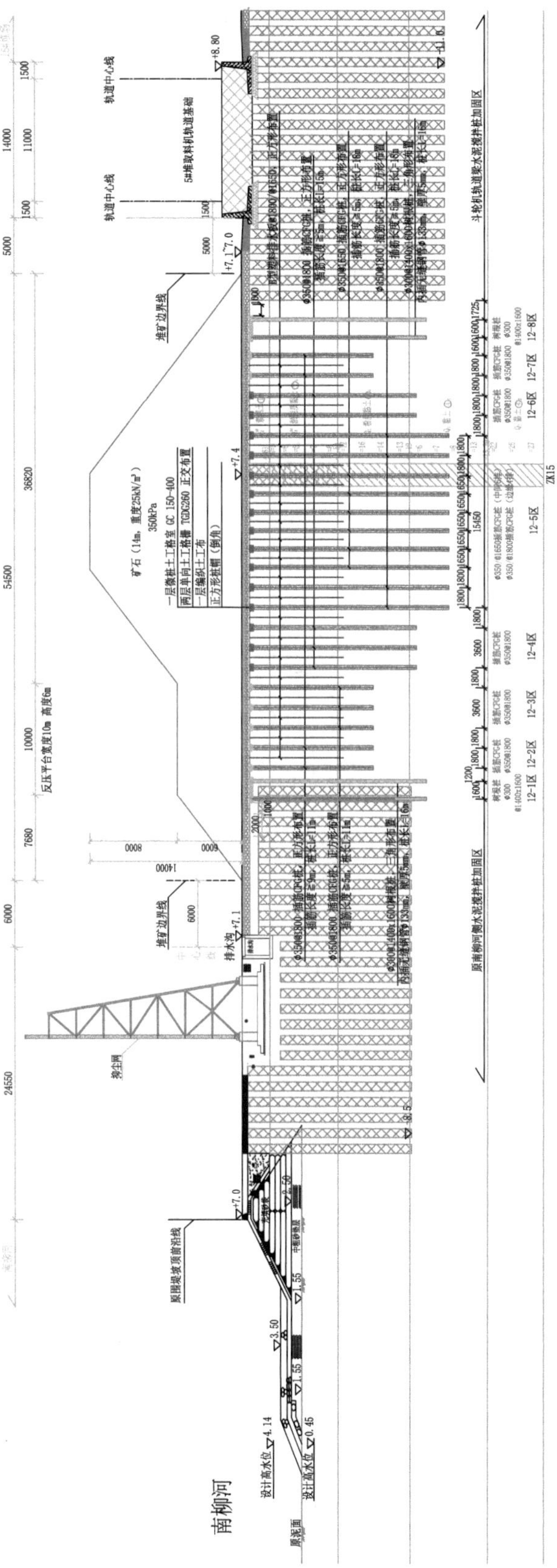

图2.19　地基处理12-12断面图

（10）在带桩帽桩基区域，土工格栅上铺设10 cm厚碎石，两侧可逐渐减小铺设厚度平顺过渡，压实后铺设一层土工格室GC150-400，再依次铺设碎石土，5 cm厚中粗砂层，15 cm厚六角块。

（11）中部区域10排桩和过渡区5排插筋CFG桩桩顶标高6.3 m，桩帽顶标高6.6 m；边缘区无桩帽CFG桩或插筋CFG桩桩顶标高6.3 m，上面回填30 cm厚碎石至标高6.6 m（可利用原堆场面层碎石砂土）；CFG桩施工时应考虑浮浆影响，现场采取必要的处理措施。南柳河侧树根桩顶标高6.35 m，面板顶标高6.6 m，轨道梁侧树根桩顶标高6.45 m，面板顶标高6.7 m。

（12）桩基施工前，先在堆场中部区域四桩中心打设一根B型塑料排水板，要求穿透软土层。

2.5.3 地基处理13区

剩余区域C区地基处理13区对应钻孔ZK16，设计断面见图2.20，详细设计方案如下。

（1）南柳河侧13-1区：2排树根桩，ϕ300 mm间距1400 mm×1600 mm，三角形布置，桩长16 m/18 m，桩身强度C30，内插ϕ133 mm、壁厚5 mm无缝钢管，桩顶采用钢筋混凝土板联结成整体。

（2）堆场中部13-2区：2排插筋CFG桩，ϕ350 mm间距1800 mm，正方形布置，桩长13 m，桩身强度C25，桩顶插入钢筋笼，插筋长度≥9 m，顶部与桩顶齐平。

（3）堆场中部13-3区：3排插筋CFG桩，ϕ350 mm间距1800 mm，正方形布置，桩长13 m，桩身强度C25。

（4）堆场中部13-4区：3排插筋CFG桩，ϕ350 mm间距1800 mm，正方形布置，桩长15 m，桩身强度C25，桩顶插入钢筋笼，插筋长度≥5 m，顶部外露25 cm伸入桩帽，桩帽尺寸60 cm×60 cm×35 cm。

（5）堆场中部13-5区：10排插筋CFG桩，中部6排ϕ350 mm间距1650 mm，边缘4排ϕ350 mm间距1800 mm，正方形布置，桩长18 m，桩身强度C30，桩顶插入钢筋笼，插筋长度≥5 m，顶部外露25 cm伸入桩帽，桩帽尺寸60 cm×60 cm×35 cm。

（6）堆场中部13-6区：2排插筋CFG桩，ϕ350 mm间距1800 mm，正方形布置，桩长15 m，桩身强度C25，桩顶插入钢筋笼，插筋长度≥5 m，顶部外露25 cm伸入桩帽，桩帽尺寸60 cm×60 cm×35 cm。

（7）堆场中部13-7区：2排插筋CFG桩，ϕ350 mm间距1800 mm，正方形布置，桩长13 m，桩身强度C25，桩顶插入钢筋笼，插筋长度≥9 m，顶部与桩顶齐平。

（8）轨道梁侧13-8区：2排树根桩，ϕ300 mm间距1400 mm×1600 mm，三角形布置，桩长16 m，桩身强度C30，内插ϕ133 mm、壁厚5 mm无缝钢管，桩顶采用钢筋混凝土板联结成整体。

（9）桩帽浇筑完成，桩间土压实后，铺设10 cm厚碎石土，压实后铺设一层编织土工布，再铺设两层单向土工格栅TGDG260，单向抗拉强度260 kN/m，正交布置。

（10）在带桩帽桩基区域，土工格栅上铺设10 cm厚碎石，两侧可逐渐减小铺设厚度平顺过渡，压实后铺设一层土工格室GC150-400，再依次铺设碎石土，5 cm厚中粗砂

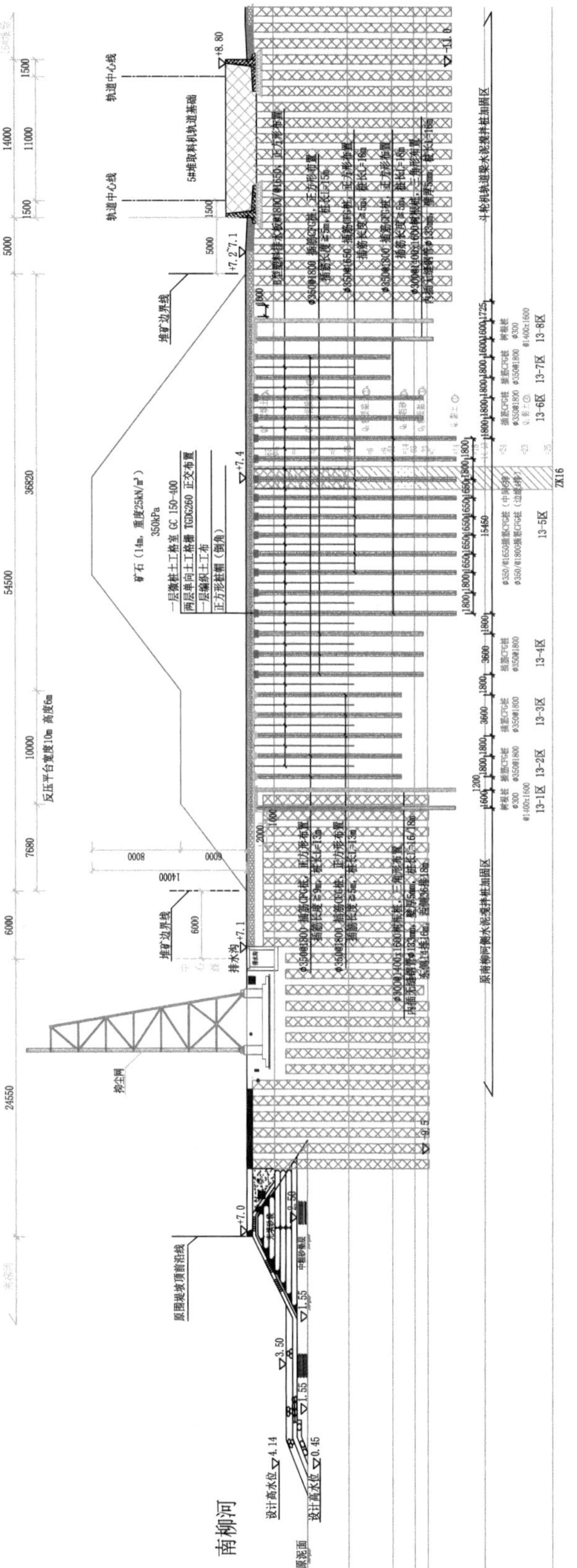

图2.20 地基处理13-13断面图

层，15 cm厚六角块。

（11）中部区域10排桩和过渡区5排插筋CFG桩桩顶标高6.3 m，桩帽顶标高6.6 m；边缘区无桩帽CFG桩或插筋CFG桩桩顶标高6.3 m，上面回填30 cm厚碎石至标高6.6 m（可利用原堆场面层碎石砂土）；CFG桩施工时应考虑浮浆影响，现场采取必要的处理措施。南柳河侧树根桩顶标高6.35 m，面板顶标高6.6 m，轨道梁侧树根桩顶标高6.45 m，面板顶标高6.7 m。

（12）桩基施工前，先在堆场中部区域四桩中心打设一根B型塑料排水板，要求穿透软土层。

2.5.4 地基处理14区

剩余区域C区地基处理14区对应钻孔ZK17，设计断面见图2.21，详细设计方案如下。

（1）南柳河侧14–1区：2排树根桩，ϕ300 mm间距1400 mm×1600 mm，三角形布置，桩长16 m，桩身强度C30，内插ϕ133 mm、壁厚5 mm无缝钢管，桩顶采用钢筋混凝土板联结成整体。

（2）堆场中部14–2区：2排插筋CFG桩，ϕ350 mm间距1800 mm，正方形布置，桩长10 m，桩身强度C25，桩顶插入钢筋笼，插筋长度≥9 m，顶部与桩顶齐平。

（3）堆场中部14–3区：3排插筋CFG桩，ϕ350 mm间距1800 mm，正方形布置，桩长10 m，桩身强度C25。

（4）堆场中部14–4区：3排插筋CFG桩，ϕ350 mm间距1800 mm，正方形布置，桩长15 m，桩身强度C25，桩顶插入钢筋笼，插筋长度≥5 m，顶部外露25 cm伸入桩帽，桩帽尺寸60 cm×60 cm×35 cm。

（5）堆场中部14–5区：10排插筋CFG桩，中部6排ϕ350 mm间距1650 mm，边缘4排ϕ350 mm间距1800 mm，正方形布置，桩长18 m，桩身强度C30，桩顶插入钢筋笼，插筋长度≥5 m，顶部外露25 cm伸入桩帽，桩帽尺寸60 cm×60 cm×35 cm。

（6）堆场中部14–6区：2排插筋CFG桩，ϕ350 mm间距1800 mm，正方形布置，桩长15 m，桩身强度C25，桩顶插入钢筋笼，插筋长度≥5 m，顶部外露25 cm伸入桩帽，桩帽尺寸60 cm×60 cm×35 cm。

（7）堆场中部14–7区：2排插筋CFG桩，ϕ350 mm间距1800 mm，正方形布置，桩长10 m，桩身强度C25，桩顶插入钢筋笼，插筋长度≥9 m，顶部与桩顶齐平。

（8）轨道梁侧14–8区：2排树根桩，ϕ300 mm间距1400 mm×1600 mm，三角形布置，桩长16 m，桩身强度C30，内插ϕ133 mm、壁厚5 mm无缝钢管，桩顶采用钢筋混凝土板联结成整体。

（9）桩帽浇筑完成，桩间土压实后，铺设10 cm厚碎石土，压实后铺设一层编织土工布，再铺设两层单向土工格栅TGDG260，单向抗拉强度260 kN/m，正交布置。

（10）在带桩帽桩基区域，土工格栅上铺设10 cm厚碎石，两侧可逐渐减小铺设厚度平顺过渡，压实后铺设一层土工格室GC150–400，再依次铺设碎石土，5 cm厚中粗砂层，15 cm厚六角块。

（11）中部区域10排桩和过渡区5排插筋CFG桩桩顶标高6.3 m，桩帽顶标高6.6 m；

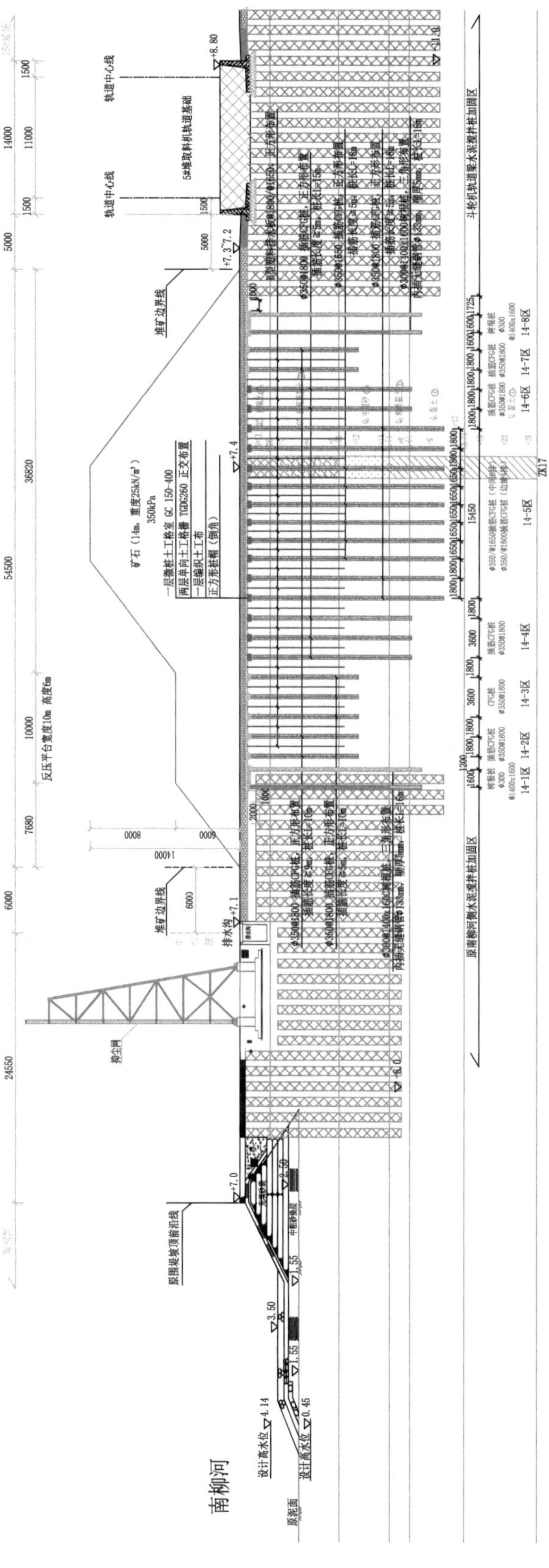

图2.21　地基处理14–14断面图

边缘区无桩帽CFG桩或插筋CFG桩桩顶标高6.3 m，上面回填30 cm厚碎石至标高6.6 m（可利用原堆场面层碎石砂土）；CFG桩施工时应考虑浮浆影响，现场采取必要的处理措施。南柳河侧树根桩顶标高6.35 m，面板顶标高6.6 m，轨道梁侧树根桩顶标高6.45 m，面板顶标高6.7 m。

（12）桩基施工前，先在堆场中部区域四桩中心打设一根B型塑料排水板，要求穿透软土层。

2.5.5 地基处理15区

剩余区域C区地基处理15区对应钻孔ZK18，设计断面见图2.22，详细设计方案如下。

（1）南柳河侧15–1区：2排树根桩，ϕ300 mm间距1400 mm×1600 mm，三角形布置，桩长16 m，桩身强度C30，内插ϕ133 mm、壁厚5 mm无缝钢管，桩顶采用钢筋混凝土板联结成整体；

（2）堆场中部15–2区：2排插筋CFG桩，ϕ350 mm间距1800 mm，正方形布置，桩长10 m，桩身强度C25，桩顶插入钢筋笼，插筋长度≥5 m，顶部与桩顶齐平。

（3）堆场中部15–3区：3排CFG桩，ϕ350 mm间距1800 mm，正方形布置，桩长10 m，桩身强度C25。

（4）堆场中部15–4区：3排插筋CFG桩，ϕ350 mm间距1800 mm，正方形布置，桩长13 m，桩身强度C25，桩顶插入钢筋笼，插筋长度≥5 m，顶部外露25 cm伸入桩帽，桩帽尺寸60 cm×60 cm×35 cm。

（5）堆场中部15–5区：10排插筋CFG桩，中部6排ϕ350 mm间距1650 mm，边缘4排ϕ350 mm间距1800 mm，正方形布置，桩长18 m，桩身强度C30，桩顶插入钢筋笼，插筋长度≥5 m，顶部外露25 cm伸入桩帽，桩帽尺寸60 cm×60 cm×35 cm。

（6）堆场中部15–6区：2排插筋CFG桩，ϕ350 mm间距1800 mm，正方形布置，桩长13 m，桩身强度C25，桩顶插入钢筋笼，插筋长度≥5 m，顶部外露25 cm伸入桩帽，桩帽尺寸60 cm×60 cm×35 cm。

（7）堆场中部15–7区：2排插筋CFG桩，ϕ350 mm间距1800 mm，正方形布置，桩长10 m，桩身强度C25，桩顶插入钢筋笼，插筋长度≥5 m，顶部与桩顶齐平。

（8）轨道梁侧15–8区：2排树根桩，ϕ300 mm间距1400 mm×1600 mm，三角形布置，桩长16 m，桩身强度C30，内插ϕ133 mm、壁厚5 mm无缝钢管，桩顶采用钢筋混凝土板联结成整体。

（9）桩帽浇筑完成，桩间土压实后，铺设10 cm厚碎石土，压实后铺设一层编织土工布，再铺设两层单向土工格栅TGDG260，单向抗拉强度260 kN/m，正交布置。

（10）在带桩帽桩基区域，土工格栅上铺设10 cm厚碎石，两侧可逐渐减小铺设厚度平顺过渡，压实后铺设一层土工格室GC150–400，再依次铺设碎石土，5 cm厚中粗砂层，15 cm厚六角块。

（11）中部区域10排桩和过渡区5排插筋CFG桩桩顶标高6.3 m，桩帽顶标高6.6 m；边缘区无桩帽CFG桩或插筋CFG桩桩顶标高6.3 m，上面回填30 cm厚碎石至标高6.6 m（可利用原堆场面层碎石砂土）；CFG桩施工时应考虑浮浆影响，现场采取必要的处理措

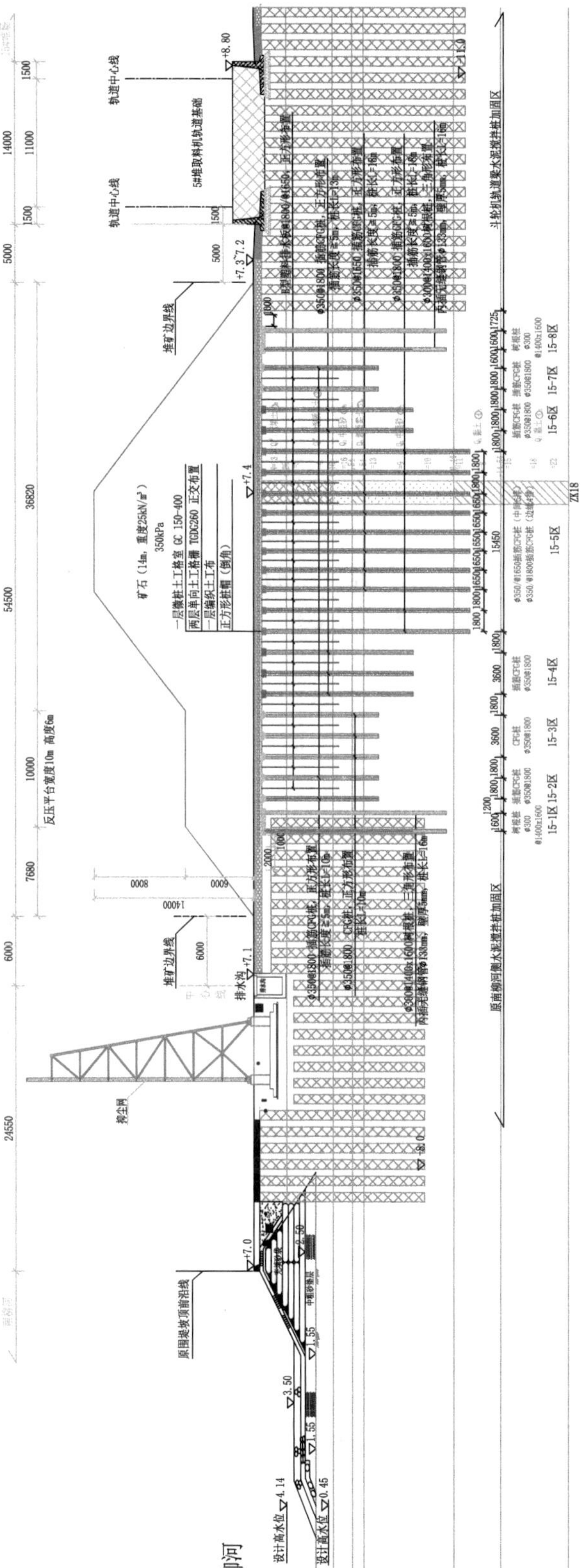

图2.22　地基处理15-15断面图

施。南柳河侧树根桩顶标高6.35 m，面板顶标高6.6 m，轨道梁侧树根桩顶标高6.45 m，面板顶标高6.7 m。

（12）桩基施工前，先在堆场中部区域四桩中心打设一根B型塑料排水板，要求穿透软土层。

2.5.6 地基处理16区

剩余区域C区地基处理16区对应钻孔ZK19，设计断面见图2.23，详细设计方案如下。该区域土层分布情况及砂层标贯击数变化较大，施工前将在ZK19两侧补充勘察，再根据补勘结果确定16区具体设计桩长。

（1）南柳河侧16–1区：2排树根桩，ϕ300 mm间距1400 mm×1600 mm，三角形布置，桩长16 m，桩身强度C30，内插ϕ133 mm、壁厚5 mm无缝钢管，桩顶采用钢筋混凝土板联结成整体。

（2）堆场中部16–2区：2排插筋CFG桩，ϕ350 mm间距1800 mm，正方形布置，桩长10 m，桩身强度C25，桩顶插入钢筋笼，插筋长度≥5 m，顶部与桩顶齐平。

（3）堆场中部16–3区：3排CFG桩，ϕ350 mm间距1800 mm，正方形布置，桩长10 m，桩身强度C25。

（4）堆场中部16–4区：3排插筋CFG桩，ϕ350 mm间距1800 mm，正方形布置，桩长12 m，桩身强度C25，桩顶插入钢筋笼，插筋长度≥5 m，顶部外露25 cm伸入桩帽，桩帽尺寸60 cm×60 cm×35 cm。

（5）堆场中部16–5区：10排插筋CFG桩，中部6排ϕ350 mm间距1650 mm，边缘4排ϕ350 mm间距1800 mm，正方形布置，桩长17 m，桩身强度C30，桩顶插入钢筋笼，插筋长度≥5 m，顶部外露25 cm伸入桩帽，桩帽尺寸60 cm×60 cm×35 cm。

（6）堆场中部16–6区：2排插筋CFG桩，ϕ350 mm间距1800 mm，正方形布置，桩长12 m，桩身强度C25，桩顶插入钢筋笼，插筋长度≥5 m，顶部外露25 cm伸入桩帽，桩帽尺寸60 cm×60 cm×35 cm。

（7）堆场中部16–7区：2排插筋CFG桩，ϕ350 mm间距1800 mm，正方形布置，桩长10 m，桩身强度C25，桩顶插入钢筋笼，插筋长度≥5 m，顶部与桩顶齐平。

（8）轨道梁侧16–8区：2排树根桩，ϕ300 mm间距1400 mm×1600 mm，三角形布置，桩长16 m，桩身强度C30，内插ϕ133 mm、壁厚5 mm无缝钢管，桩顶采用钢筋混凝土板联结成整体。

（9）桩帽浇筑完成，桩间土压实后，铺设10 cm厚碎石土，压实后铺设一层编织土工布，再铺设两层单向土工格栅TGDG260，单向抗拉强度260 kN/m，正交布置。

（10）在带桩帽桩基区域，土工格栅上铺设10 cm厚碎石，两侧可逐渐减小铺设厚度平顺过渡，压实后铺设一层土工格室GC150–400，再依次铺设碎石土，5 cm厚中粗砂层，15 cm厚六角块。

（11）中部区域10排桩和过渡区5排插筋CFG桩桩顶标高6.3 m，桩帽顶标高6.6 m；边缘区无桩帽CFG桩或插筋CFG桩桩顶标高6.3 m，上面回填30 cm厚碎石至标高6.6 m（可利用原堆场面层碎石砂土）；CFG桩施工时应考虑浮浆影响，现场采取必要的处理措

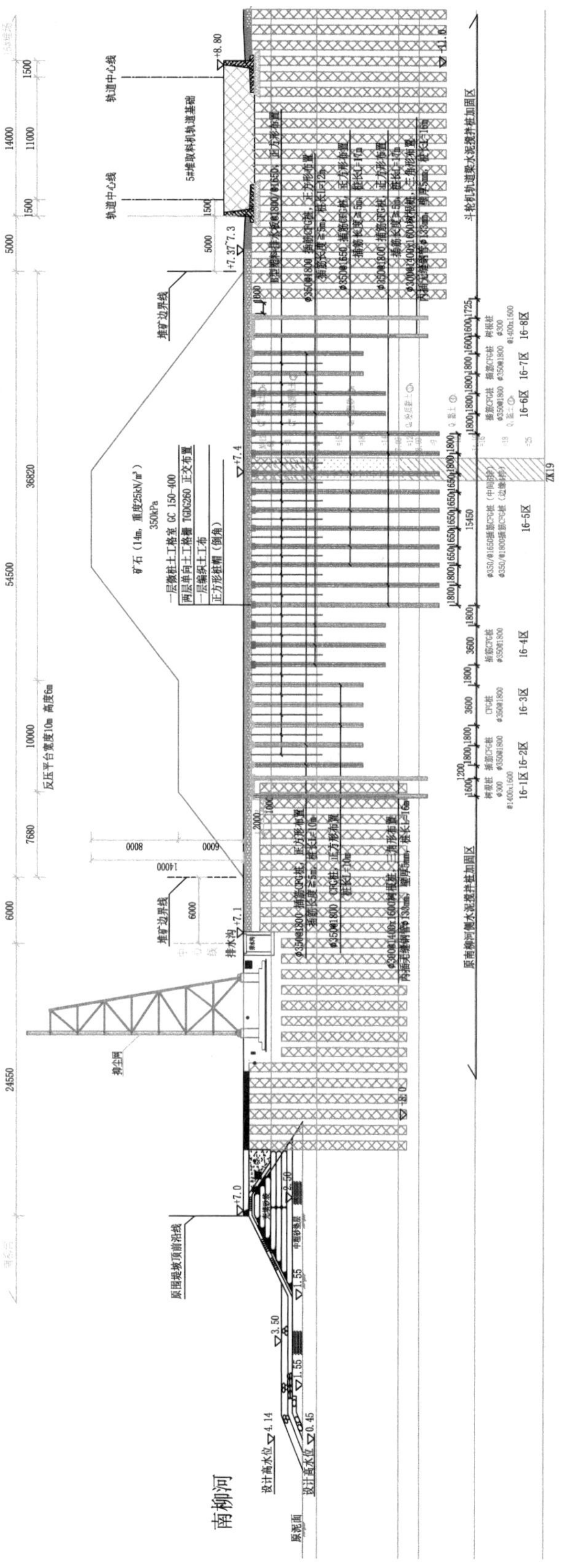

图2.23　地基处理16-16断面图

施。南柳河侧树根桩顶标高6.35 m，面板顶标高6.6 m，轨道梁侧树根桩顶标高6.45 m，面板顶标高6.7 m。

（12）桩基施工前，先在堆场中部区域四桩中心打设一根B型塑料排水板，要求穿透软土层。

2.5.7 地基处理17区

剩余区域C区地基处理17区对应钻孔ZK20，设计断面见图2.24，详细设计方案如下。

（1）南柳河侧17–1区：2排树根桩，ϕ300 mm间距1400 mm×1600 mm，三角形布置，桩长16 m，桩身强度C30，内插ϕ133 mm、壁厚5 mm无缝钢管，桩顶采用钢筋混凝土板联结成整体。

（2）堆场中部17–2区：2排插筋CFG桩，ϕ350 mm间距1800 mm，正方形布置，桩长10 m，桩身强度C25，桩顶插入钢筋笼，插筋长度≥5 m，顶部与桩顶齐平。

（3）堆场中部17–3区：3排CFG桩，ϕ350 mm间距1800 mm，正方形布置，桩长10 m，桩身强度C25。

（4）堆场中部17–4区：3排插筋CFG桩，ϕ350 mm间距1800 mm，正方形布置，桩长13 m，桩身强度C25，桩顶插入钢筋笼，插筋长度≥5 m，顶部外露25 cm伸入桩帽，桩帽尺寸60 cm×60 cm×35 cm。

（5）堆场中部17–5区：10排插筋CFG桩，中部6排ϕ350 mm间距1650 mm，边缘4排ϕ350 mm间距1800 mm，正方形布置，桩长16 m，桩身强度C30，桩顶插入钢筋笼，插筋长度≥5 m，顶部外露25 cm伸入桩帽，桩帽尺寸60 cm×60 cm×35 cm。

（6）堆场中部17–6区：2排插筋CFG桩，ϕ350 mm间距1800 mm，正方形布置，桩长13 m，桩身强度C25，桩顶插入钢筋笼，插筋长度≥5 m，顶部外露25 cm伸入桩帽，桩帽尺寸60 cm×60 cm×35 cm。

（7）堆场中部17–7区：2排插筋CFG桩，ϕ350 mm间距1800 mm，正方形布置，桩长10 m，桩身强度C25，桩顶插入钢筋笼，插筋长度≥5 m，顶部与桩顶齐平。

（8）轨道梁侧17–8区：2排树根桩，ϕ300 mm间距1400 mm×1600 mm，三角形布置，桩长16 m，桩身强度C30，内插ϕ133 mm、壁厚5 mm无缝钢管，桩顶采用钢筋混凝土板联结成整体。

（9）桩帽浇筑完成，桩间土压实后，铺设10 cm厚碎石土，压实后铺设一层编织土工布，再铺设两层单向土工格栅TGDG260，单向抗拉强度260 kN/m，正交布置。

（10）在带桩帽桩基区域，土工格栅上铺设10 cm厚碎石，两侧可逐渐减小铺设厚度平顺过渡，压实后铺设一层土工格室GC150–400，再依次铺设碎石土，5 cm厚中粗砂层，15 cm厚六角块。

（11）中部区域10排桩和过渡区5排插筋CFG桩桩顶标高6.3 m，桩帽顶标高6.6 m；边缘区无桩帽CFG桩或插筋CFG桩桩顶标高6.3 m，上面回填30 cm厚碎石至标高6.6 m（可利用原堆场面层碎石砂土）；CFG桩施工时应考虑浮浆影响，现场采取必要的处理措施。南柳河侧树根桩顶标高6.35 m，面板顶标高6.6 m，轨道梁侧树根桩顶标高6.45 m，

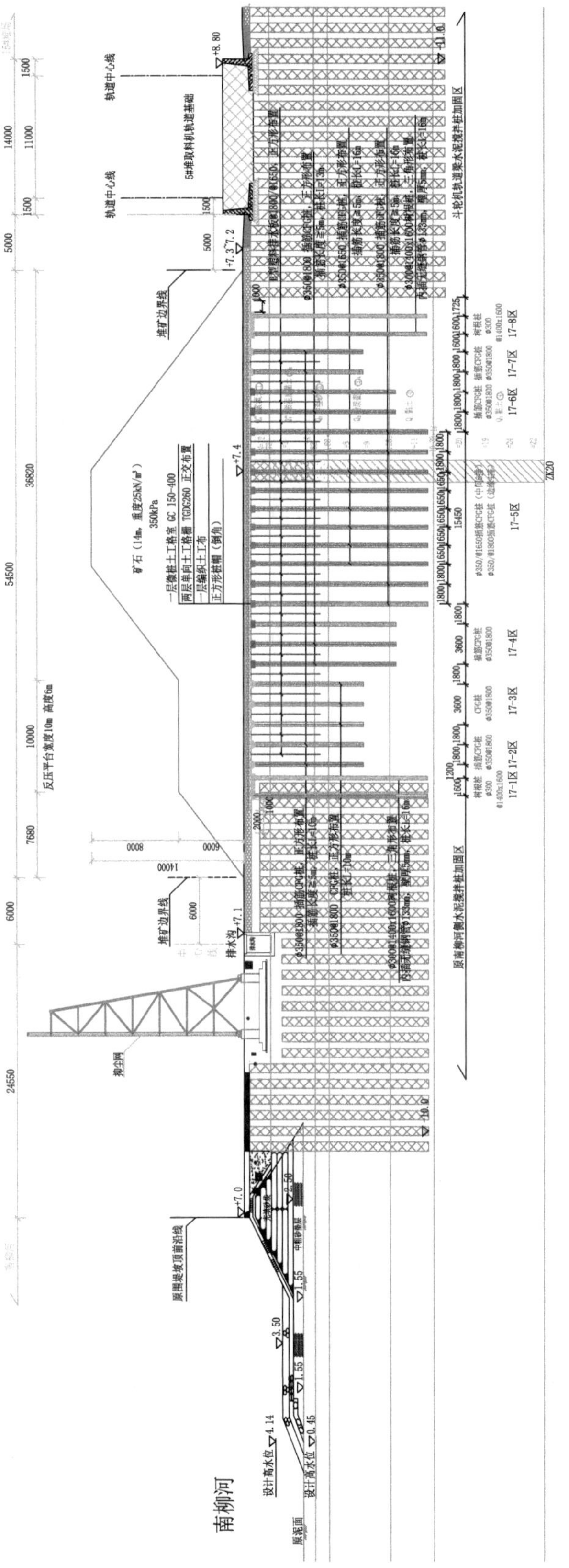

图2.24 地基处理17-17断面图

面板顶标高6.7 m。

（12）桩基施工前，先在堆场中部区域四桩中心打设一根B型塑料排水板，要求穿透软土层。

2.5.8 地基处理18区

剩余区域C区地基处理18区对应钻孔ZK21，设计断面见图2.25，详细设计方案如下。

（1）南柳河侧18–1区：2排树根桩，ϕ300 mm间距1400 mm×1600 mm，三角形布置，桩长16 m，桩身强度C30，内插ϕ133 mm、壁厚5 mm无缝钢管，桩顶采用钢筋混凝土板联结成整体。

（2）堆场中部18–2区：2排插筋CFG桩，ϕ350 mm间距1800 mm，正方形布置，桩长10 m，桩身强度C25，桩顶插入钢筋笼，插筋长度≥5 m，顶部与桩顶齐平。

（3）堆场中部18–3区：3排CFG桩，ϕ350 mm间距1800 mm，正方形布置，桩长10 m，桩身强度C25。

（4）堆场中部18–4区：3排插筋CFG桩，ϕ350 mm间距1800 mm，正方形布置，桩长13 m，桩身强度C25，桩顶插入钢筋笼，插筋长度≥5 m，顶部外露25 cm伸入桩帽，桩帽尺寸60 cm×60 cm×35 cm。

（5）堆场中部18–5区：10排插筋CFG桩，中部6排ϕ350 mm间距1650 mm，边缘4排ϕ350 mm间距1800 mm，正方形布置，桩长16 m，桩身强度C30，桩顶插入钢筋笼，插筋长度≥5 m，顶部外露25 cm伸入桩帽，桩帽尺寸60 cm×60 cm×35 cm。

（6）堆场中部18–6区：2排插筋CFG桩，ϕ350 mm间距1800 mm，正方形布置，桩长13 m，桩身强度C25，桩顶插入钢筋笼，插筋长度≥5 m，顶部外露25 cm伸入桩帽，桩帽尺寸60 cm×60 cm×35 cm。

（7）堆场中部18–7区：2排插筋CFG桩，ϕ350 mm间距1800 mm，正方形布置，桩长10 m，桩身强度C25，桩顶插入钢筋笼，插筋长度≥5 m，顶部与桩顶齐平。

（8）轨道梁侧18–8区：2排树根桩，ϕ300 mm间距1400 mm×1600 mm，三角形布置，桩长16 m，桩身强度C30，内插ϕ133 mm、壁厚5 mm无缝钢管，桩顶采用钢筋混凝土板联结成整体。

（9）桩帽浇筑完成，桩间土压实后，铺设10 cm厚碎石土，压实后铺设一层编织土工布，再铺设两层单向土工格栅TGDG260，单向抗拉强度260 kN/m，正交布置。

（10）在带桩帽桩基区域，土工格栅上铺设10 cm厚碎石，两侧可逐渐减小铺设厚度平顺过渡，压实后铺设一层土工格室GC150–400，再依次铺设碎石土，5 cm厚中粗砂层，15 cm厚六角块。

（11）中部区域10排桩和过渡区5排插筋CFG桩桩顶标高6.3 m，桩帽顶标高6.6 m；边缘区无桩帽CFG桩或插筋CFG桩桩顶标高6.3 m，上面回填30 cm厚碎石至标高6.6 m（可利用原堆场面层碎石砂土）；CFG桩施工时应考虑浮浆影响，现场采取必要的处理措施。南柳河侧树根桩顶标高6.35 m，面板顶标高6.6 m，轨道梁侧树根桩顶标高6.45 m，面板顶标高6.7 m。

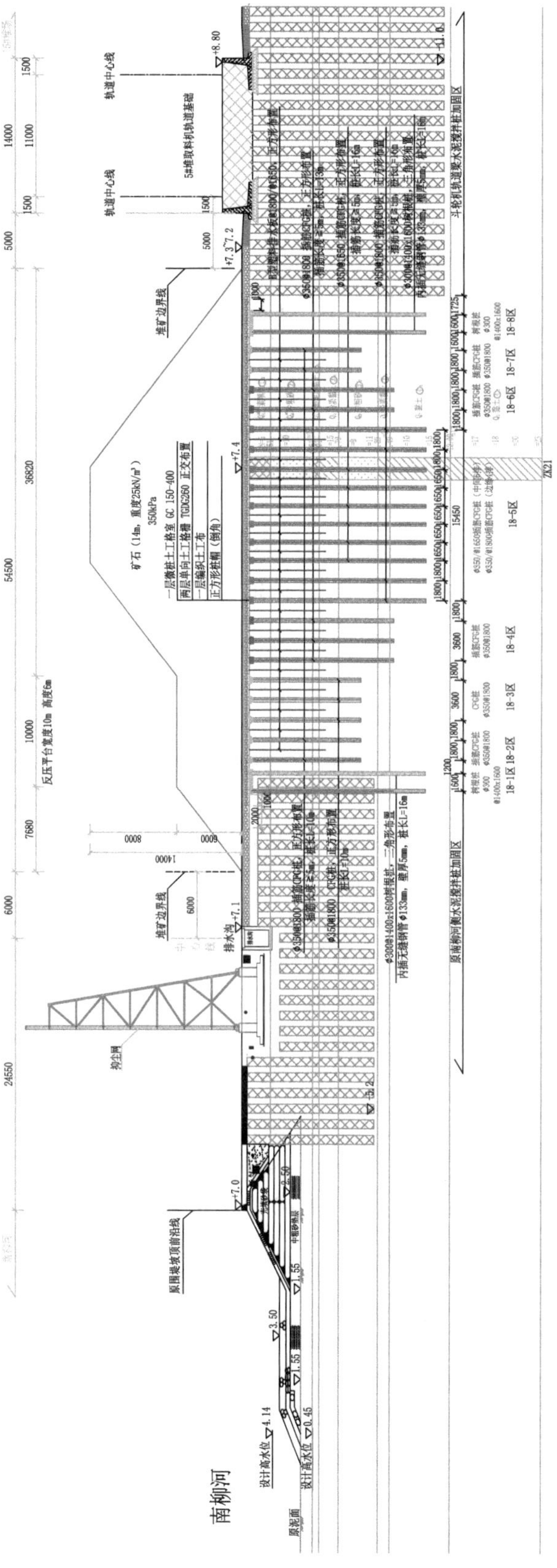

图2.25　地基处理18-18断面图

（12）桩基施工前，先在堆场中部区域四桩中心打设一根B型塑料排水板，要求穿透软土层。

2.5.9 地基处理19区

剩余区域C区地基处理19区对应钻孔ZK22，设计断面见图2.26，详细设计方案如下。

（1）南柳河侧19–1区：2排树根桩，ϕ300 mm间距1400 mm×1600 mm，三角形布置，桩长16 m，桩身强度C30，内插ϕ133 mm、壁厚5 mm无缝钢管，桩顶采用钢筋混凝土板联结成整体。

（2）堆场中部19–2区：2排插筋CFG桩，ϕ350 mm间距1800 mm，正方形布置，桩长10 m，桩身强度C25，桩顶插入钢筋笼，插筋长度≥5 m，顶部与桩顶齐平。

（3）堆场中部19–3区：3排CFG桩，ϕ350 mm间距1800 mm，正方形布置，桩长10 m，桩身强度C25。

（4）堆场中部19–4区：3排插筋CFG桩，ϕ350 mm间距1800 mm，正方形布置，桩长12 m，桩身强度C25，桩顶插入钢筋笼，插筋长度≥5 m，顶部外露25 cm伸入桩帽，桩帽尺寸60 cm×60 cm×35 cm。

（5）堆场中部19–5区：10排插筋CFG桩，中部6排ϕ350 mm间距1650 mm，边缘4排ϕ350 mm间距1800 mm，正方形布置，桩长14 m，桩身强度C30，桩顶插入钢筋笼，插筋长度≥5 m，顶部外露25 cm伸入桩帽，桩帽尺寸60 cm×60 cm×35 cm。

（6）堆场中部19–6区：2排插筋CFG桩，ϕ350 mm间距1800 mm，正方形布置，桩长12 m，桩身强度C25，桩顶插入钢筋笼，插筋长度≥5 m，顶部外露25 cm伸入桩帽，桩帽尺寸60 cm×60 cm×35 cm。

（7）堆场中部19–7区：2排插筋CFG桩，ϕ350 mm间距1800 mm，正方形布置，桩长10 m，桩身强度C25，桩顶插入钢筋笼，插筋长度≥5 m，顶部与桩顶齐平。

（8）轨道梁侧19–8区：2排树根桩，ϕ300 mm间距1400 mm×1600 mm，三角形布置，桩长16 m，桩身强度C30，内插ϕ133 mm、壁厚5 mm无缝钢管，桩顶采用钢筋混凝土板联结成整体。

（9）桩帽浇筑完成，桩间土压实后，铺设10 cm厚碎石土，压实后铺设一层编织土工布，再铺设两层单向土工格栅TGDG260，单向抗拉强度260 kN/m，正交布置。

（10）在带桩帽桩基区域，土工格栅上铺设10 cm厚碎石，两侧可逐渐减小铺设厚度平顺过渡，压实后铺设一层土工格室GC150–400，再依次铺设碎石土，5 cm厚中粗砂层，15 cm厚六角块。

（11）中部区域10排桩和过渡区5排插筋CFG桩桩顶标高6.3 m，桩帽顶标高6.6 m；边缘区无桩帽CFG桩或插筋CFG桩桩顶标高6.3 m，上面回填30 cm厚碎石至标高6.6 m（可利用原堆场面层碎石砂土）；CFG桩施工时应考虑浮浆影响，现场采取必要的处理措施。南柳河侧树根桩顶标高6.35 m，面板顶标高6.6 m，轨道梁侧树根桩顶标高6.45 m，面板顶标高6.7 m。

（12）桩基施工前，先在堆场中部区域四桩中心打设一根B型塑料排水板，要求穿

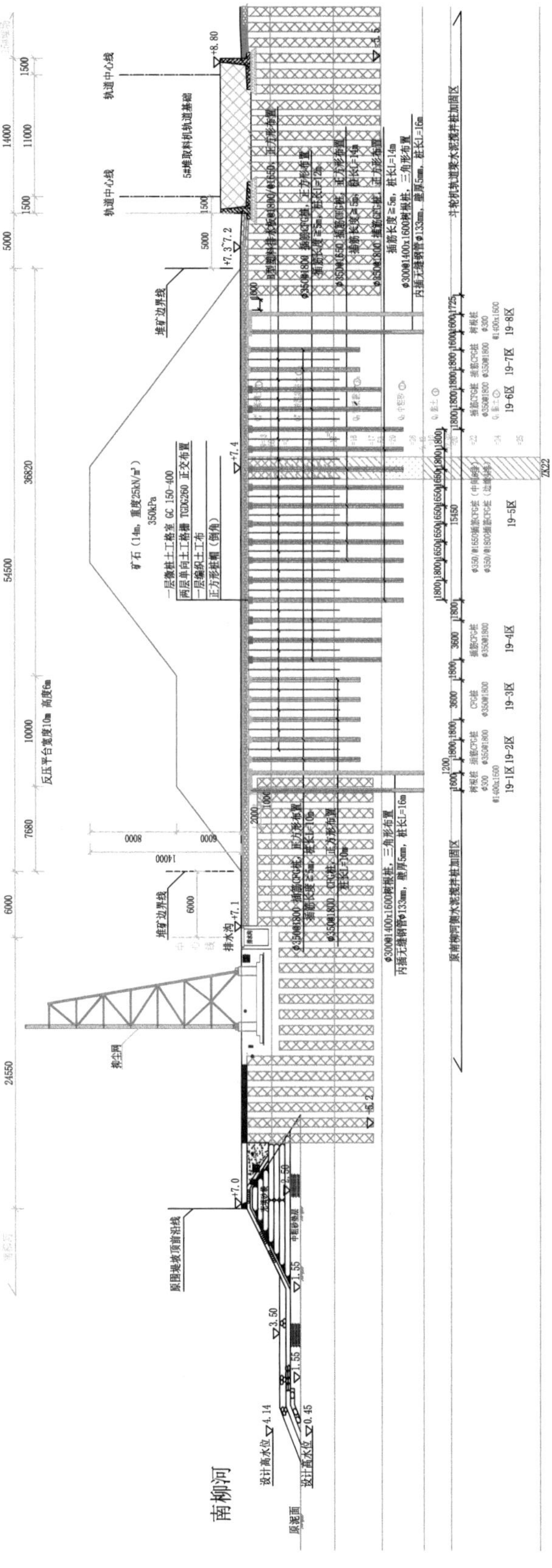

图2.26　地基处理19-19断面图

透软土层。

2.5.10 地基处理20区

剩余区域C区地基处理20区对应钻孔ZK23，设计断面见图2.27，详细设计方案如下。

（1）南柳河侧20–1区：2排树根桩，ϕ300 mm间距1400 mm×1600 mm，三角形布置，桩长16 m，桩身强度C30，内插ϕ133 mm、壁厚5 mm无缝钢管，桩顶采用钢筋混凝土板联结成整体。

（2）堆场中部20–2区：2排插筋CFG桩，ϕ350 mm间距1800 mm，正方形布置，桩长9 m，桩身强度C25，桩顶插入钢筋笼，插筋长度≥5 m，顶部与桩顶齐平。

（3）堆场中部20–3区：3排CFG桩，ϕ350 mm间距1800 mm，正方形布置，桩长9 m，桩身强度C25。

（4）堆场中部20–4区：3排插筋CFG桩，ϕ350 mm间距1800 mm，正方形布置，桩长10 m，桩身强度C25，桩顶插入钢筋笼，插筋长度≥5 m，顶部外露25 cm伸入桩帽，桩帽尺寸60 cm×60 cm×35 cm。

（5）堆场中部20–5区：10排插筋CFG桩，中部6排ϕ350 mm间距1650 mm，边缘4排ϕ350 mm间距1800 mm，正方形布置，桩长12 m，桩身强度C30，桩顶插入钢筋笼，插筋长度≥5 m，顶部外露25 cm伸入桩帽，桩帽尺寸60 cm×60 cm×35 cm。

（6）堆场中部20–6区：2排插筋CFG桩，ϕ350 mm间距1800 mm，正方形布置，桩长10 m，桩身强度C25，桩顶插入钢筋笼，插筋长度≥5 m，顶部外露25 cm伸入桩帽，桩帽尺寸60 cm×60 cm×35 cm。

（7）堆场中部20–7区：2排插筋CFG桩，ϕ350 mm间距1800 mm，正方形布置，桩长9 m，桩身强度C25，桩顶插入钢筋笼，插筋长度≥5 m，顶部与桩顶齐平。

（8）轨道梁侧20–8区：2排树根桩，ϕ300 mm间距1400 mm×1600 mm，三角形布置，桩长16 m，桩身强度C30，内插ϕ133 mm、壁厚5 mm无缝钢管，桩顶采用钢筋混凝土板联结成整体。

（9）桩帽浇筑完成，桩间土压实后，铺设10 cm厚碎石土，压实后铺设一层编织土工布，再铺设两层单向土工格栅TGDG260，单向抗拉强度260 kN/m，正交布置。

（10）在带桩帽桩基区域，土工格栅上铺设10 cm厚碎石，两侧可逐渐减小铺设厚度平顺过渡，压实后铺设一层土工格室GC150–400，再依次铺设碎石土，5 cm厚中粗砂层，15 cm厚六角块。

（11）中部区域10排桩和过渡区5排插筋CFG桩桩顶标高6.3 m，桩帽顶标高6.6 m；边缘区无桩帽CFG桩或插筋CFG桩桩顶标高6.3 m，上面回填30 cm厚碎石至标高6.6 m（可利用原堆场面层碎石砂土）；CFG桩施工时应考虑浮浆影响，现场采取必要的处理措施。南柳河侧树根桩顶标高6.35 m，面板顶标高6.6 m，轨道梁侧树根桩顶标高6.45 m，面板顶标高6.7 m。

（12）桩基施工前，先在堆场中部区域四桩中心打设一根B型塑料排水板，要求穿透软土层。

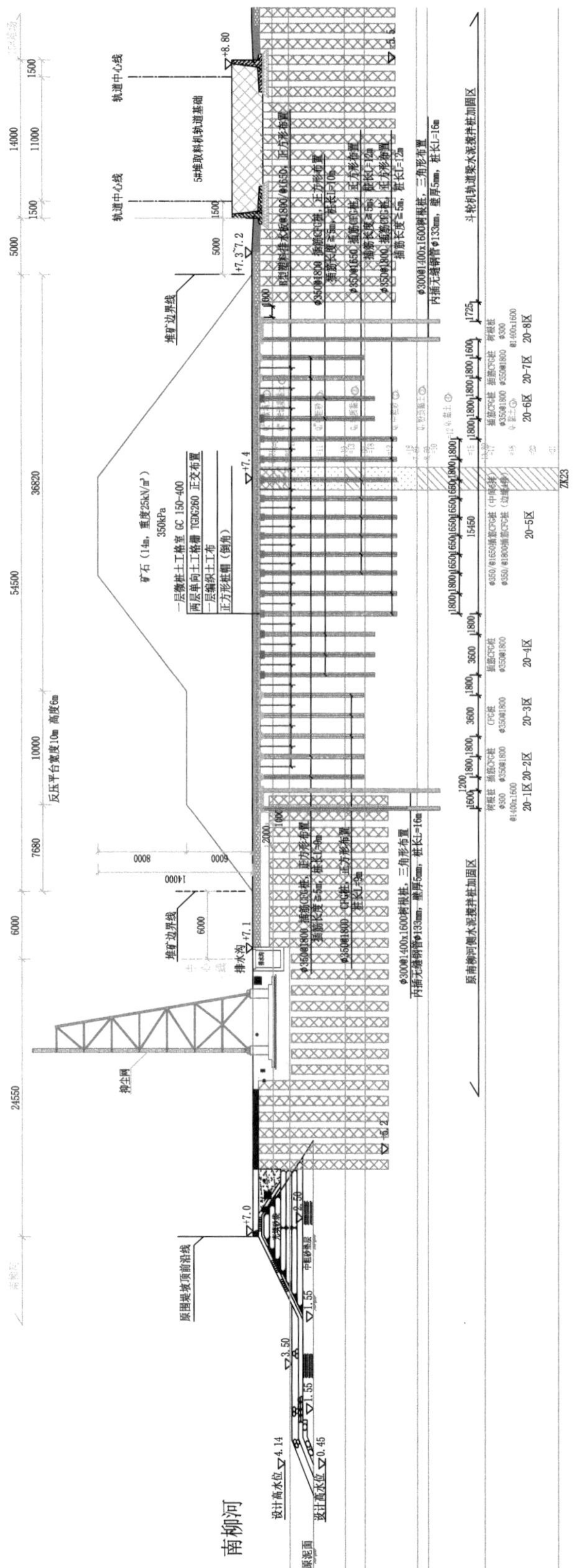

图2.27　地基处理20–20断面图

2.6 试堆载计划

2.6.1 试堆载步骤

（1）根据监测技术方案，在复合地基施工期埋设好沉降、位移、孔压等监测点。

（2）试堆区域第一级堆矿高度3 m，对试堆区进行为期5天或以上的沉降、位移、孔压等观测，每天观测次数不少于两次。

（3）当沉降、位移及孔压等数据均在预警标准内，且相关曲线呈收敛态势的情况下，进行下一级堆载，堆载高度到6 m。

（4）堆载高度达到6 m后，对试堆场地进行为期5天或以上的沉降、位移及孔压等观测（视具体情况确定），每天观测次数不少于两次。

（5）当沉降、位移及孔压等数据均在预警标准内，且相关曲线呈收敛态势的情况下，进行下一级堆载，堆载高度到8 m。

（6）堆载高度达到8 m后，对试堆场地进行为期3天或以上的沉降、位移、孔压等观测（视具体情况确定），每天观测次数不少于两次。

（7）当沉降、位移及孔压等数据均在预警标准内，且相关曲线呈收敛态势的情况下，进行下一级堆载，堆载高度到10 m。

（8）堆载高度达到10 m后，对试堆场地进行为期3天或以上的沉降、位移、孔压等观测（视具体情况确定），每天观测次数不少于两次。

（9）类似上述循序直至堆矿高度达到14 m，继续对试堆场地进行沉降、位移、孔压等观测，每天观测次数不少于两次，监测周期至试堆期45天。

（10）当沉降、位移及孔压等数据均在预警标准内，且相关曲线呈收敛态势的情况下，试堆期45天后即是试载工作完成。

（11）提交试堆总结，为16#堆场达到整体堆矿高度的要求提供相关依据。

注：矿石容重平均按25 t/m^{3}考虑，堆矿最大荷载不超过350 kPa。

2.6.2 控制标准

1.堆场区、南柳河围堰

（1）水平位移：5 mm/d。

（2）地表沉降：10 mm/d。

（3）孔压：孔隙水压力增量与荷载增量比值，即$\sum\triangle U/\sum\triangle P\leqslant 60\%$。

2.防尘网基础、轨道梁基础

（1）水平位移：2 mm/d。

（2）沉降：5 mm/d。

根据上述标准综合判断堆场是否处于稳定状态，部分监测数据出现异常后应第一时间复测，确认数据异常后应立即通知各相关单位，并立即停止加载，加密监测频率，依据监测数据分析场区稳定状态，必要时采取反压、卸载等应急处理措施，及时上报监测联动组，研究处理方案。

缺陷期及剩余区域监测控制标准通过深入分析典型施工区施工期监测数据，并结合具体构筑物的变形敏感度综合确定。

第3章　桩网复合地基设计计算

3.1　设计计算方法

3.1.1　CFG桩单桩承载力

根据《复合地基技术规范》GB/T 50783–2012，CFG桩单桩承载力特征值按下面计算结果取最小值。

（1）桩身强度按式（3.1）计算：

$$R_a \leqslant \eta f_{cu} A_p \tag{3.1}$$

式中，f_{cu}为桩体试块（边长150 mm立方体）标准养护28天的立方体抗压强度平均值（kPa），中部区域插筋CFG桩混凝土强度等级为C30，则$f_{cu}=30\mathrm{N/mm^2}$；其余区域CFG桩混凝土强度等级为C25，则$f_{cu}=25\mathrm{N/mm^2}$；A_p为桩的截面积（m^2）；η为桩身强度折减系数，取0.33~0.36，本工程取0.33。

（2）摩阻力和端阻力按式（3.2）和式（3.3）计算：

$$\text{不存在负摩阻力时，}R_a = \mu_p \sum_{i=1}^{n} q_{si} l_{pi} + \alpha_p q_p A_p \tag{3.2}$$

式中，u_p为桩的周长（m）；q_{si}为桩周第i层土的侧阻力特征值（kPa）；l_{pi}为桩长范围内第i层土的厚度（m）；α_p为桩端端阻力发挥系数，$\alpha_p=1.0$；q_p为桩端端阻力特征值。

$$\text{存在负摩阻力时，}R_a = \mu_p \sum_{i=1}^{n} q_{si} l'_{pi} + \alpha q_p A_p \tag{3.3}$$

式中，l'_{pi}为中性点以下桩长范围内第i层土的厚度（m）；其他符号意义同前。

根据《复合地基计算规范》GB/T 50783–2012，对于摩擦型桩，单桩承载力计算时可取中性点以上侧摩阻力为0。根据《建筑桩基技术规范》JGJ 94–2008，中性点深度L_n可参考表3.1确定。

表3.1　中性点深度L_n

持力层性质	黏性土、粉土	中密以上砂	砾石、卵石	基岩
中性点深度比L_n/L_0	0.5~0.6	0.7~0.8	0.9	1.0

注：L_n、L_0分别为自桩顶算起的中性点深度和桩周软弱土层下限深度。

本工程前期已采用真空联合堆载预压处理，且堆场一直处于运营状态，桩间土具有较高的前期固结应力，而使用期桩间土受荷不大，固结沉降小。因此，对于持力层为黏性土，中性点深度按$0.5L_0$取值，对于持力层为中密以上砂，中性点深度按$0.7L_0$取值。

3.1.2　CFG桩复合地基承载力特征值

1. 按桩土承载比计算

根据《复合地基技术规范》GB/T 50783-2012，CFG桩复合地基承载力特征值按式（3.4）计算：

$$f_{\mathrm{spk}} = mR_{\mathrm{a}} / A_{\mathrm{p}} + \beta\left(1-m\right) f_{\mathrm{sk}} \tag{3.4}$$

式中，R_{a}为单桩竖向承载力特征值（kN）；f_{sk}为桩间土地基承载力特征值（kPa），松散砂土层考虑挤密效应；A_{p}为桩的截面积（m^2）；β为桩间土承载力发挥系数，本工程取0.9；m为面积置换率。

复合地基承载力的基础宽度承载力修正系数应取0，基础埋深的承载力修正系数应取1.0。修正后的复合地基承载力特征值按式（3.5）计算：

$$f'_{\mathrm{spk}} = f_{\mathrm{spk}} + \gamma_{\mathrm{m}}\left(D-0.5\right) \tag{3.5}$$

式中，f_{spk}为复合地基承载力特征值（kPa）；γ_{m}为基础底面以上土的加权平均重度（$\mathrm{kN/m^3}$）；D为基础埋置深度（m）。

本工程桩帽埋深约70 cm，顶部为堆场面层结构，面层结构通过加筋后，强度高，性质有保证，且上部亦有堆料荷载反压，面层结构自重反压荷载对地基承载力的提高有保证。因此，地基承载力深度修正时不减去0.5 m。

2. 按垫层应力扩散计算

将堆场面层看成垫层结构，将桩帽（或桩顶）看成倒立独立基础，桩帽（或桩顶）的应力以一定角度扩散。根据《建筑地基处理技术规范》JGJ 79-2012，中粗砂、石屑、碎石垫层按30°的压力扩散角，六角块按38°扩散。在扩散范围内的堆矿荷载由桩基承担，其余由桩间土承担，如图3.1所示。

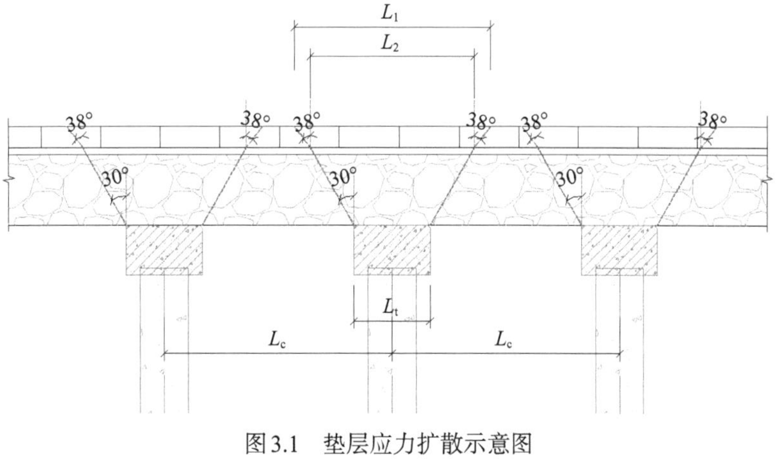

图3.1　垫层应力扩散示意图

$$单桩承担的荷载面积边长：L=(L_1+L_2)/2$$

$$单桩承担的荷载面积：S_1=L^2$$

$$单桩承担的荷载：F_p=P_k\cdot S_1$$

$$桩间土承担的荷载面积：S_2=L^2{}_c-S_1$$

$$桩间土承担的荷载：F_{土}=P_k\cdot S_2$$

$$桩帽标高处桩间土的面积：S_3=L^2{}_c-L^2{}_t$$

$$桩间土承受上部荷载的平均应力：P_{土}=F_{土}/S_3$$

上述式中，P_k为堆场面以上堆矿荷载的平均应力（kPa）；L为单桩承担的堆矿荷载面积边长，当无桩帽时，为圆直径（m）；S_1为单桩承担的堆矿荷载面积，当无桩帽时，为圆面积（m^2）；F_p为单桩承担的堆矿荷载（kN）；S_2为桩间土承担的堆矿荷载面积（m^2）；$F_{土}$为桩间土承担的堆矿荷载（kN）；S_3为桩帽处桩间土的面积，当无桩帽时，为桩帽处桩间土的面积（m^2）；$P_{土}$为桩帽（或桩顶）标高处桩间土承受堆矿荷载的平均应力（kPa）。

3.1.3　地基沉降量

1. 加固区沉降量计算

根据《建筑地基处理技术规范》JGJ 79–2012，复合地基土层的分层与天然地基相同，各复合土层压缩模量等于该层天然地基压缩模量的ξ倍。

$$\xi=f_{spk}/f_{ak} \tag{3.6}$$

式中，f_{spk}为复合地基承载力特征值（kPa）；f_{ak}为基础底面下天然地基承载力特征值（kPa）。

根据《建筑地基基础设计规范》GB 50007–2011，加固区沉降量S_1按分层总和法计算。

$$S_1=\phi_s\times S_1'=\phi_s\sum_{i=1}^{n}\frac{P_0}{E_{si复合}}\left(z_i\overline{\alpha_i}-z_{i-1}\overline{\alpha_{i-1}}\right) \tag{3.7}$$

式中，P_0为作用在复合地基顶面的附加应力（kPa）；ϕ_s为沉降计算经验系数；$E_{si复合}$为第i层复合土层压缩模量（MPa）；z_i为第i层复合土层厚度（m）；$\overline{\alpha_i}$为第i层平均附加应力。

2. 下卧层沉降计算

$$S_2=\phi_s\times S_2'=\phi_s\sum_{i=1}^{n}\frac{P_0'}{E_{si}}\left(z_i\overline{\alpha_i}-z_{i-1}\overline{\alpha_{i-1}}\right) \tag{3.8}$$

式中，P_0'为桩端平面处附加应力的平均值（kPa）；ϕ_s为沉降计算经验系数，按表3.2取值；E_s为桩端下卧层黏土压缩模量（MPa）；z_i为第i层复合土层厚度（m）；$\overline{\alpha_i}$为第i层平均附加应力。

表3.2 沉降计算经验系数ϕ_s

E_s	2.5	4.0	7.0	15.0	20.0
ϕ_s	1.1	1.0	0.7	0.4	0.2

下卧层沉降计算深度：典型施工区加固范围下卧层主要为③$_4$粉质黏土、③$_2$粉质黏土、④$_1$黏土和④$_2$黏土，其中④$_1$黏土和④$_2$黏土为湛江老黏土，④$_2$黏土埋深大，硬塑，标贯击数为15~38击，平均为23击，对沉降计算影响很小，且湛江老黏土具有较高的屈服应力，在未达到屈服应力之前，黏土结构性强，变形小。因此，本工程沉降计算深度算至④$_2$黏土层顶部。

3. 桩顶褥垫层压缩变形计算

根据广东省标准《建筑地基基础设计规范》DBJ15-31-2016关于刚性桩复合地基的沉降计算理论，桩顶刺入褥垫层深度按式（3.9）计算：

$$S_3 = \frac{P_p}{E_{s褥垫层}} \times h_{褥垫层} = \frac{R_p / A_{桩帽}}{E_{s褥垫层}} \times h_{褥垫层} \tag{3.9}$$

式中，P_p为桩顶应力（kPa）；$E_{s褥垫层}$为褥垫层压缩模量（MPa），一般取20~40 MPa，本工程取40 MPa；$h_{褥垫层}$为褥垫层厚度（m）。

4. 桩底刺入深度计算

根据广东省标准《建筑地基基础设计规范》DBJ15-31-2016关于刚性桩复合地基的沉降计算理论，桩底刺入持力层深度按式（3.10）计算：

$$S_4 = \frac{q_p}{E_0} \times D_{桩} \tag{3.10}$$

式中，q_p为桩端应力（kPa）；E_0为桩端持力层变形模量（MPa），参考《工程地质手册》（第五版）（中国建筑工业出版社，2018年）黏性土变形模量与标贯击数N值的关系式取值，$E_0 = 1.0658N + 7.4306$；$D_{桩}$为桩径（m）。

树根桩的单桩承载力、复合地基承载力、沉降量的理论计算方法基本同CFG桩，采用二次注浆工艺时，桩侧摩阻力提高系数可达1.2~2.0。

3.1.4 地基稳定性分析

刚性桩复合地基路堤稳定性计算，主要依据《公路路堤刚性桩复合地基技术指南》T/CHCA 003-2019、《公路软土地基路堤设计与施工技术细则》JTGTD31-02-2013、《复合地基技术规范》GB/T 50783-2012以及相关研究结果综合判定。

根据相关研究成果，刚性桩抗剪强度非常高，刚性桩复合地基路堤通常不会产生整体剪切滑动。刚性桩复合地基路堤滑塌的主要原因是刚性桩竖向承载力不足或桩帽太小导致桩间土附加应力过大，引起较大的桩间土沉降和位移，桩间土出现绕流滑动趋势甚至绕流滑动。桩间土水平位移或绕流滑动时对刚性桩产生较大水平推力，刚性桩受弯断裂或倾倒，最终导致路堤滑塌。因此，刚性桩受弯断裂是路堤滑塌的中间环节，其前面环节是桩间土因附加应力过大出现绕流滑动趋势或绕流滑动，其后面环节是路堤滑塌。因此，避免刚性桩复合地基路堤滑塌的关键措施是避免桩间土附加应力过大，评价刚性桩复合地基路堤稳定性的主要指标是桩间土绕流滑动稳定性。

根据《公路软土地基路堤设计与施工技术细则》JTGTD31-02-2013和《复合地基技术规范》GB/T 50783-2012，刚性桩复合地基路堤可采用折减荷载法进行稳定性计算。因此，本工程先采用折减荷载法进行整体稳定计算和桩间土绕流滑动分析，在折减荷载法满足要求的情况下，再采用桩土复合的极限平衡法进一步验证地基的稳定性。

1.折减荷载法

根据《公路软土地基路堤设计与施工技术细则》JTGTD31-02-2013，刚性桩复合地基路堤可采用折减荷载法进行稳定性计算。

根据《复合地基技术规范》GB/T 50783-2012，对刚性桩复合地基，最危险滑动面上的总剪切力可只考虑传至复合地基桩间土地基面上的荷载，最危险滑动面上的总抗剪切力计算中，可只考虑复合地基加固区桩间土和未加固区天然地基土体对抗力的贡献，稳定安全系数可通过综合考虑桩体类型、复合地基置换率、工程地质条件、桩持力层情况等因素确定。稳定分析中没有考虑由刚性桩承担的荷载产生的滑动力和刚性桩抵抗滑动的贡献。由于没有考虑由刚性桩承担的荷载产生的滑动力的效应可能比刚性桩抵抗滑动的贡献要大，稳定分析安全系数应适当提高。

折减荷载法忽略刚性桩，路堤荷载乘以路堤荷载折减系数μ后进行稳定分析：

$$\mu=\left(1-\frac{H_{\mathrm{m}}}{H}\right)\frac{1-m_{\mathrm{c}}}{\left(1-m_{\mathrm{c}}+m_{\mathrm{c}}n_{\mathrm{c}}\right)\left(1-m\right)}+\frac{H_{\mathrm{m}}}{H} \tag{3.11}$$

式中，H为填料高度（m）；H_{m}为工作垫层厚度（m）；m_{c}为桩帽覆盖率；m为桩覆盖率；n_{c}为桩帽顶面标高处桩土应力比。

2.极限平衡法

根据《复合地基技术规范》GB/T 50783-2012，复合地基稳定分析可采用圆弧滑动总应力进行分析，本工程采用瑞典简单条分法进行地基稳定性分析，按式（3.12）计算：

$$M_{\mathrm{sd}}\leqslant\frac{1}{\gamma_{\mathrm{R}}}M_{\mathrm{RK}} \tag{3.12}$$

$$M_{\mathrm{RK}}=R\left[\sum c_{\mathrm{k}i}L_i+\sum\left(q_{\mathrm{k}i}b_i+W_{\mathrm{k}i}\right)\cos\alpha_i\tan\phi_{\mathrm{k}i}\right]$$

$$M_{\mathrm{sd}}=\gamma_{\mathrm{s}}\left[\sum R\left(q_{\mathrm{k}i}b_i+W_{\mathrm{k}i}\right)\sin\alpha_i+M_{\mathrm{p}}\right]$$

式中，M_{sd}为作用于危险滑弧面上滑动力矩的设计值（kN·m/m）；M_{Rk}为作用于危险滑弧面上抗滑力矩的标准值（kN·m/m）；γ_{R}为抗力分项系数；R为滑弧半径（m）；γ_{s}为综合分项系数，取1.0；$W_{\mathrm{k}i}$为第i土条的重力标准值（kN/m）；M_{p}为其他原因引起的滑动力矩（kN·m/m）；$q_{\mathrm{k}i}$为第i条顶面作用的可变作用的标准值（kN/m^2）；b_i为第i土条宽度（m）；α_i为第i土条的滑弧中点切线与水平线的夹角（°）；$\phi_{\mathrm{k}i}$、$c_{\mathrm{k}i}$为第i土条滑动面上的内摩擦角（°）和凝聚力（kPa）标准值；L_i为第i土条的滑弧长度（m）。

3.2 地基稳定计算参数

3.2.1 CFG桩抗剪强度

根据《公路软土地基路堤设计与施工技术细则》JTGTD31-02-2013，CFG桩复合地基的路堤稳定验算应采用与加固土桩相同的方法，即：加固土桩复合地基的路堤整体抗剪稳定安全系数计算中，复合地基内滑动面上的抗剪强度应采用复合地基抗剪强度计算。

$$\tau_{ps}=m\tau_p+(1-m)\tau_s \tag{3.13}$$

式中，τ_p为桩体部分的抗剪强度，可选取试验路段加固土桩龄期为90 d的原状试件测无侧限抗压强度q_u，τ_p取q_u的1/2；也可按设计配合比由室内制备的加固土试件（直径50 mm、高度100 mm的圆柱体）测得的90 d的无侧限抗压强度q_u乘以0.3的折减系数求得，即$\tau_p=0.3q_u$。

因此，C30混凝土抗剪强度取$\tau_p=9$ MPa，C25混凝土抗剪强度取$\tau_p=7.5$ MPa。

根据《公路路堤刚性桩复合地基技术指南》T/CHCA 003-2019，加固区复合内摩擦角、凝聚力可按式（3.14）和式（3.15）计算：

$$\tan\phi_{sp}=\frac{(1-m_p)\tan\phi_s+m_p n\tan\phi_p}{1-m_p+m_p n} \tag{3.14}$$

$$c_{sp}=(1-m_p)c_s+0.25m_p q_u\tan\left(\frac{\pi}{4}-\frac{\phi_p}{2}\right) \tag{3.15}$$

式中，m_p为桩置换率；n为桩顶处桩土应力比；ϕ_s为桩间土直剪快剪内摩擦角（弧度），当采用不排水抗剪强度时，应取0；q_u为桩身无侧限抗压强度（kPa）；c_s为土体部分的抗剪强度；ϕ_p为桩身摩擦角（弧度），无试验资料时宜取0.7~0.79。

因此，C30混凝土抗剪强度取$\tau_p=3.13$ MPa，C25混凝土抗剪强度取$\tau_p=2.6$ MPa。

3.2.2 水泥搅拌桩抗剪强度

本工程不考虑南柳河侧水泥搅拌桩的强度贡献，作为安全储备。

轨道梁基础水泥搅拌桩抗剪强度，根据《地基处理手册》(第三版)(龚晓南，中国建筑工业出版社，2008年)，水泥土凝聚力c与无侧限抗压强度的比值取0.2~0.3，内摩擦角ϕ取20°~30°。

根据轨道梁基础水泥搅拌桩地基处理设计资料，要求水泥搅拌桩桩体90 d取芯无侧限抗压强度不小于1.3 MPa。因此，水泥搅拌桩桩体黏聚力可取$c=250$ kPa，桩体摩擦角ϕ取桩间土摩擦角。考虑到水泥搅拌桩实际施工质量不均匀，对桩身黏聚力按50%进行折减，即计算采用的$c=125$ kPa，桩体摩擦角ϕ取桩间土摩擦角。另外，不考虑水泥搅拌桩在③$_4$粉质黏土和④$_1$黏土层的强度贡献。

水泥搅拌桩桩复合地基加固土层综合抗剪强度指标由式（3.16）和式（3.17）计算：

$$c_{复合}=mc_{搅拌桩}+(1-m)c_{土} \tag{3.16}$$

$$\tan\phi_{复合}=m\tan\phi_{搅拌桩}+(1-m)\tan\phi_{土} \tag{3.17}$$

式中，$c_{复合}$为复合地基黏聚力；m为水泥搅拌桩置换率；$c_{搅拌桩}$为水泥搅拌桩桩身黏聚力；$c_{土}$为桩间土黏聚力；$\phi_{复合}$为复合地基内摩擦角；$\phi_{搅拌桩}$为水泥搅拌桩桩身内摩擦角；$\phi_{土}$为桩间土内摩擦角。

3.2.3 树根桩抗剪强度

树根桩抗剪强度主要考虑内插钢管抗剪强度，暂不考虑钢管内混凝土的抗剪作用，钢管外混凝土主要起到保证桩土共同作用以及防止桩间土绕流的作用。钢材抗剪强度设计值为$f_v=125\text{MPa}$。则单根树根桩抗剪强度设计值为：

$$T_{树根桩}=\pi\cdot\phi_{钢管}\cdot\delta\cdot f_v=\pi\times\left(133^2-123^2\right)/4\text{mm}^2\times125\text{N}/\text{mm}^2=251\text{kN}$$

3.2.4 土工格栅抗拉强度

本工程采用单向土工格栅TGDG260，极限抗拉强度为260 kN/m，根据《土工合成材料应用技术规范》GB/T 50290–2014，综合强度折减系数取$R_F=3$。则土工格栅设计抗拉强度为：

$$T_d\leqslant T_u/R_F=260/3=86\text{kN}/\text{m}$$

本工程采用双向微桩土工格室，材料具有一定抗拉强度，其与填料共同作用具有较大的平面刚度，可显著提高垫层的似凝聚力，本工程暂不考虑土工格室的抗拉强度贡献，作为安全储备。

3.2.5 地基土层抗剪强度

1.原状地基土

典型施工区土体抗剪强度指标见表3.3。计算南柳河侧稳定时，十字板抗剪强度取44 kPa；计算轨道梁侧稳定性时，取36 kPa；计算堆场纵向稳定性时，取平均值40 kPa。

表3.3　典型施工区土体抗剪强度指标

土层名称	重度/(kN/m³)	黏聚力/kPa	内摩擦角/(°)	十字板/kPa	备注
素填土	18	3	28		
②$_1$淤泥~淤泥质土	16.8	17.6	4.7		直剪快剪
		19.4	12		固快
				44/36	十字板
③$_4$粉质黏土	19.4	40.9	6		直剪快剪
④$_1$黏土	17.4	33.9	7.6		直剪快剪
④$_2$黏土	17.0	36.2	13.1		直剪快剪
中粗砂	18	0	30		
矿石	25	0	38		
堆场面层	20	0	35		

剩余区域A区土体抗剪强度指标见表3.4。计算南柳河侧稳定时，十字板抗剪强度取51 kPa；计算轨道梁侧稳定性时，取42 kPa；计算堆场纵向稳定性时，取平均值46 kPa。

表3.4 剩余区域A区土体抗剪强度指标

土层名称	重度/(kN/m^3)	黏聚力/kPa	内摩擦角/(°)	十字板/kPa	备注
素填土	18	3	28		
②$_1$淤泥~淤泥质土	16.8	17.6	4.7		直剪快剪
		19.4	12		固快
				51/42	十字板
③$_4$粉质黏土	19.4	40.9	6		直剪快剪
④$_1$黏土	17.4	33.9	7.6		直剪快剪
④$_2$黏土	17.0	36.2	13.1		直剪快剪
中粗砂	18	0	30		
矿石	25	0	38		
堆场面层	20	0	35		

剩余区域B区土体抗剪强度指标见表3.5。

表3.5 剩余区域B区土体抗剪强度指标

土层名称	重度/(kN/m^3)	黏聚力/kPa	内摩擦角/(°)	十字板/kPa	备注
素填土	18	3	28		
②$_1$淤泥~淤泥质土	17.2	12.4	5.8		直剪快剪
		13.2	5.4		固快
				37	十字板
③$_4$粉质黏土	18.4	39.3	6.1		直剪快剪
④$_1$黏土	17.6	35.2	7.8		直剪快剪
中粗砂	18	0	30		
矿石	25	0	38		
堆场面层	20	0	35		

剩余区域C区土体抗剪强度指标见表3.6。计算南柳河侧稳定时，十字板抗剪强取42 kPa；计算轨道梁侧稳定性时，取57 kPa；计算堆场纵向稳定性时，取平均值49 kPa。

表3.6 剩余区域C区土体抗剪强度指标

土层名称	重度/(kN/m^3)	黏聚力/kPa	内摩擦角/(°)	十字板/kPa	备注
素填土	18	3	28		
②$_1$淤泥~淤泥质土	16.8	17.6	4.7		直剪快剪
		19.4	12		固快
				42/57	十字板
③$_4$粉质黏土	19.4	40.9	6		直剪快剪
④$_1$黏土	17.4	33.9	7.6		直剪快剪
中粗砂	18	0	30		
矿石	25	0	38		
堆场面层	20	0	35		

2.加固地基土

设计计算不考虑排水板排水固结引起的土体强度增长和原南柳河侧水泥搅拌桩加固，只考虑CFG桩加固和原5#斗轮机轨道梁基础下水泥搅拌桩加固。CFG桩加固土复合抗剪强度按《公路路堤刚性桩复合地基技术指南》T/CHCA 003–2019确定，见表3.7~表3.14。原5#斗轮机轨道梁基础下水泥搅拌桩加固水泥土抗剪强度指标见表3.15和表3.16。

表3.7　CFG桩加固土复合抗剪强度指标（典型施工区　南柳河侧）

土层名称	重度/(kN/m^3)	黏聚力/kPa	内摩擦角/(°)	十字板/kPa	备注
素填土	18	3	28		
②$_1$淤泥~淤泥质土	16.8			153（@1.65 C30） 135（@1.8 C30） 120（@1.8 C25）	十字板
③$_4$粉质黏土	19.4	150（@1.65 C30） 132（@1.8 C30） 117（@1.8 C25）	6		直剪快剪
④$_1$黏土	17.4	33.9	7.6		直剪快剪
④$_2$黏土	17.0	36.2	13.1		直剪快剪
中粗砂	18	0	30		
矿石	25	0	38		
堆场面层	20	0	35		

表3.8　CFG桩加固土复合抗剪强度指标（典型施工区　轨道梁侧）

土层名称	重度/(kN/m^3)	黏聚力/kPa	内摩擦角/(°)	十字板/kPa	备注
素填土	18	3	28		
②$_1$淤泥~淤泥质土	16.8			145（@1.65 C30） 127（@1.8 C30） 112（@1.8 C25）	十字板
③$_4$粉质黏土	19.4	150（@1.65 C30） 132（@1.8 C30） 117（@1.8 C25）	6		直剪快剪
④$_1$黏土	17.4	33.9	7.6		直剪快剪
④$_2$黏土	17.0	36.2	13.1		直剪快剪
中粗砂	18	0	30		
矿石	25	0	38		
堆场面层	20	0	35		

表3.9　CFG桩加固土复合抗剪强度指标（剩余区域A区　南柳河侧）

土层名称	重度/(kN/m^3)	黏聚力/kPa	内摩擦角/(°)	十字板/kPa	备注
素填土	18	3	28		
②$_1$淤泥~淤泥质土	16.8			159（@1.65 C30） 142（@1.8 C30） 126（@1.8 C25）	十字板
③$_4$粉质黏土	19.4	150（@1.65 C30） 132（@1.8 C30） 117（@1.8 C25）	6		直剪快剪
④$_1$黏土	17.4	33.9	7.6		直剪快剪

续表

土层名称	重度/(kN/m³)	黏聚力/kPa	内摩擦角/(°)	十字板/kPa	备注
④$_2$黏土	17.0	36.2	13.1		直剪快剪
中粗砂	18	0	30		
矿石	25	0	38		
堆场面层	20	0	35		

表3.10　CFG桩加固土复合抗剪强度指标（剩余区域A区　轨道梁侧）

土层名称	重度/(kN/m³)	黏聚力/kPa	内摩擦角/(°)	十字板/kPa	备注
素填土	18	3	28		
②$_1$淤泥~淤泥质土	16.8			151（@1.65 C30） 133（@1.8 C30） 118（@1.8 C25）	十字板
③$_4$粉质黏土	19.4	150（@1.65 C30） 132（@1.8 C30） 117（@1.8 C25）	6		直剪快剪
④$_1$黏土	17.4	33.9	7.6		直剪快剪
④$_2$黏土	17.0	36.2	13.1		直剪快剪
中粗砂	18	0	30		
矿石	25	0	38		
堆场面层	20	0	35		

表3.11　CFG桩加固土复合抗剪强度指标（剩余区域B区　南柳河侧）

土层名称	重度/(kN/m³)	黏聚力/kPa	内摩擦角/(°)	十字板/kPa	备注
素填土	18	3	28	—	
②$_1$淤泥~淤泥质土	17.2	—	—	146（@1.65 C30） 128（@1.8 C30） 113（@1.8 C25）	十字板
③$_4$粉质黏土	18.4	148（@1.65 C30） 131（@1.8 C30） 115（@1.8 C25）	6.1	—	直剪快剪
④$_1$黏土	17.6	35.2	7.8	—	直剪快剪
④$_2$黏土	17.2	43.9	18.6	—	直剪快剪
中粗砂	18	0	30	—	—
矿石	25	0	38	—	—
堆场面层	20	0	35	—	—

表3.12　CFG桩加固土复合抗剪强度指标（剩余区域B区　轨道梁侧）

土层名称	重度/(kN/m³)	黏聚力/kPa	内摩擦角/(°)	十字板/kPa	备注
素填土	18	3	28		
②$_1$淤泥~淤泥质土	17.2			146（@1.65 C30） 128（@1.8 C30） 113（@1.8 C25）	十字板
③$_4$粉质黏土	18.4	148（@1.65 C30） 131（@1.8 C30） 115（@1.8 C25）	6.1		直剪快剪
④$_1$黏土	17.6	35.2	7.8		直剪快剪

续表

土层名称	重度/(kN/m³)	黏聚力/kPa	内摩擦角/(°)	十字板/kPa	备注
④$_2$黏土	17.2	43.9	18.6		直剪快剪
中粗砂	18	0	30		
矿石	25	0	38		
堆场面层	20	0	35		

表3.13　CFG桩加固土复合抗剪强度指标（剩余区域C区　南柳河侧）

土层名称	重度/(kN/m³)	黏聚力/kPa	内摩擦角/(°)	十字板/kPa	备注
素填土	18	3	28		
②$_1$淤泥~淤泥质土	16.8			151（@1.65 C30） 133（@1.8 C30） 118（@1.8 C25）	十字板
③$_4$粉质黏土	19.4	150（@1.65 C30） 132（@1.8 C30） 117（@1.8 C25）	6		直剪快剪
④$_1$黏土	17.4	33.9	7.6		直剪快剪
④$_2$黏土	17.0	36.2	13.1		直剪快剪
中粗砂	18	0	30		
矿石	25	0	38		
堆场面层	20	0	35		

表3.14　CFG桩加固土复合抗剪强度指标（剩余区域C区　轨道梁侧）

土层名称	重度/(kN/m³)	黏聚力/kPa	内摩擦角/(°)	十字板/kPa	备注
素填土	18	3	28		
②$_1$淤泥~淤泥质土	16.8			165（@1.65 C30） 148（@1.8 C30） 132（@1.8 C25）	十字板
③$_4$粉质黏土	19.4	150（@1.65 C30） 132（@1.8 C30） 117（@1.8 C25）	6		直剪快剪
④$_1$黏土	17.4	33.9	7.6		直剪快剪
④$_2$黏土	17.0	36.2	13.1		直剪快剪
中粗砂	18	0	30		
矿石	25	0	38		
堆场面层	20	0	35		

表3.15　水泥土抗剪强度指标（典型施工区、剩余区域A区、C区）

土层名称	重度/(kN/m³)	原状土		固后桩间土		备注
		黏聚力/kPa	内摩擦角/(°)	黏聚力/kPa	内摩擦角/(°)	
素填土	18	3	28	34	28	—
②$_1$淤泥~淤泥质土	16.8	19.4	12	46	12	固快
③$_4$粉质黏土	19.4	40.9	6	40.9	6	直剪快剪
④$_1$黏土	17.4	33.9	7.6	33.9	7.6	直剪快剪
④$_2$黏土	17.0	36.2	13.1	36.2	13.1	直剪快剪
中粗砂	18	0	30	0	30	—

表3.16　水泥土抗剪强度指标（剩余区域B区）

土层名称	重度/（kN/m^3）	原状土		加固后桩间土		备注
		黏聚力/kPa	内摩擦角/（°）	黏聚力/kPa	内摩擦角/（°）	
素填土	18	3	28	34	28	—
②$_1$淤泥~淤泥质土	17.2	13.2	5.4	42	5.4	固快
③$_4$粉质黏土	18.4	39.3	6.1	39.3	6.1	直剪快剪
④$_1$黏土	17.6	35.2	7.8	35.2	7.8	直剪快剪
④$_2$黏土	17.2	43.9	18.6	43.9	18.6	直剪快剪
中粗砂	18	0	30	0	30	—

3.3　承载力计算结果

3.3.1　典型施工区、剩余区域A区、C区及B区CFG桩加固区段

1. 中部区域

CFG桩加固区段中部区域共布置6排插筋CFG桩，桩间距为1.65 m，正方形布置，正方形桩帽55 cm×55 cm×35 cm。

（1）按桩土承载比计算。

堆场中部区域CFG桩单桩承载力特征值按650 kN取值，考虑负摩阻力后，可利用的单桩承载力特征值为600 kN。按桩身强度控制时，CFG桩单桩承载力为952 kN>650 kN。因此，堆场中部区域桩身采用C30混凝土，可保证桩身不先破坏，并具有足够的富裕度。

桩间土地基承载力特征值为150 kPa，CFG桩复合地基承载力特征值为352 kPa，考虑深度修正后复合地基承载力特征值为368 kPa，作用在复合地基顶面的应力为366 kPa<368 kPa。

综上，典型施工区、剩余区域A区、C区及B区CFG桩加固区段的中部区域复合地基承载力满足要求。上述计算未考虑加筋垫层对上部荷载的均化作用及对桩间土承载力的提高作用。因此，复合地基承载力有一定的富余。

（2）按垫层应力扩散计算。

单桩承担的堆矿荷载为594 kN，小于单桩承载力600 kN，桩间土承受堆矿荷载的平均应力为148.7 kPa<150 kPa。

2. 中部区域两侧

CFG桩加固区段中部区域两侧各布置2排插筋CFG桩，桩间距为1.8 m，正方形布置，正方形桩帽60 cm×60 cm×35 cm。

（1）按桩土承载比计算。

堆场中部区域CFG桩单桩承载力特征值按650 kN取值，考虑负摩阻力后，可利用的单桩承载力特征值为600 kN。桩身强度控制时，CFG桩单桩承载力为952 kN>650 kN。因此，堆场中部区域桩身采用C30混凝土，可保证桩身不先破坏，并具有足够的富裕度。

桩间土地基承载力特征值为150 kPa，CFG桩复合地基承载力特征值为317 kPa，考虑深度修正后复合地基承载力特征值为333 kPa，作用在复合地基顶面的应力为318 kPa<333 kPa。

综上，典型施工区、剩余区域A区、C区及B区CFG桩加固区段的中部区域两侧CFG桩复合地基承载力满足要求。

（2）按垫层应力扩散计算。

单桩承担的堆矿荷载为552 kN，小于单桩承载力600 kN，桩间土承受堆矿荷载的平均应力为148 kPa<150 kPa。

3. 桩长过渡区

典型施工区、剩余区域A区、C区及B区CFG桩加固区段的桩长过渡区各设置2~3排插筋CFG桩，桩间距为1.8 m，正方形布置，正方形桩帽60 cm×60 cm×35 cm。

（1）按桩土承载比计算。

桩长过渡区CFG桩单桩承载力特征值按400 kN取值，该区域桩间土承受应力为120 kPa左右（接近真空联合堆载预压固结应力），桩间土基本不发生固结沉降的可能性，因此不考虑负摩阻力。桩身强度控制时，CFG桩单桩承载力为794 kN>400 kN。因此，桩长过渡区桩身采用C25混凝土，可保证桩身不先破坏，并具有足够的富裕度。

桩间土地基承载力特征值为150 kPa，CFG桩复合地基承载力特征值为255 kPa，考虑深度修正后复合地基承载力特征值为269 kPa，当桩间土应力为120 kPa时，修正后复合地基承载力为245 kPa。作用在复合地基顶面的应力为244 kPa<245 kPa。

综上，典型施工区、剩余区域A区、C区及B区CFG桩加固区段的桩长过渡区CFG桩复合地基承载力满足要求。

（2）按垫层应力扩散计算。

单桩承担的堆矿荷载为389 kN，小于单桩承载力400 kN，桩间土承受堆矿荷载的平均应力为123 kPa，小于150 kPa（且接近120 kPa）。

4. 边缘区域

典型施工区、剩余区域A区、C区及B区CFG桩加固区段的边缘区各设置2~5排CFG桩，桩间距为1.8 m，正方形布置。

（1）按桩土承载比计算。

边缘区域CFG桩单桩承载力特征值按209 kN取值，该区域桩间土承受应力为120 kPa左右，桩间土基本不发生固结沉降的可能性，因此不考虑负摩阻力。桩身强度控制时，CFG桩单桩承载力为794 kN>209 kN。因此，桩长过渡区桩身采用C25混凝土，可保证桩身不先破坏，并具有足够的富裕度。

桩间土地基承载力特征值为150 kPa，CFG桩复合地基承载力特征值为208 kPa，考虑深度修正后复合地基承载力特征值为222 kPa，当桩间土应力为90 kPa时，修正后复合地基承载力为168 kPa。作用在复合地基顶面的应力为164 kPa<168 kPa。

综上，典型施工区、剩余区域A区、C区及B区CFG桩加固区段的边缘区域CFG桩复合地基承载力满足要求。

（2）按垫层应力扩散计算。

单桩承担的堆矿荷载为209 kN，等于单桩承载力209 kN，桩间土承受堆矿荷载的平均应力为89 kPa<150 kPa（且小于120 kPa）。

3.3.2　剩余区域B区树根桩加固区段

1. 中部区域

剩余区域B区树根桩加固区段中部区域共布置11排树根桩，桩间距为1.5 m，正方形布置，正方形桩帽50 cm×50 cm×35 cm。

（1）按桩土承载比计算。

树根桩加固区段具有明显的滑坡迹象，在上部荷载作用下，将有负摩阻力产生。中部区域加大桩长至25 m，进入良好土层，加之注浆作用，单桩承载力特征值按650 kN取值，考虑负摩阻力后，可利用的单桩承载力特征值为550 kN。桩身强度控制时，CFG桩单桩承载力为700 kN>650 kN。

因此，树根桩桩身强度C30，且上述计算未考虑钢管的有利作用，也未考虑扩径。因此，可保证桩身不先破坏，并具有足够的富裕度。

桩间土地基承载力特征值为150 kPa，CFG桩复合地基承载力特征值为364 kPa，考虑深度修正后复合地基承载力特征值为380 kPa，作用在复合地基顶面的应力为366 kPa<380 kPa。

综上，剩余区域B区树根桩加固区段的中部区域复合地基承载力满足要求。上述计算未考虑加筋垫层对上部荷载的均化作用及对桩间土承载力的提高作用。因此，复合地基承载力有一定的富余。

（2）按垫层应力扩散计算。

单桩承担的堆矿荷载为549 kN，小于单桩承载力550 kN，桩间土承受堆矿荷载的平均应力为120 kPa<150 kPa。

2. 中部区域两侧

树根桩加固区段中部区域两侧布置3~4排树根桩，桩间距为1.8 m，正方形布置，正方形桩帽60 cm×60 cm×35 cm。

（1）按桩土承载比计算。

树根桩加固区段具有明显的滑坡迹象，在上部荷载作用下，将有负摩阻力产生。中部区域两侧加大桩长至23 m，进入良好土层，加之注浆作用，单桩承载力特征值按500 kN取值，考虑负摩阻力后，可利用的单桩承载力特征值为400 kN。桩身强度控制时，CFG桩单桩承载力为700 kN>500 kN。

因此，树根桩桩身强度C30，且上述计算未考虑钢管的有利作用，也未考虑扩径。因此，可保证桩身不先破坏，并具有足够的富裕度。

桩间土地基承载力特征值为150 kPa，CFG桩复合地基承载力特征值为244 kPa，考虑深度修正后复合地基承载力特征值为258 kPa，作用在复合地基顶面的应力为232 kPa<258 kPa。

综上，剩余区域B区树根桩加固区段的中部区域两侧树根桩复合地基承载力满足要求。

（2）按垫层应力扩散计算。

单桩承担的堆矿荷载为369 kN，小于单桩承载力400 kN，桩间土承受堆矿荷载的平均应力为118 kPa<150 kPa。

3. 桩长过渡区

树根桩加固区段的桩长过渡区设置3排树根桩，桩间距为1.8 m，正方形布置，正方形桩帽60 cm×60 cm×35 cm。

（1）按桩土承载比计算。

树根桩加固区段具有明显的滑坡迹象，在上部荷载作用下，将有负摩阻力产生。桩长过渡区桩长20 m，进入良好土层，加之注浆作用，单桩承载力特征值按360 kN取值，考虑负摩阻力后，可利用的单桩承载力特征值为260 kN。桩身强度控制时，CFG桩单桩承载力为700 kN>360 kN。

因此，树根桩桩身强度C30，且上述计算未考虑钢管的有利作用，也未考虑扩径。因此，可保证桩身不先破坏，并具有足够的富裕度。

桩间土地基承载力特征值为150 kPa，CFG桩复合地基承载力特征值为200 kPa，考虑深度修正后复合地基承载力特征值为213 kPa，作用在复合地基顶面的应力为164 kPa<213 kPa。

综上，树根桩加固区段的桩长过渡区复合地基承载力满足要求。

（2）按垫层应力扩散计算。

单桩承担的堆矿荷载为254 kN，小于单桩承载力260 kN，桩间土承受堆矿荷载的平均应力为81 kPa<150 kPa。

3.4 稳定性计算结果

3.4.1 典型施工区稳定性计算

典型施工区（ZK4~ZK7）选取最不利钻孔ZK6进行稳定计算分析，计算方法采用折减荷载法和极限平衡法。

1. 折减荷载法

折减荷载法忽略刚性桩，路堤荷载乘以路堤荷载折减系数μ后进行稳定分析，桩间土按承受上部堆矿荷载150 kPa计算。

荷载折减法计算结果见图3.2~图3.4，可以看出，沿南柳河侧侧软土采用十字板强度指标计算得到的安全系数达到1.1以上（南柳河侧未考虑反压平台，偏于安全），沿轨道梁侧软土采用十字板强度指标（轨道梁基础下软土采用固快指标）计算得到的安全系数达到1.2以上，沿堆场纵向方向软土采用十字板强度指标计算得到的安全系数在1.1以上（采用二维分析偏于安全），满足规范要求。

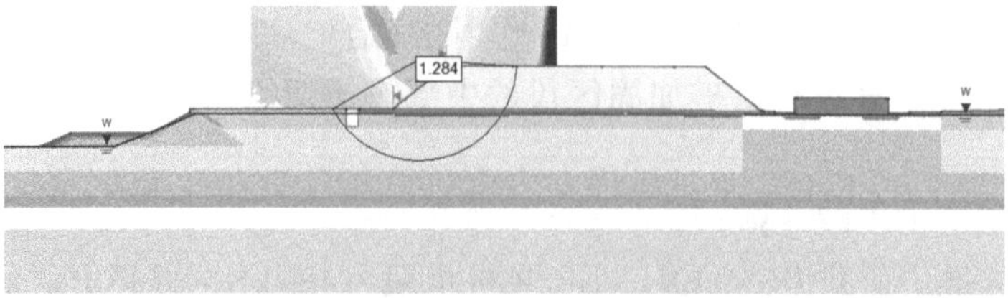

图3.2　沿南柳河侧方向（沿软土层滑动安全系数$\gamma_R=1.284$）

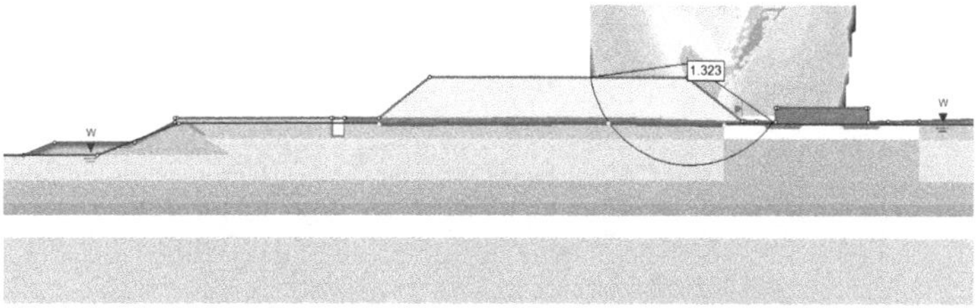

图3.3 沿轨道梁侧方向（沿软土层滑动安全系数$\gamma_R=1.323$）

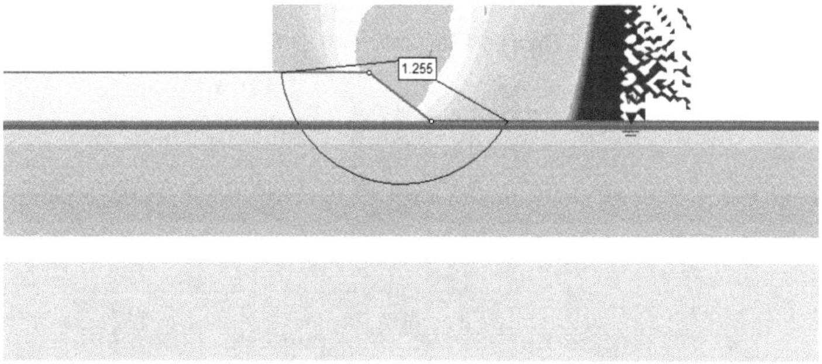

图3.4 沿堆场纵向方向（沿软土层滑动安全系数$\gamma_R=1.255$）

2.极限平衡法

根据《公路路堤刚性桩复合地基技术指南》T/CHCA 003–2019计算结果见图3.5~图3.7，根据《公路软土地基路堤设计与施工技术细则》JTGTD31–02–2013计算结果见图3.8~图3.10，地基稳定计算结果汇总于表3.17。可以看出，根据桩土复合强度的极限平衡法计算结果，软土采用十字板强度指标计算得到的安全系数均在1.2以上。

因此，典型施工区（ZK4~ZK7）地基整体稳定可满足规范要求。

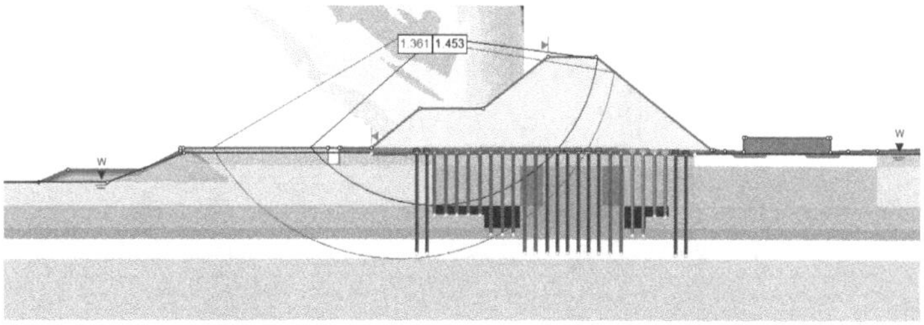

图3.5 沿南柳河侧方向（沿黏土层滑动安全系数$\gamma_R=1.361$，沿软土层滑动安全系数$\gamma_R=1.453$）

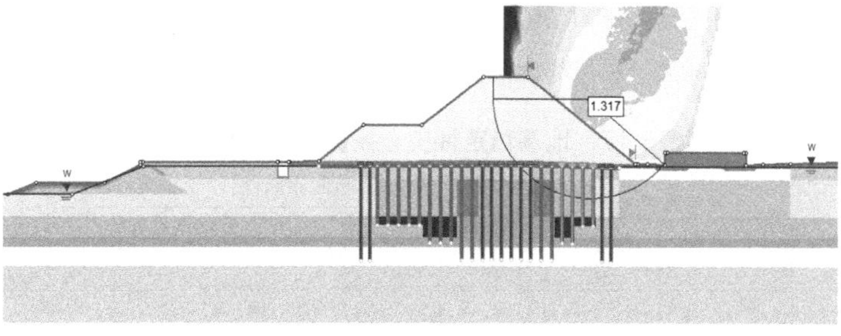

图3.6 沿轨道梁侧方向（安全系数$\gamma_R=1.317$）

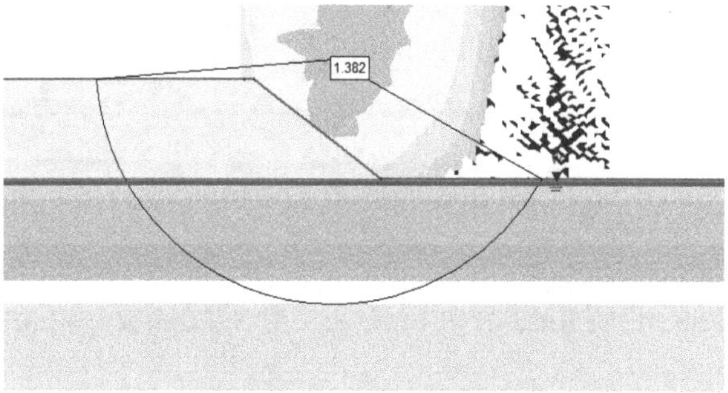

图3.7　沿堆场内部纵向方向（安全系数$\gamma_R=1.382$）

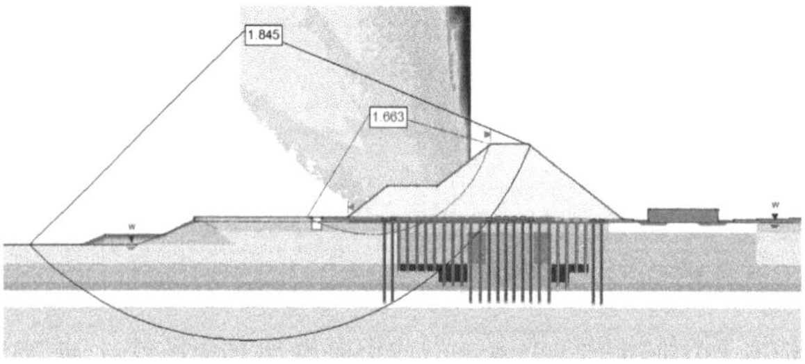

图3.8　沿南柳河侧方向（沿浅层滑动安全系数$\gamma_R=1.663$，沿深层滑动安全系数$\gamma_R=1.845$）

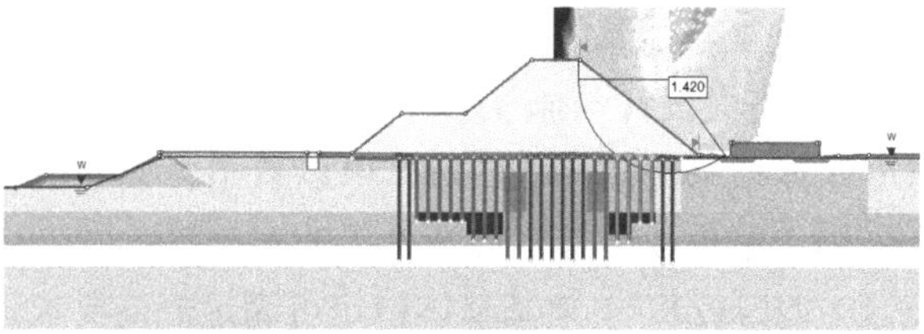

图3.9　沿南柳河侧方向（沿浅层滑动安全系数$\gamma_R=1.420$）

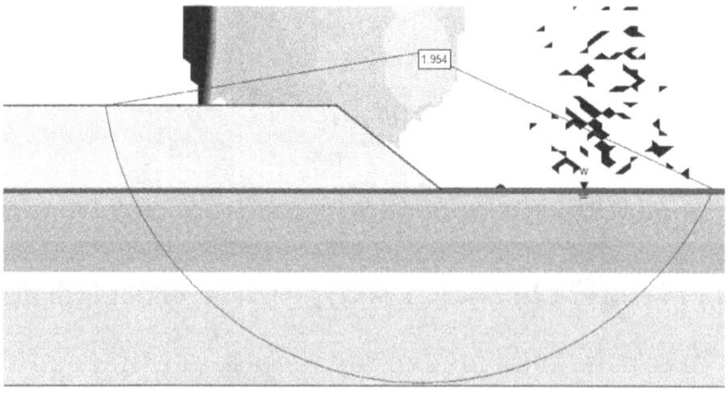

图3.10　沿堆场内部纵向方向（安全系数$\gamma_R=1.954$）

表3.17　地基稳定性安全系数计算结果汇总

滑动方向	折减荷载法	极限平衡法		是否有反压
		公路刚性桩指南	公路路堤规范	
南柳河侧	1.284	1.361	1.663	有反压平台
轨道梁侧	1.323	1.317	1.420	无反压平台
堆场内部纵向	1.255	1.382	1.954	无反压平台

由上述计算结果可知，采用极限平衡法，按《公路软土地基路堤设计与施工技术细则》JTGTD31-02-2013计算得到的安全系数均比按《公路路堤刚性桩复合地基技术指南》T/CHCA 003-2019的计算结果大。因此，剩余区域稳定性计算仅采用折减荷载法和《公路路堤刚性桩复合地基技术指南》T/CHCA 003-2019的极限平衡法进行计算。

3.4.2 剩余区域A区稳定性计算

剩余区域A区（ZK1~ZK3）选取最不利钻孔ZK3进行稳定计算分析，计算方法采用折减荷载法和极限平衡法。

荷载折减法的计算结果见图3.11~图3.13。可以看出，沿南柳河侧软土采用十字板强度指标计算得到的安全系数达到1.1以上（南柳河侧未考虑反压平台，偏于安全），沿轨道梁侧软土采用十字板强度指标（轨道梁基础下软土采用固快指标）计算得到的安全系数达到1.2以上，沿堆场纵向方向软土采用十字板强度指标计算得到的安全系数在1.1以上（采用二维分析偏于安全），满足规范要求。

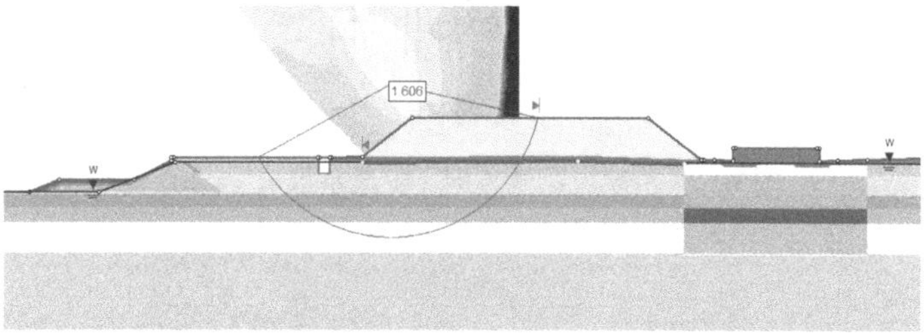

图3.11 沿南柳河侧方向（沿软土层滑动安全系数$\gamma_R=1.606$）

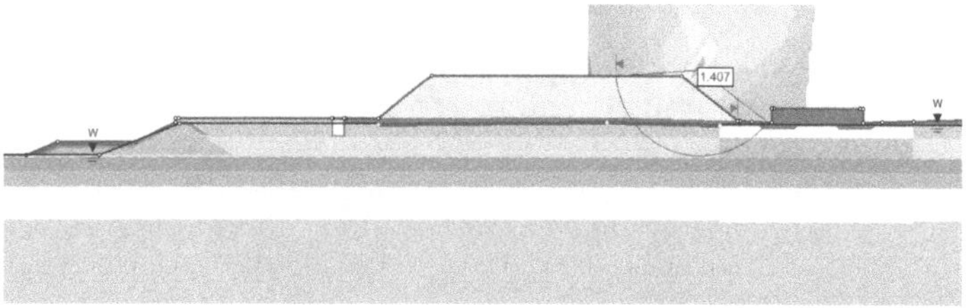

图3.12 沿轨道梁侧方向（沿软土层滑动安全系数$\gamma_R=1.407$）

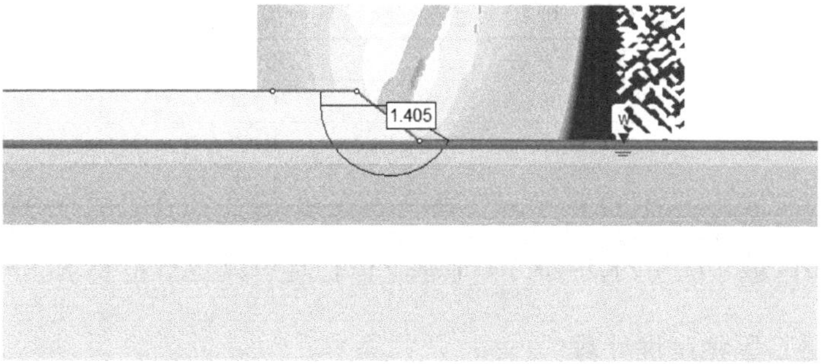

图3.13 沿堆场纵向方向（沿软土层滑动安全系数$\gamma_R=1.405$）

根据《公路路堤刚性桩复合地基技术指南》T/CHCA 003-2019极限平衡法的计算结

果见图3.14~图3.16，地基稳定计算结果汇总于表3.18。可以看出，根据桩土复合强度的极限平衡法计算结果，软土采用十字板强度指标计算得到的安全系数均在1.2以上。

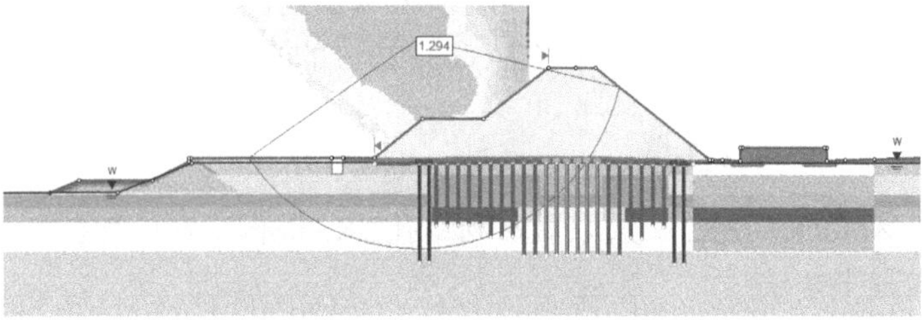

图3.14　沿南柳河侧方向（安全系数$\gamma_R=1.294$）

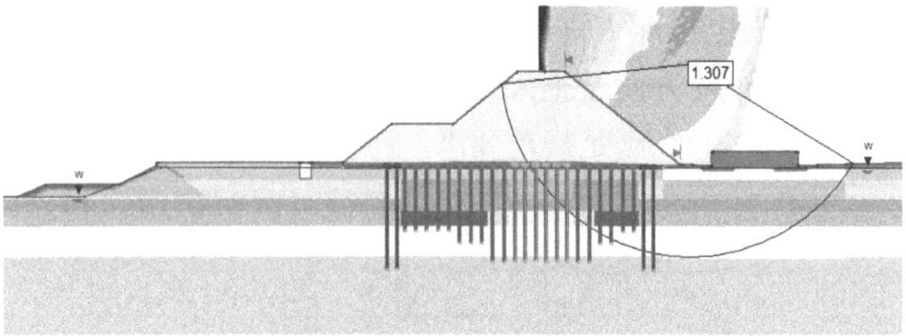

图3.15　沿轨道梁侧方向（安全系数$\gamma_R=1.307$）

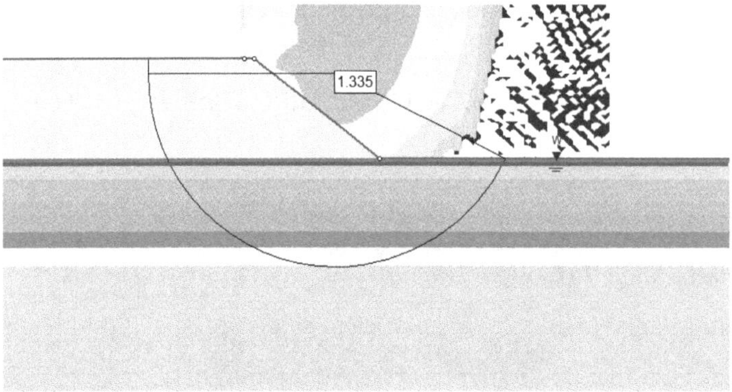

图3.16　沿堆场内部纵向方向（安全系数$\gamma_R=1.335$）

表3.18　地基稳定性安全系数计算结果汇总

滑动方向	折减荷载法	极限平衡法	是否有反压
南柳河侧	1.606	1.294	有反压平台
轨道梁侧	1.407	1.307	无反压平台
堆场内部纵向	1.405	1.335	无反压平台

因此，剩余区域A区（ZK1~ZK3）地基整体稳定可满足规范要求。

3.4.3　剩余区域C区稳定性计算

剩余区域C区（ZK14~ZK23）选取最不利钻孔ZK16进行稳定计算分析，计算方法采用折减荷载法和极限平衡法。

荷载折减法的计算结果见图3.17~图3.19。可以看出，沿南柳河侧软土采用十字板强度指标计算得到的安全系数达到1.1以上（南柳河侧未考虑反压平台，偏于安全），沿轨道梁侧软土采用十字板强度指标（轨道梁基础下软土采用固快指标）计算得到的安全系数达到1.2以上，沿堆场纵向方向软土采用十字板强度指标计算得到的安全系数在1.1以上（采用二维分析偏于安全），满足规范要求。

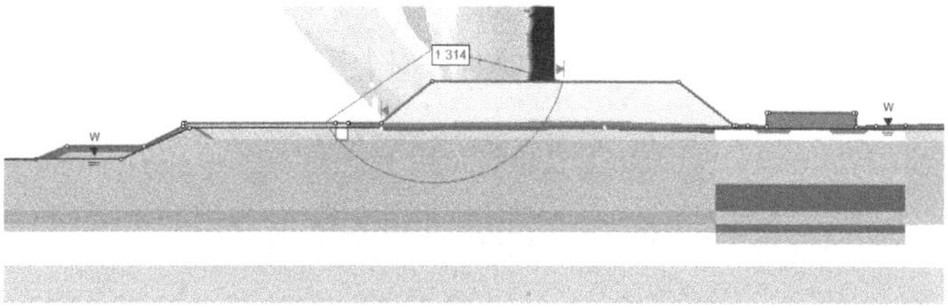

图3.17　沿南柳河侧方向（沿软土层滑动安全系数$\gamma_R = 1.314$）

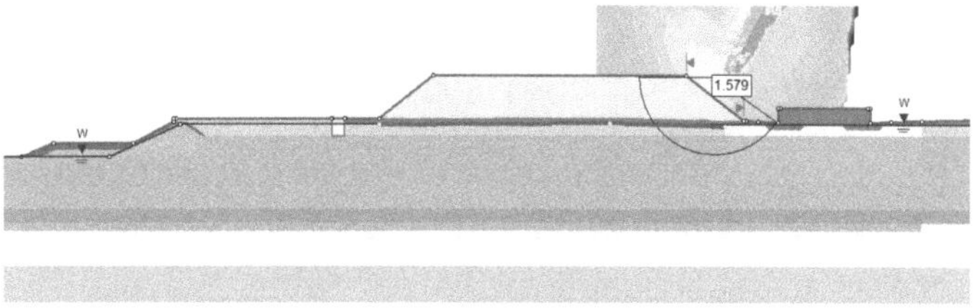

图3.18　沿轨道梁侧方向（沿软土层滑动安全系数$\gamma_R = 1.579$）

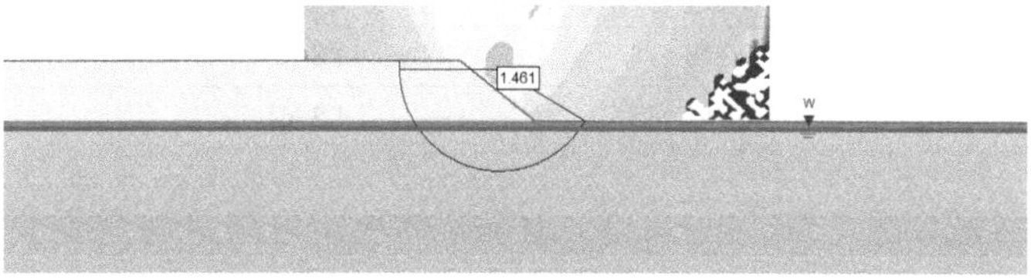

图3.19　沿堆场纵向方向（沿软土层滑动安全系数$\gamma_R = 1.461$）

根据《公路路堤刚性桩复合地基技术指南》T/CHCA 003–2019极限平衡法的计算结果见图3.20~图3.22，地基稳定计算结果汇总于表3.19。可以看出，根据桩土复合强度的极限平衡法计算结果，软土采用十字板强度指标计算得到的安全系数均在1.2以上。

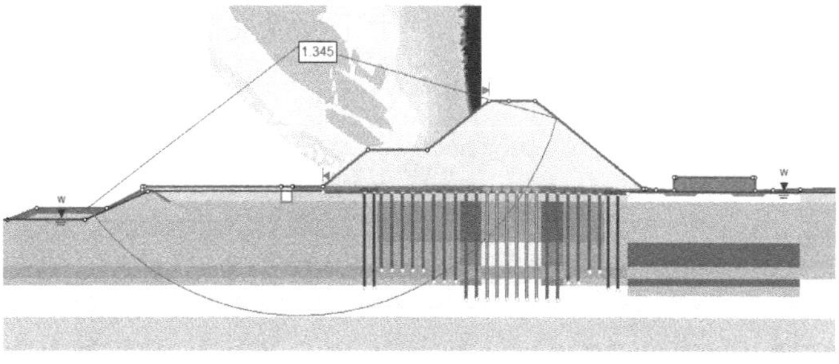

图3.20　沿南柳河侧方向（安全系数$\gamma_R = 1.345$）

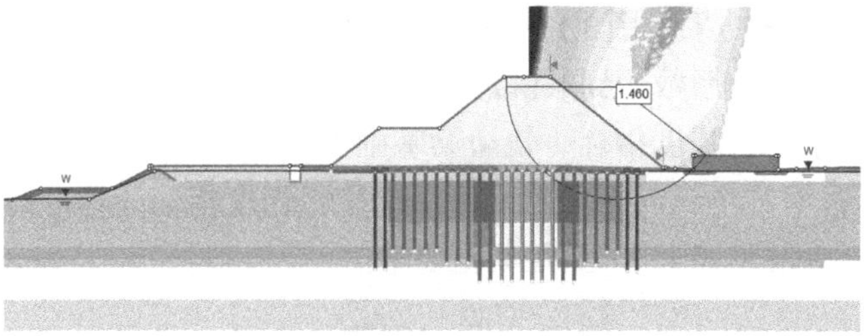

图3.21　沿轨道梁侧方向（安全系数$\gamma_R=1.460$）

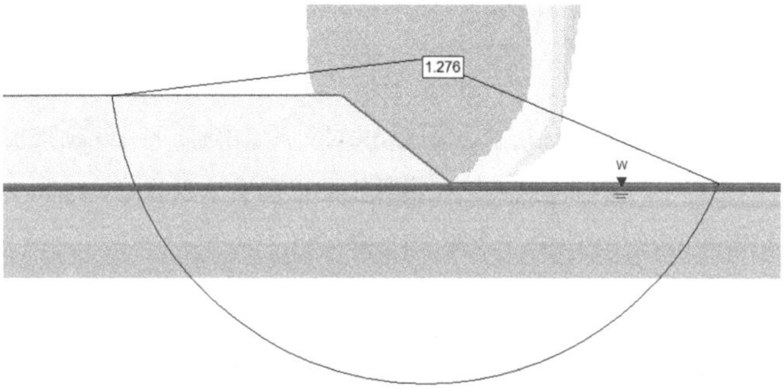

图3.22　沿堆场内部纵向方向（安全系数$\gamma_R=1.276$）

表3.19　地基稳定性安全系数计算结果汇总

滑动方向	折减荷载法	极限平衡法	是否有反压
南柳河侧	1.314	1.345	有反压平台
轨道梁侧	1.579	1.460	无反压平台
堆场内部纵向	1.461	1.276	无反压平台

因此，剩余区域C区（ZK14~ZK23）地基整体稳定可满足规范要求。

3.4.4　剩余区域B区稳定性计算

剩余区域B区（ZK8、ZK10）选取最不利钻孔ZK10进行稳定计算分析，计算方法采用折减荷载法和极限平衡法。

荷载折减法的计算结果见图3.23~图3.25。可以看出，沿南柳河侧软土采用十字板强度指标计算得到的安全系数达到1.1以上（南柳河侧未考虑反压平台，偏于安全），沿轨道梁侧软土采用十字板强度指标（轨道梁基础下软土采用固快指标）计算得到的安全系数达到1.2以上，沿堆场纵向方向软土采用十字板强度指标计算得到的安全系数在1.1以上（采用二维分析偏于安全），满足规范要求。

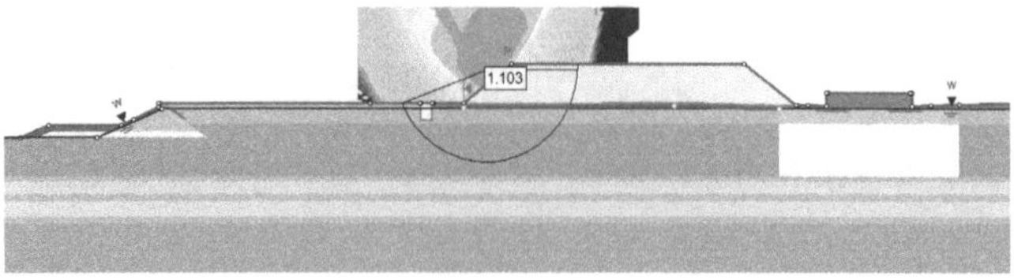

图3.23　沿南柳河侧方向（沿软土层滑动安全系数$\gamma_R=1.103$）

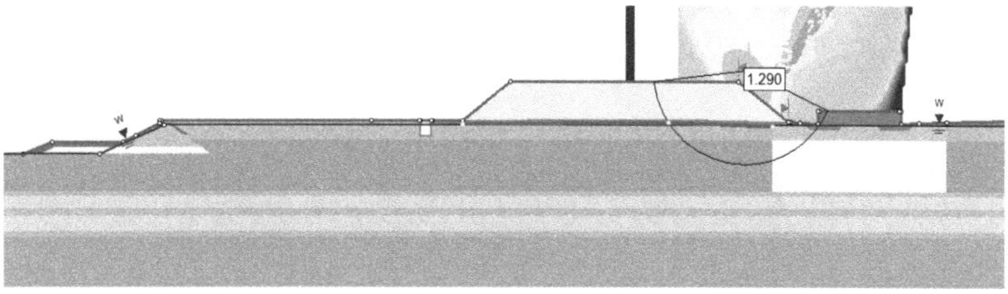

图3.24 沿轨道梁侧方向（沿软土层滑动安全系数$\gamma_R=1.290$）

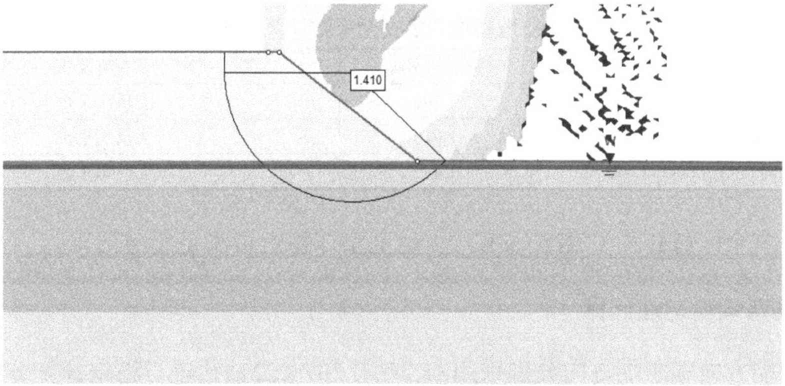

图3.25 沿堆场纵向方向（沿软土层滑动安全系数$\gamma_R=1.410$）

根据《公路路堤刚性桩复合地基技术指南》T/CHCA 003-2019极限平衡法的计算结果见图3.26~图3.28，地基稳定计算结果汇总于表3.20。可以看出，根据桩土复合强度的极限平衡法计算结果，软土采用十字板强度指标计算得到的安全系数均在1.2以上。

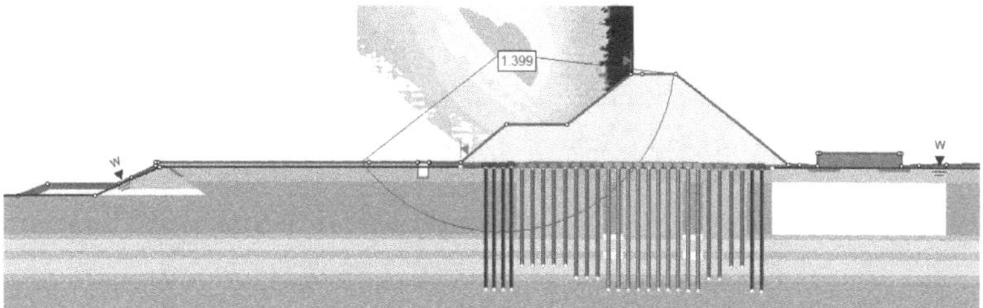

图3.26 沿南柳河侧方向（安全系数$\gamma_R=1.399$）

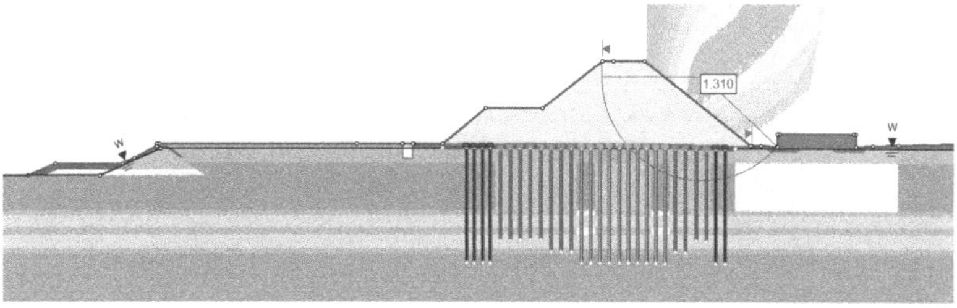

图3.27 沿轨道梁侧方向（安全系数$\gamma_R=1.310$）

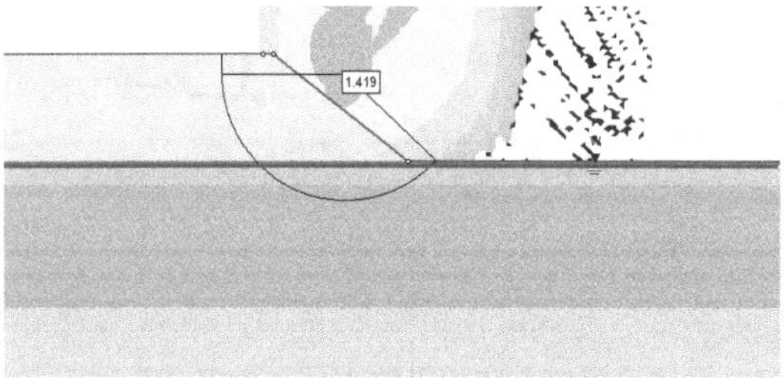

图3.28 沿堆场内部纵向方向（安全系数$\gamma_R=1.419$）

表3.20 地基稳定性安全系数计算结果汇总

滑动方向	折减荷载法	极限平衡法	是否有反压
南柳河侧	1.103	1.399	有反压平台
轨道梁侧	1.290	1.310	无反压平台
堆场内部纵向	1.410	1.419	无反压平台

因此，剩余区域B区（ZK8、ZK10）地基整体稳定可满足规范要求。

3.4.5 堆场两端稳定性计算

堆场西端方向和东端方向分别采用ZK2钻孔和ZK22钻孔进行稳定计算分析，按《公路路堤刚性桩复合地基技术指南》T/CHCA 003–2019的极限平衡法，计算结果如图3.29和图3.30所示，可以看出，根据桩土复合强度的极限平衡法（瑞典条分法）计算结果，软土采用十字板强度指标计算得到的安全系数均在1.2以上。因此，堆场西端方向和东端方向地基整体稳定可满足规范要求。

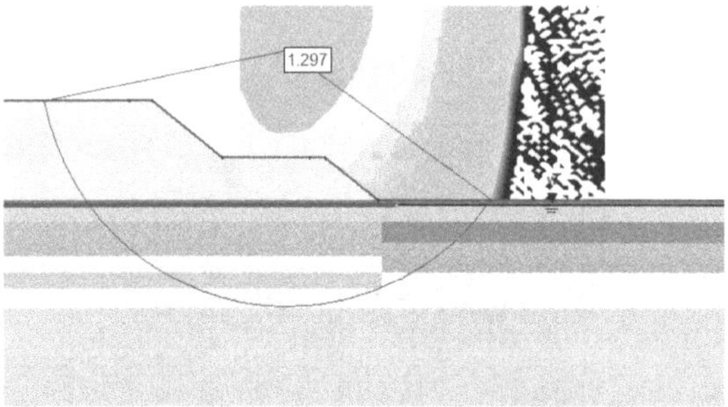

图3.29 沿堆场西端方向（安全系数$\gamma_R=1.297$）

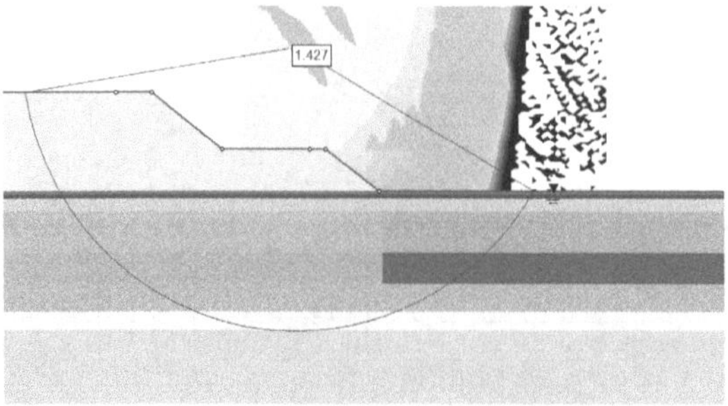

图3.30 沿堆场西端方向（安全系数$\gamma_R=1.427$）

3.4.6　小结

稳定计算分析分别采用折减荷载法和极限平衡法。折减荷载法忽略刚性桩，路堤荷载乘以路堤荷载折减系数μ后进行稳定分析，桩间土按承受上部堆矿荷载150 kPa计算。极限平衡法根据《公路路堤刚性桩复合地基技术指南》T/CHCA 003–2019进行计算。

地基稳定安全系数汇总于表3.21，可以看出，地基整体稳定可满足规范要求。

表3.21　地基稳定性安全系数

区域钻孔	滑动方向	折减荷载法	极限平衡法	是否有反压
典型施工区 ZK6	南柳河侧	1.284	1.361	有反压平台
	轨道梁侧	1.323	1.317	无反压平台
	堆场内部纵向	1.255	1.382	无反压平台
剩余区域A区 ZK3	南柳河侧	1.606	1.294	有反压平台
	轨道梁侧	1.407	1.307	无反压平台
	堆场内部纵向	1.405	1.335	无反压平台
剩余区域C区 ZK16	南柳河侧	1.314	1.345	有反压平台
	轨道梁侧	1.579	1.460	无反压平台
	堆场内部纵向	1.461	1.276	无反压平台
剩余区域B区 ZK10	南柳河侧	1.103	1.399	有反压平台
	轨道梁侧	1.290	1.310	无反压平台
	堆场内部纵向	1.410	1.419	无反压平台
ZK2	堆场西端方向		1.297	
ZK22	堆场东端方向		1.427	

3.5　沉降计算结果

根据以往工程经验，采用复合地基加固的软土地基工后沉降较小。结合工程前期地基加固资料及现场使用情况，沉降主要计算部位为中部大荷载区域及边侧桩长过渡区，反压平台区段沉降量很小。

3.5.1　典型施工区

1. 中部大荷载区域

ZK4、ZK6、ZK7：复合地基顶面附加应力为350 kPa，底部附加应力计算时，将上部荷载划分为矩形和三角形荷载进行附加应力计算，得到桩端平面处附加应力为245 kPa，加固区附加应力简化为（350+245）/2=297.5 kPa考虑，下卧层附加应力按245 kPa考虑，下卧层沉降计算深度算至④$_2$黏土层顶面。

ZK5：复合地基顶面附加应力为350 kPa，底部附加应力计算时，将上部荷载划分为矩形和三角形荷载进行附加应力计算，得到桩端平面处附加应力为275 kPa，加固区附加应力简化为（350+275）/2=313 kPa考虑，下卧层附加应力按（275+245）/2=260 kPa考虑，下卧层沉降计算深度算至④$_2$黏土层顶面。

中部大荷载区域沉降量计算结果列于表3.22。

表3.22 典型施工区中部大荷载区域沉降计算结果

参考钻孔	加固区沉降量S_1/mm	下卧层沉降量S_2/mm	桩顶褥垫层压缩深度S_3/mm	桩底刺入深度S_4/mm	总沉降量/mm
ZK04	86	10	27	12	135
ZK05	36	70	27	43	176
ZK06	118	16	27	12	173
ZK07	71	30	27	12	140

2. 边侧桩长过渡区

ZK4、ZK6、ZK7：复合地基顶面附加应力为230 kPa，底部附加应力计算时，将上部荷载简化为若干矩形荷载进行附加应力计算，得到桩端平面处附加应力为220 kPa，加固区附加应力简化为（230+220）/2=225 kPa考虑，下卧层附加应力按（220+200）/2=210 kPa考虑，下卧层沉降计算深度算至④$_2$黏土层顶面。

ZK5：复合地基顶面附加应力为230 kPa，底部附加应力计算时，将上部荷载简化为若干矩形荷载进行附加应力计算，由于相对埋深较浅，桩端平面处附加应力取230 kPa，加固区附加应力简化为230 kPa考虑，下卧层附加应力按（230+200）/2=215 kPa考虑，下卧层沉降计算深度算至④$_2$黏土层顶面。

边侧桩长过渡区域沉降量计算结果列于表3.23。

表3.23 典型施工区边侧桩长过渡区沉降计算结果

参考钻孔	加固区沉降量S_1/mm	下卧层沉降量S_2/mm	桩顶褥垫层压缩深度S_3/mm	桩底刺入深度S_4/mm	总沉降量/mm
ZK04	56	60	17	14	147
ZK05	27	77	17	26	147
ZK06	84	65	17	13	179
ZK07	50	73	17	11	151

综上，典型施工区（ZK4~ZK7）中部大荷载区域以及边侧桩长过渡区CFG桩复合地基总沉降量在20 cm以内。由于上述沉降计算未考虑软土层的前期固结应力，且采用100~200 kPa压力段的压缩模量，也未考虑黏土的强结构性，加固区和下卧层沉降计算结果明显偏大，预计总沉降量可控制在15 cm以内。因此，CFG复合地基可较好地发挥其加固效果，并可满足两年缺陷期内沉降量小于80 cm的要求。

3.5.2 剩余区域

剩余区域沉降计算结果列于表3.24和表3.25。

表3.24 剩余区域中部大荷载区域沉降计算结果

参考钻孔	加固区沉降量S_1/mm	下卧层沉降量S_2/mm	桩顶褥垫层压缩深度S_3/mm	桩底刺入深度S_4/mm	总沉降量/mm
ZK01	42	40	27	16	125
ZK02	87	0	27	12	126
ZK03	76	0	27	12	115

续表

参考钻孔	加固区沉降量 S_1/mm	下卧层沉降量 S_2/mm	桩顶褥垫层压缩深度 S_3/mm	桩底刺入深度 S_4/mm	总沉降量/mm
ZK08	118	10	27	22	177
ZK09	158	0	30	10	198
ZK10	120	0	27	10	157
ZK14	51	50	27	15	143
ZK15	113	30	27	20	190
ZK16	111	22	27	12	172
ZK17	103	26	27	15	171
ZK18	66	16	27	18	127
ZK19	51	30	27	18	126
ZK20	74	10	27	14	125
ZK21	47	15	27	12	101
ZK22	70	35	27	35	167

表3.25　剩余区域边侧桩长过渡区沉降计算结果

参考钻孔	加固区沉降量 S_1/mm	下卧层沉降量 S_2/mm	桩顶褥垫层压缩深度 S_3/mm	桩底刺入深度 S_4/mm	总沉降量/mm
ZK01	26	95	17	20	158
ZK02	54	46	17	17	134
ZK03	47	48	17	20	132
ZK08	73	35	17	12	137
ZK09	101	0	17	8	126
ZK10	74	10	20	12	112
ZK14	32	75	17	16	140
ZK15	70	58	17	22	167
ZK16	69	54	17	18	158
ZK17	64	63	17	12	156
ZK18	41	72	17	35	165
ZK19	32	89	17	26	164
ZK20	46	55	17	12	130
ZK21	29	68	17	12	126
ZK22	43	56	17	26	142

综上，剩余区域（ZK1~ZK3、ZK8~ZK22）中部大荷载区域以及边侧桩长过渡区复合地基总沉降量在20 cm以内。由于上述沉降计算未考虑软土层的前期固结应力，且采用100~200 kPa压力段的压缩模量，也未考虑黏土的强结构性以及树根桩的注浆加固作用，加固区和下卧层沉降计算结果明显偏大，预计总沉降量可控制在15 cm以内。因此，复合地基可较好地发挥其加固效果，并可满足两年缺陷期内沉降量小于80 cm的要求。

第4章　桩网复合地基施工技术

4.1　一 般 要 求

（1）必须确保施工质量，科学地做好施工组织设计，加强工地技术管理，严格按照有关的操作规程实施，认真做好工程质量检查和验收工作。

（2）施工前，应先完成下列工作：

1）收集并熟悉有关施工图、工程地质勘察报告、土工试验报告和地下管线、构筑物等资料；

2）编制施工组织设计或施工方案；

3）原材料、半成品、成品的检验；

4）施工机械设备的调试；

5）必要的工艺性试验。

（3）施工前应做好施工期间的排水措施，对常年地表积水、水塘地段，应先做好抽水、清淤、回填工作。

（4）材料的选用应贯彻因地制宜、就地取材的原则。所有运至工地的材料必须分类堆放，妥善保管，除设计明确外，应按有关标准进行质量检验，不合格材料不得用于工程。

（5）在施工中应遵循“按图施工”的原则和“边观察、边分析”的方法，如发现现场地质情况与设计提供资料不符或原设计处理方式因故不能实施需改变设计时，应及时报告并根据有关规定报请变更设计。

（6）施工中应认真做好原始记录，积累资料，不断总结经验，提高施工技术水平。

（7）场地接收测量：开工前应对工程所处位置的原地面进行复测，以核实图纸上结构尺寸、形状和标高是否符合实际。复测结果应做详细记录，经监理工程师批准后方可施工；场地清理应符合图纸的要求。

（8）场地积水：在施工期间以及竣工验收之前，因降雨等导致场地积水，须设法（如挖设临时排水沟）排除积水。

4.2　悬挂式插筋振动沉管CFG桩施工工艺

4.2.1　引言

CFG桩单桩竖向承载力高，可大幅度提高地基承载力，有效控制地基工后沉降。振动沉管是CFG桩常用的一种施工工艺，采用振动沉管成孔，灌注CFG桩混合料，边拔管边成桩，具有效率高、弃土少、成本低的特点。

由于CFG桩桩身材料类似于素混凝土，抗剪能力较低，在剪切力作用下易发生断桩。剪切力主要来源包括：振动沉管工艺震动和挤土效应产生的剪切力；桩机支腿挤压或施工设备碰撞桩头产生的剪切力；土层错动产生的剪切力。工程实践中一般通过加大桩间距、桩间预先打设塑料排水板加速孔压消散或预先引孔的方法来减弱震动和挤土效应带来的影响，但效果有限，更无法解决支腿挤压力和土层错动推力带来的一系列工程问题。因此在大面积群桩地基加固尤其是具有潜在滑动破坏风险的软土地基中应用时，有较大的限制。

现有技术已有通过在CFG桩中后插入一定长度钢筋笼来提升CFG桩的抗剪能力，但钢筋笼插入非常困难且易偏出桩体，施工质量和工期都难以达到预期效果。本节介绍一种悬挂式插筋振动沉管CFG桩施工工艺，其通过设备改良及工艺创新实现了钢筋笼与桩体一次一体成型，且可准确控制钢筋笼悬挂位置，真正达到提升CFG桩抗剪能力的目的。悬挂式插筋振动沉管CFG桩结构示意图如图4.1所示。

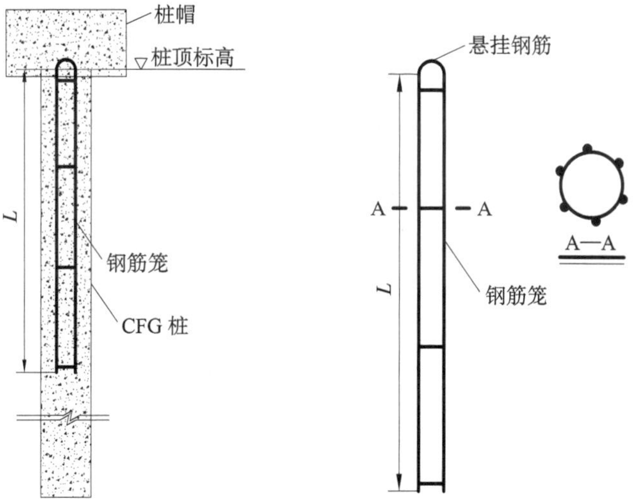

图4.1　悬挂式插筋振动沉管CFG桩结构示意图

4.2.2　施工机具

常规振动沉管CFG桩施工机具主要有机架、振动锤、桩管、桩尖和卷扬机等，悬挂式插筋振动沉管CFG桩施工机具基本类同，对部分部件进行改良，具体如下：

（1）钢筋笼牵引机构：在机架底座上增设一台钢丝绳卷扬机，在机架顶面设置两个定滑轮，在钢丝绳末端配置人工定位绳，用于控制钢丝绳滑动运行路径，组成钢筋笼牵引机构，是本插筋工艺的关键部件。机架顶部定滑轮牵引机构如图4.2所示，钢筋笼人工定位绳如图4.3所示。

图4.2　机架顶部定滑轮牵引机构

图4.3 钢筋笼人工定位绳

（2）振动锤：振动锤是振动沉管桩机最主要的动力设备，选用中孔双电机振动锤，该种振动锤中间部位有一个通孔，可以通过自由落锤，也可以直接用于安放钢筋笼。中孔双电机振动锤如图4.4所示。

图4.4　中孔双电机振动锤

4.2.3　桩身材料浇筑

振动沉管灌注桩一般采用料斗投放桩身材料的浇筑工艺，施工速度慢，材料易撒落，人工成本高，存在安全风险。混凝土搅拌车在施工区域内易下陷，甚至挤压已成桩的桩基，对于大面积复合地基加固工程，严重影响工期及工程质量。本施工工艺采用地泵泵送混凝土料至桩管料斗口，合理控制混凝土坍落度，施工速度快，成桩质量好，安全风险低，桩身材料浇筑方式如图4.5所示。

图4.5　地泵泵送混凝土

4.2.4　插筋

本施工工艺插筋采用钢筋笼，钢筋笼外径小于双电机振动锤对中孔直径，钢筋笼长度穿透软土层并宜超过潜在滑动面2 m以上，并应结合桩基重要性，对于重点区域桩基应增加钢筋笼长度，如图4.6所示。

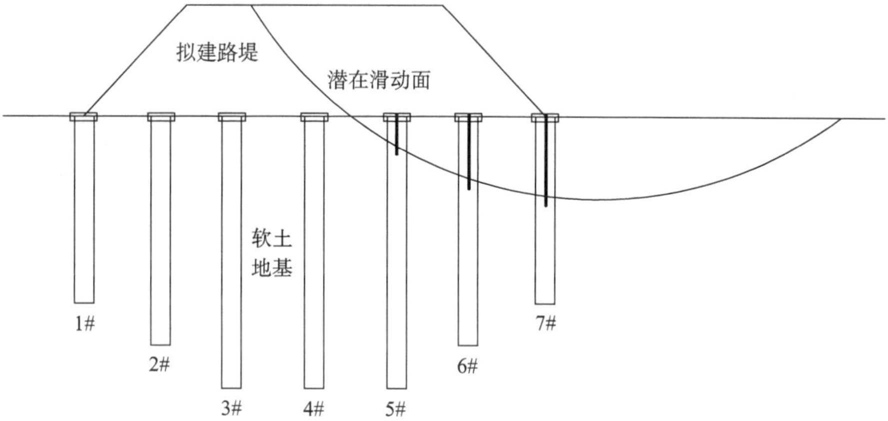

图4.6　某具有潜在滑动面的软土地基CFG桩地基处理断面

4.2.5　施工工艺

1. 总体施工流程

施工工序：施工准备→振动沉管成孔→沉管内吊放钢筋笼→灌注混凝土→成桩→固定钢筋笼→分项工程验收。

（1）制作钢筋笼（图4.7）。

（2）测量放样：根据设计图纸现场测量，准确确定桩位。

（3）振动沉管机就位：振动沉管机移至桩位，并用铅垂线法使沉管中心与桩位中心重合，并保持振动沉管机沉管铅垂。

（4）振动沉管成孔（图4.8）：采用振动沉管桩机成桩，选择合适的振动锤型号和钢制活瓣桩尖。沉桩开始时，关闭桩尖阀门，向下移动沉管至桩尖触及地面时，启动电机沉桩，沉桩过程检查沉管垂直度和桩位，成孔深度达到设计要求时，停止沉桩。

（5）吊放钢筋笼（图4.9和图4.10）：振动沉管成孔过程中，在沉管内吊放预制钢筋笼，定位好钢筋笼标高。

（6）投放混凝土（图4.11）：将拌制好的混凝土缓缓泵送至桩管上端的投料漏斗，采用一次投料或尽量减少投放次数，投料应有一定富余量，保证填满桩孔。

（7）成桩（图4.12）：投料后，原地留振5~10 s再开始拔管，边振边拔管，拔管速度为1.2~1.5 m/min，直至将沉管拔出地面。拔管过程不留振或少留振，不得反插，以免混凝土离析和桩身夹泥。施工时应考虑浮浆影响，现场采取必要的处理措施，充盈系数不宜小于1.1。

（8）试块：施工过程做混凝土试块检测28 d抗压强度并做评定。

图4.7　钢筋笼制作

图4.8　桩管沉入地基

图4.9　起吊钢筋笼

图4.10　钢筋笼对中插入桩管

图4.11　泵送混凝土

图4.12　成桩

2.悬挂插筋施工工艺

悬挂插筋振动沉管CFG桩施工如图4.13和图4.14所示。

（1）钢筋笼标高控制方法。

振动沉管CFG桩成桩桩长与振动锤激振力、土层性质和桩基持力层分布情况相关，实际施工桩长无法提前确定，这给悬挂式钢筋笼标高控制带来了难题。本施工工艺在原桩架上增加牵引钢丝绳、卷扬机和定滑轮，通过钢丝绳定长的方式实现标高准确控制，具体方法如下：

情况1：设计钢筋笼顶面位于施工地面以上。悬挂式钢筋笼吊环顶面设计标高为A，施工地面标高为B，即$A>B$。将桩尖触及地面，测量钢丝绳自卷扬机经过定滑轮、桩管至桩尖长度S_1。此时可确定施工期钢丝绳定长$S_1-(A-B)$，并在卷扬机上固定此长度。按该方法可保证桩尖拔出地面时，悬挂式钢筋笼吊环顶面设计标高为A。

情况2：设计钢筋笼顶面位于施工地面以下。悬挂式钢筋笼吊环顶面设计标高为A，施工地面标高为B，即$A<B$。将桩尖触及地面，测量钢丝绳自卷扬机经过定滑轮、桩管至桩尖长度S_2。此时可确定施工期钢丝绳定长为$S_2+(B-A)$，并在卷扬机上固定此长度。按该方法可保证桩尖拔出地面时，悬挂式钢筋笼吊环顶面设计标高为A。

（2）悬挂插筋关键工艺：

1）振动沉管成孔过程中，在沉管内吊放钢筋笼，将与钢筋笼连接的悬挂钢筋通过钢丝绳和定滑轮连接桩机卷扬机，并在钢丝绳靠悬挂钢筋端绑定定位绳用于定位。

2）钢筋笼起吊过程中拉住定位绳并观察钢筋笼的位置，当钢筋笼底端高于沉管振动锤时，关闭卷扬机，通过定位绳调整钢筋笼对准振动锤中孔后，反向启动卷扬机下放钢丝绳。

3）当钢筋笼底部进入沉管后，松开定位绳，直至卷扬机上的钢丝绳完全下放后，关闭卷扬机，保持钢筋笼的位置。

4）沉管下沉深度满足设计终孔要求时，向沉管内灌注桩身材料，边灌注边振动上拔沉管，直至灌注完成，沉管完全拔出地面，解锁钢丝绳与悬挂钢筋连接绞锁，此时钢筋笼与桩身材料形成悬挂插筋振动沉管CFG桩；将施工装置移至下一桩位施工，直至所有的桩施工完成。

5）桩身材料强度增长后，浇筑钢筋混凝土桩帽。

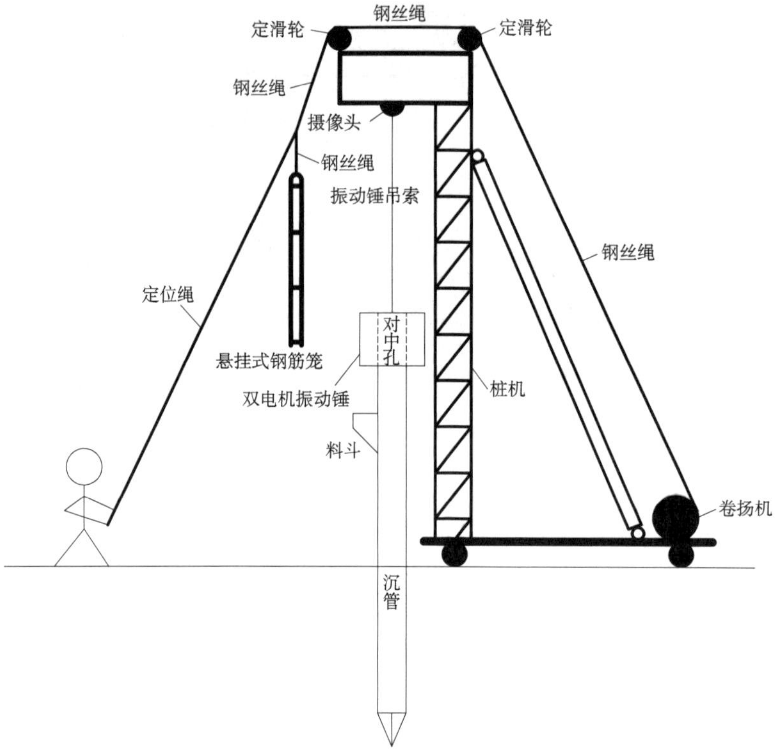

图4.13　悬挂插筋振动沉管CFG桩施工侧立面示意图

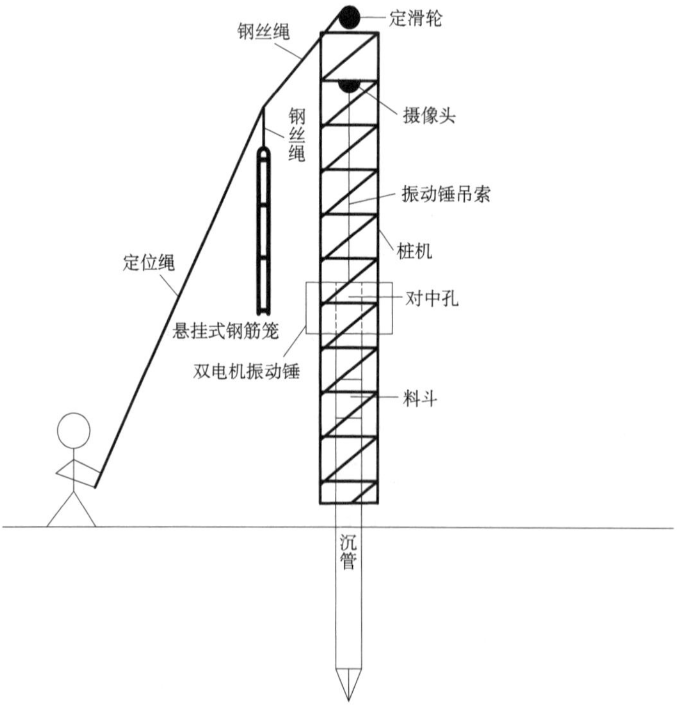

图4.14　悬挂插筋振动沉管CFG桩施工正立面示意图

4.3　振动沉管CFG桩

4.3.1　材料要求

桩身混凝土采用C25预拌商品混凝土，坍落度为80~120 mm。

4.3.2　技术要求

1.振动沉管施工工艺

本工程CFG桩施工主要采用振动沉管桩机成孔工艺，然后投放预拌商品混凝土成桩的施工工艺。

为减小后施工桩基对已施工桩基的影响，建议振动沉管CFG桩连续施工（不建议跳打）。对于中部区域10排桩和桩长过渡区5排桩，相邻桩基施工宜在已施工桩基混凝土初凝前进行，必要时采用相邻1排桩预先引孔的措施或者采用长螺旋钻孔施工工艺。

振动沉管CFG桩施工工艺流程如图4.15所示，各项施工工艺具体要求如下：

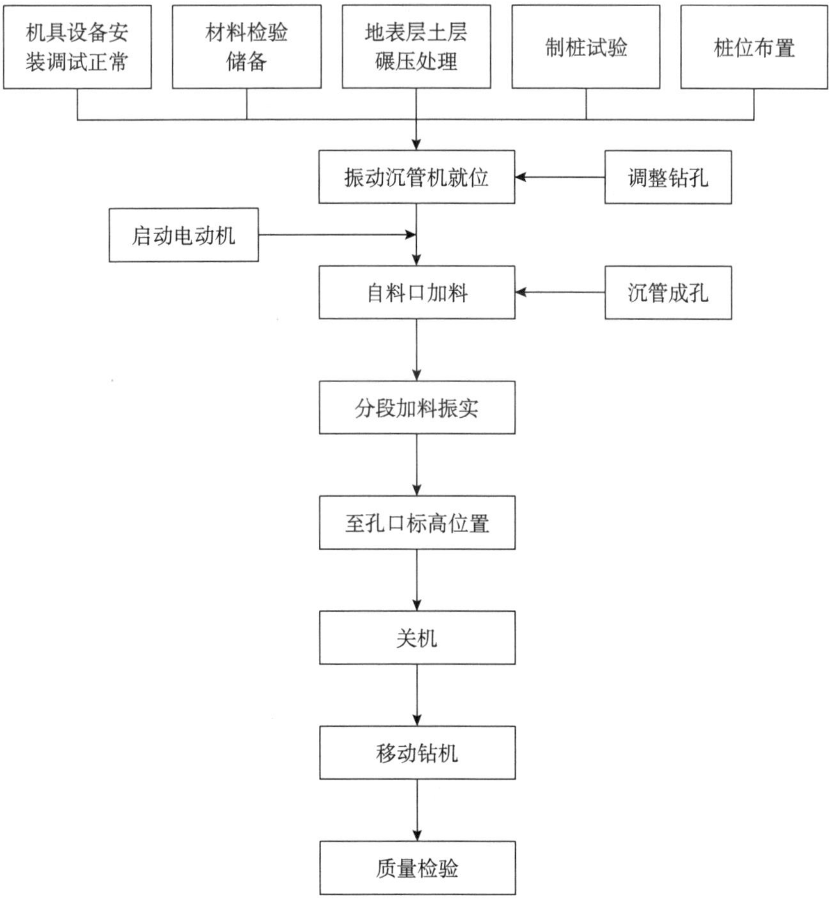

图4.15　振动沉管CFG桩施工工艺流程

（1）测量放样：根据设计图纸放出桩位中心，偏差不得大于5 cm。

（2）振动沉管机就位：振动沉管机移至桩位，并用铅垂线法使沉管中心与桩位中心重合，偏差小于2 cm，并保持振动沉管机沉管铅垂。

（3）振动沉管成孔：①采用振动沉管桩机成桩，振动锤型号可采用DZ75KS，要求最大激振力不小于440 kN，打桩时采用钢制活瓣桩尖或预制桩尖。沉桩开始时，关闭桩尖阀门（采用钢制活瓣桩尖时）或将桩尖套严封闭沉管底部（采用预制桩尖时）。向下移动沉管至桩尖触及地面时，启动马达沉桩，一般应先慢后快，这样既能减少沉桩摇晃，又能检查沉桩的偏差，以便及时纠正。②在沉桩过程中如发现沉管摇晃或难沉入时应放慢进尺，并及时检查沉管垂直度和桩位，否则容易导致桩孔偏斜、位移，甚至使桩尖损坏。③桩长控制：在桩机机身上做明确的长度标识，为方便夜间施工控制，宜用反光材料进行标识；标识的最小刻度一般为50 cm或25 cm；根据桩机塔身上的进尺标记，成孔深度达到设计要求时，停机。④沉管过程中做好记录。

（4）投放商品混凝土：将拌制好的混凝土缓缓倒入桩管上端的投料漏斗，建议采用一次投料或尽量减少投放次数，投料应有一定富余量，保证填满桩孔。

（5）投料后，原地留振5~10 s再开始拔管，边振边拔管，拔管速度为1.2~1.5 m/min，直至将沉管拔出地面。拔管过程不留振或少留振，不得反插，以免混凝土离析和桩身夹泥。施工时应考虑浮浆影响，现场采取必要的处理措施，充溢系数不宜小于1.1。

（6）试块：做混凝土试块检测28 d抗压强度并作评定。

2.振动沉管终孔标准

（1）典型施工区：

1）4–5区、5–5、6–5区、7–5区：对于桩端持力层为$④_1$黏土或$④_2$黏土，设计桩长为16 m，当桩长达到设计桩长且达到持力层时可终孔。如实际桩长小于设计桩长，但桩机最大电流已达到额定电流，连续振动10 s仍难以贯入可终孔。对于桩端持力层为$③_2$中粗砂层，设计桩长为12 m，当桩长达到设计桩长且进入持力层不小于2 m时可终孔，如进入持力层2 m后贯入度加大，则按设计桩长16 m控制。如实际桩长小于设计桩长，但已进入持力层不小于2 m，桩机最大电流已达到额定电流，连续振动10 s仍难以贯入可终孔。如现场施工实际桩长与设计桩长偏差较多，应及时上报设计。

2）5–4区、5–6区：桩端持力层为$③_2$中粗砂层，设计桩长为10 m，当桩长达到设计桩长且进入持力层不小于1.0 m时可终孔，如进入持力层1.0 m后贯入度加大，则按设计桩长13 m控制。如实际桩长小于设计桩长，但已进入持力层不小于1 m，桩机最大电流已达到额定电流，连续振动10 s仍难以贯入可终孔。如现场施工实际桩长与设计桩长偏差较多，应及时上报设计。

3）其余区域当桩长达到设计桩长可终孔。如实际桩长小于设计桩长，但桩机最大电流已达到额定电流，连续振动10 s仍难以贯入可终孔。

4）5–4区两侧、5–5区两侧、5–6区两侧为桩长过渡区，施工前将在ZK5两侧进行补充勘察，具体设计桩长再根据勘察结果调整。

5）本工程场地内地质变化较为剧烈，代表性钻孔控制范围内的桩基设计桩长仅为参考，具体桩长需根据现场沉桩施工控制，部分区域存在硬层难以穿透时，要求桩端进入硬层不小于2 m（5区）及不小于1 m（4区和6区）控制，且桩机最大电流已达到额定电流，连续振动10 s仍难以贯入可终孔。

（2）剩余区域A区：

1）1–5区、2–5区、3–5区：桩端持力层为④$_1$黏土层或④$_2$黏土层，设计桩长为15 m或16 m，当桩长达到设计桩长且达到持力层时可终孔。如实际桩长小于设计桩长，但桩机最大电流已达到额定电流，连续振动10 s仍难以贯入可终孔。如现场施工实际桩长与设计桩长偏差较多，应及时上报设计。

2）其余区域当桩长达到设计桩长可终孔。如实际桩长小于设计桩长，但桩机最大电流已达到额定电流，连续振动10 s仍难以贯入可终孔。

3）本工程场地内地质变化较为剧烈，代表性钻孔控制范围内的桩基设计桩长仅为参考，具体桩长需根据现场沉桩施工控制，部分区域存在硬层难以穿透时，要求桩端进入硬层不小于2 m（5区）及不小于1 m（4区和6区）控制，且桩机最大电流已达到额定电流，连续振动10 s仍难以贯入可终孔。

（3）剩余区域B区：

1）8–5区、10–5区：桩端持力层为④$_1$黏土层或④$_2$黏土层，设计桩长为20 m，当桩长达到设计桩长且达到持力层时可终孔。如实际桩长小于设计桩长，但桩机最大电流已达到额定电流，连续振动10 s仍难以贯入可终孔。如现场施工实际桩长与设计桩长偏差较多，应及时上报设计。

2）其余区域当桩长达到设计桩长可终孔。如实际桩长小于设计桩长，但桩机最大电流已达到额定电流，连续振动10 s仍难以贯入可终孔。

3）本工程场地内地质变化较为剧烈，代表性钻孔控制范围内的桩基设计桩长仅为参考，具体桩长需根据现场沉桩施工控制，部分区域存在硬层难以穿透时，要求桩端进入硬层不小于2 m（5区）及不小于1 m（4区和6区）控制，且桩机最大电流已达到额定电流，连续振动10 s仍难以贯入可终孔。

（4）剩余区域C区：

1）11~20–5区：对于桩端持力层为④$_1$黏土层或④$_2$黏土层，设计桩长为16~18 m，当桩长达到设计桩长且达到持力层时可终孔。如实际桩长小于设计桩长，但桩机最大电流已达到额定电流，连续振动10 s仍难以贯入可终孔。对于桩端持力层为③$_2$中粗砂层，设计桩长为12 m~14 m，当桩长达到设计桩长且进入持力层不小于2.0 m时可终孔，如进入持力层2.0 m后贯入度加大，则按设计桩长16 m控制。如实际桩长小于设计桩长，但已进入持力层不小于2 m，桩机最大电流已达到额定电流，连续振动10 s仍难以贯入可终孔。如现场施工实际桩长与设计桩长偏差较多，应及时上报设计。

2）16/20–4区、16/20–6区：桩端持力层为③$_2$中粗砂层，设计桩长为10~12 m，当桩长达到设计桩长且进入持力层不小于1.0 m时可终孔，如进入持力层1.0 m后贯入度加大，则按设计桩长13 m控制。如实际桩长小于设计桩长，但已进入持力层不小于1 m，桩机最大电流已达到额定电流，连续振动10 s仍难以贯入可终孔。如现场施工实际桩长与设计桩长偏差较多，应及时上报设计。

3）其余区域当桩长达到设计桩长可终孔。如实际桩长小于设计桩长，但桩机最大电流已达到额定电流，连续振动10 s仍难以贯入可终孔。

4）本工程场地内地质变化较为剧烈，代表性钻孔控制范围内的桩基设计桩长仅为参考，具体桩长需根据现场沉桩施工控制，部分区域存在硬层难以穿透时，要求桩端进入硬层不小于2 m（5区）及不小于1 m（4区和6区）控制，且桩机最大电流已达到额定电流，连续振动10 s仍难以贯入可终孔。

4.3.3 质量控制标准

振动沉管CFG桩质量控制标准见表4.1。

表4.1 振动沉管CFG桩质量控制标准

质检项目	规定值或容许偏差	质检方法
桩距	±100 mm	钢尺测量
垂直度	≤1%	吊线
桩体外径	350 mm	钢尺测量
桩长	按终孔标准	施工记录
混凝土强度	C25	试块

4.4 插筋CFG桩

4.4.1 材料要求

插筋CFG桩混凝土强度为C30（中部10排）和C25（桩长过渡区5排及堆场边缘两侧4排），采用振动沉管施工时，混凝土坍落度为80~120 mm，采用长螺旋管内泵压施工时，混凝土坍落度为160~220 mm。

对于中部区域10排桩和桩长过渡区5排桩，相邻桩基施工宜在已施工桩基混凝土初凝前进行，必要时采用相邻1排桩预先引孔的措施或者采用长螺旋钻孔施工工艺。

4.4.2 技术要求

本工程插筋CFG桩可采用振动沉管工艺或长螺旋管内泵压工艺先成孔后灌注混凝土，最后植入预制钢筋笼的施工工艺，或采用沉管后在沉管内吊放预制钢筋笼，再灌注混凝土成桩的施工工艺。

1.采用灌注混凝土成桩后植入钢筋笼

混凝土浇筑完成后，应在初凝前进行插筋施工。插筋前，应在桩顶地面设置专用的插筋导向装置，保证插筋的垂直度在1%以内，钢筋保护层厚度不宜小于25 mm。插筋依靠钢筋笼自重和钩机辅助作业，必要时采用平板振和导向棒施工。在钢筋笼插设完成后，应固定钢筋笼，防止邻近桩基施工影响已施工钢筋笼的定位。

插筋采用预制钢筋笼，纵向钢筋采用6根HRB400 ϕ10钢筋，均匀分布，每隔1 m焊接一个ϕ89 mm、壁厚4 mm、长度5 cm的钢环，插筋长度≥5 m、9 m、12 m（含外露部分），带桩帽CFG桩外露250 mm伸入桩帽，无桩帽CFG桩插至桩顶，插筋顶标高偏差宜控制在-100~+300 mm之间。

施工工序：施工准备→振动沉管或长螺旋钻孔→灌注混凝土→成桩→放置插筋导向架→拔管→插设钢筋笼至设计深度→固定钢筋笼→分项工程验收。

2.采用沉管内吊放钢筋笼后灌注混凝土成桩

振动沉管成孔后，在沉管内吊放预制钢筋笼，定位好钢筋笼标高，往沉管内灌注混凝土成桩。成桩后，应固定钢筋笼，防止邻近桩基施工影响已施工钢筋笼的定位。

插筋采用预制钢筋笼，纵向钢筋采用6根HRB400 ϕ10钢筋，均匀分布，每隔1 m焊接一个ϕ89 mm、壁厚4 mm、长度5 cm的钢环，插筋长度≥5 m、9 m、12 m（含外露部分），带桩帽CFG外露250 mm伸入桩帽，无桩帽CFG桩插至桩顶，插筋顶标高偏差宜控制在-100~+300 mm之间。

施工工序：施工准备→振动沉管成孔→沉管内吊放钢筋笼→灌注混凝土→成桩→固定钢筋笼→分项工程验收。

大面积施工前，进行插筋工艺典型施工。

4.4.3　质量控制标准

插筋CFG桩质量控制标准见表4.2。

表4.2　插筋CFG桩质量控制标准

质检项目	规定值或容许偏差	质检方法
桩距	±100 mm（振动沉管） ±50 mm（长螺旋钻孔）	钢尺测量
垂直度	≤1%	吊线
桩体外径	350 mm	钢尺测量
桩长	按终孔标准	施工记录
混凝土强度	C30	试块

4.5　长螺旋管内泵压CFG桩

4.5.1　材料要求

根据不同区域要求，桩身混凝土采用C25或C30预拌商品混凝土，初凝时间宜大于6 h，石料最大粒径不大于20 mm，含泥量不应大于3%，砂应采用中砂，含泥量不大于3%，如加入粉煤灰，宜采用Ⅰ级或Ⅱ级粉煤灰，坍落度为160~220 mm。

4.5.2　技术要求

本工程为满堂桩基加固，为减小挤土效应对已施工桩基的影响，必要时考虑采用长螺旋钻孔管内泵压工艺。长螺旋管内泵压工艺采用钻机成孔工艺，然后泵送混凝土成桩的施工工艺。

长螺旋管内泵压CFG桩施工工艺流程如图4.16所示，各项施工工艺具体要求如下：

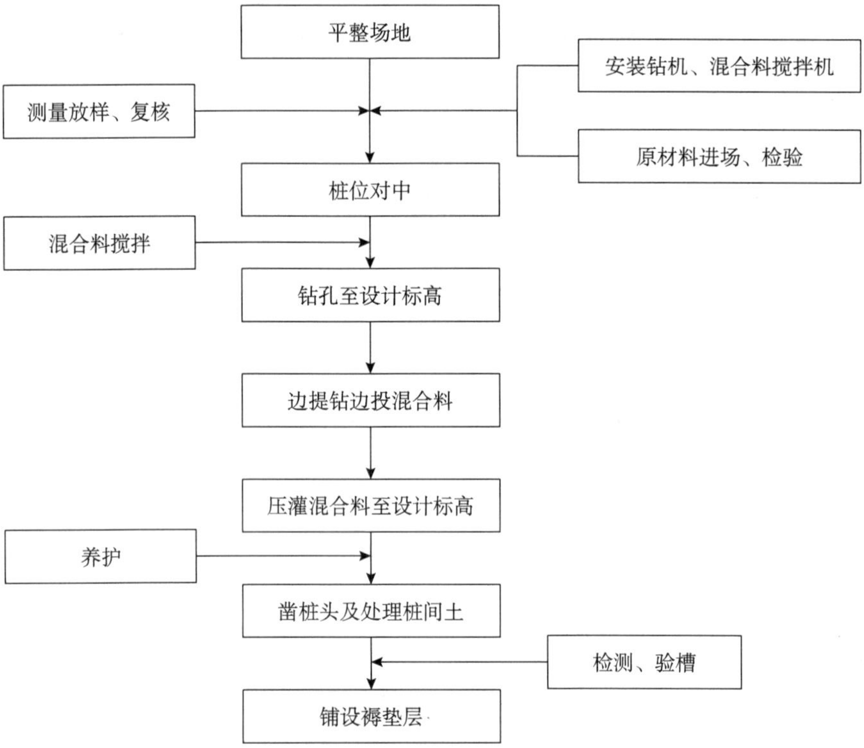

图4.16　长螺旋管内泵压CFG桩施工工艺流程

（1）钻机就位：CFG桩施工时，在钻机就位后，应先用钻机塔身的前后和左右的垂直标杆检查塔身导杆，校正位置，使钻杆垂直对准桩位中心，偏差不得大于5 cm，确保CFG桩垂直度偏差不大于1%。

（2）钻进成孔：钻孔开始时，关闭钻头阀门，向下移动钻杆至钻头触及地面时，启动马达钻进。钻进速度应先慢后快，这样既能减少钻杆摇晃，又容易检查钻孔偏差，以便及时纠正。在成孔过程中，如发现钻杆摇晃或难以钻进时，应放慢进尺，否则较易导致桩孔偏斜、移位，甚至使钻杆、钻具损坏。钻进的深度应根据设计桩长及施工面标高确定，当钻头到达设计桩长预定标高时，应在与动力头底面停留位置相应的钻机塔身处做醒目标记，作为施工时控制桩长的依据。正式施工时，当动力头底面到达标记处，桩长即满足设计要求。施工时还应该考虑施工工作面的标高差异，做相应的增减。钻进过程中，当遇到密实砂层时，会发现进尺明显的变慢，机架会出现轻微晃动。在有这些情况出现时，就可根据这些特征来判定钻杆进入密实砂层的深度。

（3）灌注及拔管：CFG桩成孔到设计标高后，则停止钻进，开始泵送商品混凝土料；当钻杆芯管充满混合料后开始拔管，严禁先提管后泵料。混凝土压灌过程中，应保持钻具排气孔畅通，钻杆提升速度应与混凝土泵送量相匹配，混凝土泵料斗的混凝土面高于料斗底面的高度不应小于400 mm，桩顶超灌高度不宜小于200 mm，充溢系数不小于1.0，成桩的提拔速度宜控制为2~3 m/min，成桩过程宜连续进行，避免因后台供料缓慢而导致停机待料。若施工中因其他原因不能连续灌注，必须根据勘察报告和已掌握的施工场地的地质情况避开饱和砂土层，不得在这些土层内停机。

（4）移机：当上一根桩施工完毕后，钻机移位，进行下一根桩的施工。施工时由于CFG桩排出的土较多，经常将临近的桩位覆盖，有时还会因钻机支撑脚压在桩位旁使原标定的桩位发生移动。因此，下一根桩施工时，还应根据轴线或周围桩的位置对需施工的桩位的位置进行复核，保证桩位准确。

4.5.3　质量控制标准

长螺旋管内泵压CFG桩质量控制标准见表4.3。

表4.3　长螺旋管内泵压CFG桩质量控制标准

质检项目	规定值或容许偏差	质检方法
桩距	±50 mm	钢尺测量
垂直度	≤1%	吊线
桩体外径	350 mm	钢尺测量
桩长	不少于设计值	施工记录
混凝土强度	C25、C30	试块

4.6　树　根　桩

4.6.1　材料要求

树根桩材料：①碎石，要求花岗岩，未风化，含泥量不大于3%，粒径在16~31.5 mm之间；②P.O 42.5普通硅酸盐水泥；③ϕ133 mm、壁厚5 mm无缝钢管，屈服强度不小于235 MPa（牌号20#或Q235B）。

注浆纯水泥浆液水灰比：暂定0.5∶1。

水泥浆液比重：1.800。

4.6.2　技术要求

本工程树根桩施工采用钻机及配套设备，采用正循环回转钻进、自然造浆护壁的成孔工艺成孔，投放碎石，注浆成桩的施工工艺。

树根桩施工工艺流程如图4.17所示，各项施工工艺具体要求如下：

1.测量定位

（1）设置、复核测量基准线、水准基点，提交发包方及监理单位批准，经核准认可后，方可进行测量定位。

（2）测量复核好的桩位、轴线等，要做好明显的标志并加以保护好。

（3）在钻机就位前，应进行复核，确保偏差在允许范围内。

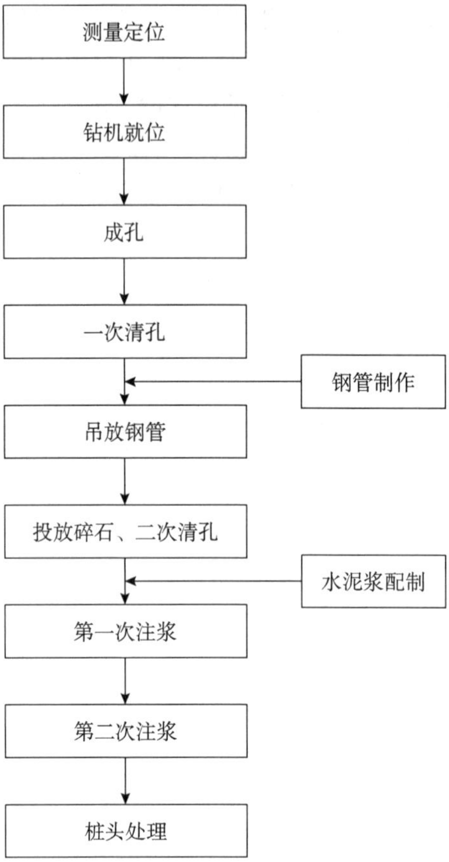

图4.17　树根桩施工工艺流程

2.设备的就位及钻具的检验

为了保证施工中成孔不发生倾斜或尽可能减少倾斜，要求：

（1）安装设备就位时，确保设备周正、水平、稳固，机座梁全部均匀承压并使设备的天车、游动滑车及转盘中心保持“三点位于同一垂线”上，并保证施工中设备不发生倾斜、晃动。

（2）成孔前，检查所用钻具，剔除不合格的钻具。

（3）钻机设备在使用过程中，要做到勤检查，勤维修保养。

3.钻机成孔

为保证合理的桩径和桩形，获得较大的桩基承载力，并避免出现孔斜超差和缩径现象，成孔过程中采用如下技术保证措施：

（1）根据本项目软土地层的特点，采用三翼单腰带钻头成孔。当遇到障碍物（如推移区下部残存的六角块）难以穿越时，及时上报设计，通过更换钻头及缩小桩径等措施进行处理。

（2）开钻时采用轻压慢转以保持钻具的导向性和稳定性，确保钻孔的垂直度，进尺后根据地层变化和钻进深度增加，适时调整钻进参数，常规技术参数为：钻压：钻具自重；转速：20~40转/min；泵量：50~108 m^3。

（3）特别注意淤泥质地层及砂层的钻进，合理调整泥浆性能参数，并在成孔过程中分地层经常检测泥浆性能参数，防止出现缩径或塌孔现象。

（4）成孔过程中的性能确保满足下列要求：

注入孔口泥浆：泥浆密度：≥1.15；漏斗黏度：18~20″。

排出孔口泥浆：泥浆密度：≥1.30；漏斗黏度：20~26″。

（5）加接钻杆时应先将钻具提离孔底，待泥浆循环2~3 min后再加接钻杆。

（6）成孔深度、孔径、孔斜均须满足设计及规范要求，经检测合格后方可进入下道工序。

（7）钻进过程中，应及时做好施工原始记录。

（8）为确保成孔的质量，每根桩钻孔完成后对孔深进行检测，达到设计要求后方可进行下一道工序。

4.孔底沉渣控制

（1）使用好泥浆，成孔时控制好泥浆各性能参数，不定期进行检测，按照施工要求及时调整泥浆性能指标。

（2）根据地层特点，合理控制钻进速度，以利排渣。

（3）坚持“一次清孔为主，二次清孔为辅”的清孔排渣原则，切实做好第一次清孔换浆工作。沉渣厚度不超过150 mm，可采用吊锤测量。

5.无缝钢管制作和吊放

（1）钢管的规格和质量应符合设计图纸要求，并进行现场验收，严格禁止使用有缺陷或无质保书的钢材。

（2）成型钢管由制作者自己按规范、设计要求自检后，经质检员会同监理等验收、并记入专用验收表，经验收合格后，方可下入孔内，严禁不合格的钢管下入孔内。

（3）成型的钢管应平卧堆放在平整、干净的地面上，堆放层数不应超过3层。

（4）吊放过程必须轻提缓放，若下放遇阻应停止，查明原因进行相应处理后再行下放，严禁将钢管高起猛落，强行下放。

（5）为确保钢管的定位准确，沿管壁焊接3根定位筋每隔3 m焊接3根ϕ8 mm钢筋进行有效定位，确保钢管保护层厚度满足设计要求。

（6）树根桩施工完成后，钢管顶标高偏差宜控制在−100~+300 mm之间。

6.注浆管

注浆管采用钢管，管底焊接短钢筋与孔底距离15 cm。注浆管下部3 m长为出浆部位，每间隔15~25 cm打ϕ8 mm花孔，各孔位错开，平面上呈放射状。

7.清孔及灌填碎石

（1）第一次清孔，是在成孔后，将钻头提离孔底20 cm，开启慢速回转，利用钻具进行清孔。第一次清孔应采用比重1.15~1.25左右的浓泥浆，加大水泵压力，把孔内的泥皮及少量的微细砂粒彻底从孔内带出，第一次清孔一定要彻底，清孔时间宜大于30 min，为二次清孔做好准备工作。

（2）第二次清孔是在灌填碎石时进行，利用注浆管一边注入清水清孔，一边灌填碎石，直至孔口返出清水为止，比重不大于1.05。

（3）填灌碎石粒径宜为16~31.5 mm，碎石用水冲洗洁净后定量填放，填放量根据树根桩的孔径大小确定。填入量应不少于桩身（钢管外）计算体积的80%~90%，在填放过程中应利用注浆管继续冲水清孔。

8. 注浆

注浆是树根桩施工最为关键的一步。浆液采用纯水泥浆，且应具有较好的和易性、可塑性、黏聚性、流动性和自密实性。水泥浆液采用42.5普通硅酸盐水泥，水灰比暂定为0.5，其水、水泥两者用量可根据试验来确定。用搅浆机搅拌成浆，搅拌时间不少于5 min，以保证浆液的均匀，制备好的浆液宜在30 min之内注入孔内。

注浆前，应先试验确定混凝土初凝时间，为后续二次注浆做准备。

（1）一次注浆：利用一次注浆管（钢管）将浆液注入碎石孔隙中，在注浆泵的压力作用下，水泥浆随注浆管不断提升从孔底逐渐渗入到孔内碎石孔隙和桩间土中。由于注浆过程中会引起振动，如果桩内碎石有一定的沉落量，应在压浆过程中逐步补入部分碎石到桩顶。当浆液在孔口充分溢出后，停止注浆。必要时采用插入式振捣器插入桩体1 m左右进行振捣，使桩顶浆液充填密实。

一次注浆控制标准：注浆工作压力：0.3~0.6 MPa；注浆流量：32~47L/min。

一次注浆终止标准：浆液在孔口充分溢出，且其比重接近注入浆液比重。

（2）二次注浆：一次注浆初凝时（暂按一次注浆后2 h），利用二次注浆管对碎石孔隙和桩周土补充浆液，确保桩体密实，并进一步加固桩周土。

注浆工作压力：1.5~3.0 MPa。

二次注浆终止标准：采用孔口溢出浆液比重或注浆压力控制的原则，满足其中一项可终止注浆：①当浆液在孔口充分溢出，且其比重接近注入浆液比重；②当注浆压力大于2.5 MPa并持续3 min以上。

（3）现场宜设置注浆量自动计量设备，记录每根桩注浆量和总注浆量。注浆充溢系数不小于1.3，树根桩单桩注浆量不小于0.055 m^3/m（桩径300 mm）。

9. 试块

做混凝土试块，检测其28天强度并做评定。

4.6.3 质量控制标准及检测要求

树根桩质量控制标准及检测要求见表4.4。

表4.4 树根桩质量检测项目

质检项目	规定值或容许偏差	质检方法
桩距	±50 mm	钢尺测量
垂直度	≤1%	吊线
桩体外径	300 mm	钢尺测量
桩长	不少于设计值	施工记录
混凝土强度	C30	试块

4.7　土工编织布铺设

在CFG桩桩帽施工完成后，压实桩帽之间素填土层，使桩帽顶和土层顶面齐平。然后在带桩帽桩基区域上方回填10 cm厚碎石土，两侧可逐渐减小铺设厚度平顺过渡，铺设一层编织土工布作为隔离层。

土工编织布铺设工艺流程如图4.18所示。

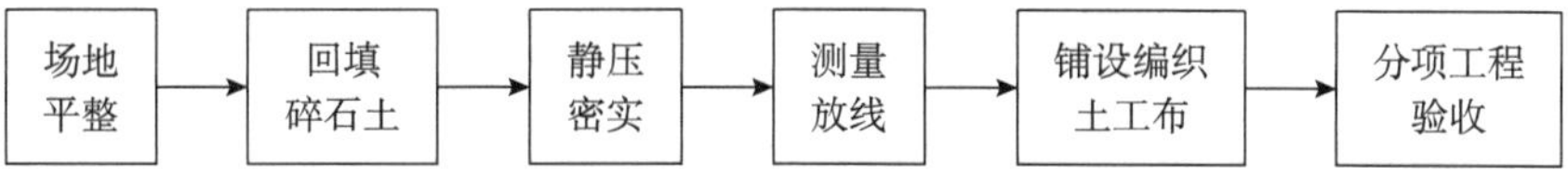

图4.18　土工编织布铺设工艺流程

本工程选用聚丙烯编织布，主要起隔离作用，对其强度指标等不做要求。

4.8　土工格栅铺设及填料

4.8.1　技术要求

在编织土工布上铺设两层单向土工格栅，单向极限抗拉强度为260 kN/m，正交布置。

土工格栅铺设及填料工艺流程如图4.19所示，各项施工工艺具体要求如下：

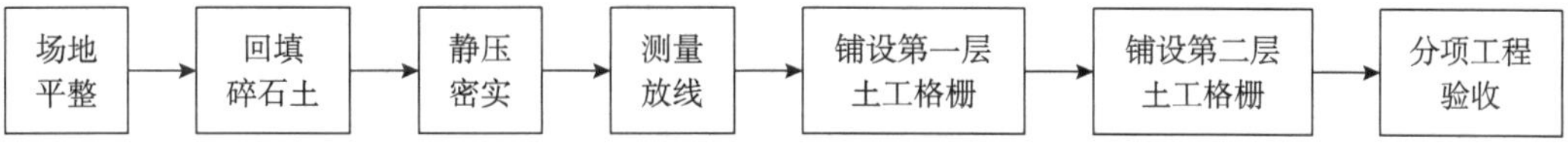

图4.19　土工格栅铺设及填料工艺流程

（1）施工场地：要求压实平整、呈水平状、清除尖刺突起物。

（2）土工格栅铺设：在平整压实的场地上，其始位置用插钉固定，然后用人工方法将格栅缓缓向前拉铺，铺设要平整，无皱折，尽量张紧。并要注意避免过量拉伸从而避免超过其强度和变形的极限而产生破坏或撕裂、局部顶破等操作同前。大面积铺设后，要整体调整其平直度。铺设应平铺，拉直、不得重叠，不得卷曲、扭结。

（3）接铺：以卷长为单位作为铺设的段长，应铺格栅的段长内铺满以后，再整体检查一次铺设质量，然后接着铺设下一段，下一段铺设时，格栅与格栅应按照规范要求进行搭接，然后使用8号铁丝呈“之”字形穿绑固定后继续向前进方向铺第二段。

（4）搭接、绑扎、固定：土工格栅铺设根据厂家技术要求施工，或按以下要求：纵向和横向搭接处用8号铁丝呈“之”字形穿绑，搭接宽度不宜小于10 cm并应扎紧。纵向和横向搭接处使用U形钢筋锚钉进行锚固，沿接缝间距1 m，每幅格栅中间区域可视情况进行锚固（使格栅铺设平整，沿格栅受力方向，可在幅宽中间每隔2 m设置一根锚钉），锚钉采用$\phi 8$钢筋弯制而成，尺寸为宽10 cm，锚固深度不小于20 cm。具体连接件及施工方法可根据土工格栅厂家提供施工方法进行。

（5）填料的摊铺和压实：土工格栅铺设到位并报检合格后应及时进行下一层填料的施工，以免其受到阳光过长时间的直接曝晒，一般情况下，间隔时间不超过48 h。亦可采取边铺设边回填的流水作业法。先在两端摊铺填料，将格栅固定，再向中部推进。碾压的顺序是先两侧后中间。碾压时压轮不能直接与筋材接触，未压实的加筋体一般不允许车辆在上面行驶，以免筋材错位。填料分层压实厚度为10~40 cm，夯填度不大于0.9（夯实后的褥垫层厚度与虚铺厚度的比值）。

杜绝一切施工车辆和施工机械行驶或停放在已铺好的土工格栅上，施工中随时检查土工格栅的质量，发现有折损、刺破、撕裂等损坏时，视程度修补或更换。

填料的选择：填料采用原堆场面层开挖碎石土，粒径不得大于10 cm，并注意控制填料级配，以保证压实质量。

4.8.2 质量控制标准及检测要求

本工程选用TGDG260单向塑料土工格栅，极限抗拉强度为260 kN/m，材料为聚丙烯或聚乙烯，质量控制标准及检测要求见表4.5。

表4.5 TGDG260单向塑料土工格栅参数

项目	单位	技术参数
材质	–	聚丙烯或聚乙烯
每延米拉伸屈服力	kN/m	≥260
屈服伸长率	%	≤10
纵向2%伸长率时的抗拉强度	kN/m	≥78
纵向5%伸长率时的抗拉强度	kN/m	≥157

4.9 土工格室铺设及填料

4.9.1 技术要求

在两层单向土工格栅上方铺设10 cm厚碎石土层，两侧可逐渐减小铺设厚度平顺过渡，压实后再铺设一层GC 150–400土工格室。土工格室铺设完成后，再铺设碎石土。

土工格室铺设及填料工艺流程如图4.20所示，各项施工工艺具体要求如下：

图4.20 土工格室铺设及填料工艺流程

（1）在碎石垫层上将土工格室充分展开、拉直平顺，格室片材与堆场纵向方向斜交，展开方向与堆场纵向垂直，紧贴下承层铺平，保证荷载施加后处于良好受力状态。

（2）土工格室张拉均匀后，在周边格室顶部和幅间连接处采用U形或勾形钢筋锚固，锚钉采用$\phi 8$钢筋弯制而成，锚固深度为20~30 cm。

（3）土工格室铺设到位并报检合格后应及时进行下一层填料的施工，以免其受到阳光过长时间的直接曝晒，一般情况下，间隔时间不超过48 h，可采取边铺设边回填的流水作业法。

（4）杜绝一切施工车辆和施工机械行驶或停放在已铺好的土工格室上，土工格室上的第一层填料摊铺宜采用轻型推土机或前置装载机。填料不允许直接卸在土工格室上面，必须卸在已摊铺完毕的填料上，采用推土机向前摊平，并保证格室上填料在3~15 cm之间。

（5）先在两端摊铺填料，将格室固定，再向中部推进。碾压的顺序是先两侧后中间。碾压时压轮不能直接与筋材接触，未压实的加筋体不允许车辆在上面行驶，以免筋材错位。填料分层压实厚度为15~40 cm，夯填度不大于0.9（夯实后的褥垫层厚度与虚铺厚度的比值）。

（6）施工中随时检查土工格栅的质量，发现有折损、刺破、撕裂等损坏时，视程度修补或更换。

（7）填料的选择：填料粒径不得大于10 cm，并注意控制填料级配，以保证压实质量。

4.9.2　质量控制标准及检测要求

本工程选用GC 150–400双向高强微桩土工格室，格室片中心高度105 mm（或100 mm，视厂家产品规格调整），材料为聚丙烯或聚乙烯。材料规格见表4.6，力学指标见表4.7。

表4.6　双向高强微桩土工格室规格

规格型号	微桩高度	网格尺寸	格室片中心高度	格室片开孔数
GC 150–400	150 mm±3 mm	400 mm×400 mm±20 mm	105 mm±3 mm	1

表4.7　双向高强微桩土工格室力学指标

项目	单位	指标
格室片单位宽度的断裂拉力	N/cm	≥1000
格室片断裂伸长率	%	≤10
焊接节点剥离强度	N/cm	≥400
焊接节点剪切强度	N/cm	≥800
焊接节点拉裂强度	N/cm	≥800

4.10　桩　　帽

4.10.1　材料要求

桩帽混凝土强度等级为C30，钢筋等级为HRB400。

4.10.2　技术要求

本工程插筋CFG桩桩帽平面尺寸分别为60 cm×60 cm（中部6排）和55 cm×55 cm，

树根桩桩帽平面尺寸为50 cm×50 cm，均为正方形桩帽，高度为35 cm（设计桩顶嵌入桩帽5 cm）。

桩基施工完毕后，在开挖桩帽基槽前，首先测量每根桩的桩顶标高，根据测量结果及设计标高确定下挖深度。基槽宜采用人工开挖，桩周土的开挖应按照设计桩帽尺寸及开挖深度进行开挖，确保桩帽基坑中心位置偏差不超过15 mm，平面尺寸偏差小于±30 mm，桩帽高度偏差不超过±20 mm，基槽坑底应平整、无杂物，标高处于设计桩顶标高以下5 cm处（设计桩顶嵌入桩帽5 cm）。受施工过程对场地轻微破坏的影响，桩间土不能完全与桩帽顶平齐，与桩帽顶标高存在一定偏差。对于高于桩帽顶的桩间土，人工清除至桩帽顶标高即可，并采用人工轻敲压实或低能量压实设备压实；对于低于桩帽顶标高的，应采用原表层开挖料对桩间土进行补填，人工摊铺，并采用人工轻敲压实或低能量压实设备压实。对于紧靠桩帽边缘的部位，为避免碰撞破坏桩帽造成缺角等问题可采取填料超填高出桩帽顶5 cm并覆盖桩帽边缘后再打夯（压实）的措施，确保夯填到位，最后对超填部分进行人工清除。

桩帽施工完成后，对桩帽之间土体进行压实处理，建议采用手扶式振动压路机或振动平板夯或蛙式打夯机，压实后要求0~30 cm深度内压实度不小于0.93。

4.11　树根桩面板

4.11.1　材料要求

树根桩面板混凝土强度等级为C30，钢筋等级为HRB400。

4.11.2　技术要求

1.典型施工区、剩余区域A区、C区

树根桩面板宽度为2.3 m，高度为30 cm（设计桩顶嵌入桩帽5 cm），根据设计要求进行分段施工，标准段长度为11.88 m，分缝宽度为20 mm。

树根桩桩顶嵌入面板5 cm，钢管伸入面板15 cm。为保证钢管上方抗冲切能力，在钢管顶面配置一层钢筋网。

2.剩余区域B区（8区和10区）

（1）轨道梁侧。

树根桩面板宽度为2.3 m，高度为30 cm（设计桩顶嵌入桩帽5 cm），根据设计要求进行分段施工，标准段长度为11.88 m，分缝宽度为20 mm。

树根桩桩顶嵌入面板5 cm，钢管伸入面板15 cm。为保证钢管上方抗冲切能力，在钢管顶面配置一层钢筋网。

（2）南柳河侧。

树根桩面板宽度为4.9 m，高度为30 cm（设计桩顶嵌入桩帽5 cm），根据设计要求进行分段施工，标准段长度为11.88 m，分缝宽度为20 mm。

树根桩桩顶嵌入面板5 cm，钢管伸入面板15 cm。为保证钢管上方抗冲切能力，在钢管顶面配置一层钢筋网。

3.剩余区域B区（9区）

（1）轨道梁侧。

树根桩面板宽度为5.9 m，高度为30 cm（设计桩顶嵌入桩帽5 cm），根据设计要求进行分段施工，标准长度为11.88 m，分缝宽度为20 mm。

树根桩桩顶嵌入面板5 cm，钢管伸入面板15 cm。为保证钢管上方抗冲切能力，在钢管顶面配置一层钢筋网。

（2）南柳河侧。

树根桩面板宽度为8.7 m，高度为30 cm（设计桩顶嵌入桩帽5 cm），根据设计要求进行分段施工，标准段长度为11.88 m，分缝宽度为20 mm。

树根桩桩顶嵌入面板5 cm，钢管伸入面板15 cm。为保证钢管上方抗冲切能力，在钢管顶面配置一层钢筋网。

4.12　塑料排水板

4.12.1　技术要求

（1）塑料排水板，其规格、质量和排水性能要求必须符合《水运工程地基设计规范》JTS 147–2017的各项指标规定。塑料排水板选用SPB–B型，塑料排水板的芯板材料宜采用原生料。塑料排水板的性能指标要求详见表4.8。

表4.8　塑料排水板性能指标

项目		单位	SPB–B型	条件
外形尺寸	宽度	mm	100±2	（1±0.02）*b*
	厚度	mm	≥4	
打设深度		m	≤25	
纵向通水量		cm^3/s	≥25	侧向压力350 kPa
滤膜渗透系数		cm/s	$\geq 5\times10^{-4}$	试件在水中浸泡24 h
滤膜等效孔径		mm	0.05~0.12	以O_{95}计
塑料排水板抗拉强度		kN/10 cm	≥1.3	按规范要求
滤膜抗拉强度	干态	N/cm	≥25	按规范要求
	湿态	N/cm	≥20	按规范要求

注：*b*为塑料排水板宽度。

（2）为使板材在浸水、弯曲变形等情况下保持较好的排水性，塑料排水板的芯板材料宜采用原生料。

（3）同批次生产的排水板，每20万米检测一次，少于20万米的也检测一次；不同批次的塑料排水板应分批次检测。

（4）塑料排水板自生产至打设的储存期要控制在6个月内，超过6个月的塑料排水板使用前应再次进行抽检，确定是否可用。临时堆放在施工现场的塑料排水板，应码放整齐、避免雨淋、防止日晒。

（5）插板施工工艺为陆上套管式施打，设备接地压力与需处理地基相适应；套管下端应设置管靴，其材料可选用小钢筋或硬质塑料等；导架高度、打设能力应满足设计要求；机架垂直度、就位应调节方便、正确。

（6）插板机施打动力宜采用液压式插板机，表层宜用钩机适当钩松。

（7）插板机定位时，管靴与板位标记的偏差应控制在10 cm内，塑料排水板的平面距差不得大于±15 cm，垂直度应控制在±1.5%以内。施工时回带长度不可超过0.5 m，否则在该板位旁400 mm内重新插入补打一根，回带排水板根数不应超过打设总根数的5%。

（8）拔管时带出的泥土应清除干净。当发现地质情况变化，无法按设计要求打设时，应及时与现场监理和设计人员联系，确定实际打设深度。

（9）剪板应高于地面20 cm，及时用原地基土填满打设时在板周围形成的孔洞，并将排水板板头埋进地基土中。塑料排水板插入过程中要防止淤泥进入板芯，堵塞通道，影响排水效果。

（10）打入地基的塑料排水板应为整板，长度不足需要接长时，需将两根待接排水板的滤膜完整地剥开，将板芯对插搭接，搭接长度不小于200 mm，再将滤膜包好、裹紧后，用大号钉书钉钉接。接长时在塑料排水板上扎孔的孔眼不在板芯的同一条排水槽中。每根接长板只有一个接头，接长板分散使用，相邻板无接头，接长板的使用量不超过总打设根数的10%。

（11）塑料排水板应通过滑轮及保护管引向打设套管，在施打塑料排水板过程中严禁出现扭结、断裂和撕破滤膜等现象，如有应在插点旁400 mm内补插。

4.12.2 验收标准

塑料排水板沉设允许偏差、检验数量和方法见表4.9。

表4.9 塑料排水板沉设允许偏差、检验数量和方法

项目	允许偏差/mm	检验数量	单元测点	检验方法
平面位置	±150	抽查10%	1	经纬仪、拉线和钢尺测量
外露长度	+150，-50		1	钢尺量
垂直度/m	15		1	经纬仪或吊线测量套管

第5章　桩网复合地基现场检测

5.1　概　　述

5.1.1　检测目的

（1）通过对霞山港区散货码头16#堆场地基基础进行单桩竖向抗压静载试验及复合地基平板载荷试验，检验单桩竖向抗压承载力及复合地基承载力是否满足设计要求。

（2）通过对霞山港区散货码头16#堆场地基基础进行低应变法检测，检验桩基的桩身完整性，判定桩身缺陷的程度及位置。

（3）通过对霞山港区散货码头16#堆场地基基础进行超声波透射法检测，检验桩基的桩身完整性，判定CFG桩外轮廓形状。

（4）通过对霞山港区散货码头16#堆场地基基础进行十字板剪切试验及静力触探，掌握复合地基施工期软土排水固结效果，进一步验证试堆期试堆加载计划。了解试堆期软土固结效果，确保使用期安全稳定。

5.1.2　检测内容

（1）单桩竖向承载力静载试验。

（2）低应变法检测。

（3）超声波透射法检测。

（4）十字板剪切试验。

（5）静力触探试验。

5.1.3　检测频率

根据《水运工程地基设计规范》JTS 147-2017，处理狭长地段时，应按50~200 m布置1个检测断面，本工程检测断面根据上述规定并结合地质情况，设定检测项目及要求。为了解复合地基施工期软土排水固结效果，进一步验证试堆期试堆加载计划，在软土较厚区分别设置1个十字板孔和1个静力触探孔，原状地基土检测一次，桩基检测后堆场面层施工前检测一次，试堆矿卸载后检测一次。

根据《建筑地基基础检测规范》DBJ 15-60-2008，复合地基CFG桩低应变法抽检数量不应少于总桩数的10%。树根桩低应变法抽检数量亦按总桩数的10%。各区域检测数量见表5.1~表5.3。

表 5.1　典型施工区检测数量一览表

区域编号	检测项目	数量或频率	备注
4-2、4-3、4-7 5-2、5-3、5-7 6-2、6-3、6-7 7-2、7-3、7-7 4-4、4-6、5-4 5-6、6-4、6-6 7-4、7-6	低应变	10%	CFG 桩
4-4、4-6 6-4、6-6	十字板	4×3	原状地基土检测 1 次，桩基检测后堆场面层施工前检测 1 次，试堆矿卸载后检测 1 次
	静力触探	4×3	
4-5	单桩荷载板试验	1	CFG 桩单桩承载力特征值 650 kN
	低应变	15%	
5-5	单桩荷载板试验	1	CFG 桩单桩承载力特征值 650 kN
	低应变	15%	
6-5	单桩荷载板试验	1	CFG 桩单桩承载力特征值 650 kN
	低应变	15%	
7-5	单桩荷载板试验	1	CFG 桩单桩承载力特征值 650 kN
	低应变	15%	
4-1、5-1、6-1 7-1、4-8、5-8 6-8、7-8	低应变	10%	树根桩

表 5.2　剩余区域 A 区、C 区检测数量一览表

区域编号	检测项目	数量或频率	备注
（1 区~3 区）-2 （11 区~20 区）-2 （1 区~3 区）-3 （11 区~20 区）-3 （1 区~3 区）-4 （11 区~20 区）-4 （1 区~3 区）-6 （11 区~20 区）-6 （1 区~3 区）-7 （11 区~20 区）-7	低应变	10%	CFG 桩
（12 区、14 区）-4 （12 区、14 区）-6	十字板	4×3	原状地基土检测 1 次，桩基检测后堆场面层施工前检测 1 次，试堆矿卸载后检测 1 次
	静力触探	4×3	
2 区-5	单桩荷载板试验	1	CFG 桩单桩承载力特征值 650 kN
	低应变	15%	
12 区-5	单桩荷载板试验	1	CFG 桩单桩承载力特征值 650 kN
	低应变	15%	

续表

区域编号	检测项目	数量或频率	备注
16区-5	单桩荷载板试验	1	CFG桩单桩承载力特征值650 kN
	低应变	15%	
19区-5	单桩荷载板试验	1	CFG桩单桩承载力特征值650 kN
	低应变	15%	
（1区~3区）-1 （11区~20区）-1 （1区~3区）-8 （11区~20区）-8	低应变	10%	树根桩

表5.3　剩余区域B区检测数量一览表

区域编号	检测项目	数量或频率	备注
（8区、10区）-2 （8区、10区）-3 （8区、10区）-4 （8区、10区）-6 （8区、10区）-7	低应变	10%	CFG桩
9区-2 9区-5	十字板	4×3	原状地基土检测1次，桩基检测后堆场面层施工前检测1次，试堆矿卸载后检测1次
	静力触探	4×3	
8区-5	单桩荷载板试验	1	CFG桩单桩承载力特征值650 kN
	低应变	15%	
10区-5	单桩荷载板试验	1	CFG桩单桩承载力特征值650 kN
	低应变	15%	
9区-4	单桩荷载板试验	1	树根桩单桩承载力特征值650 kN
（8区、10区）-1 （8区、10区）-8 9区-1~6	低应变	10%	树根桩

5.2　单桩竖向承载力静载试验

5.2.1　检测仪器设备、方法和标准

1. 检测仪器设备

试验采用压重平台作为施荷反力装置，重物平台总重量大于预定最大试验荷载，荷重在试验开始前一次性加上平台，试验时用油压千斤顶分级加载。试验装置示意图见图5.1。

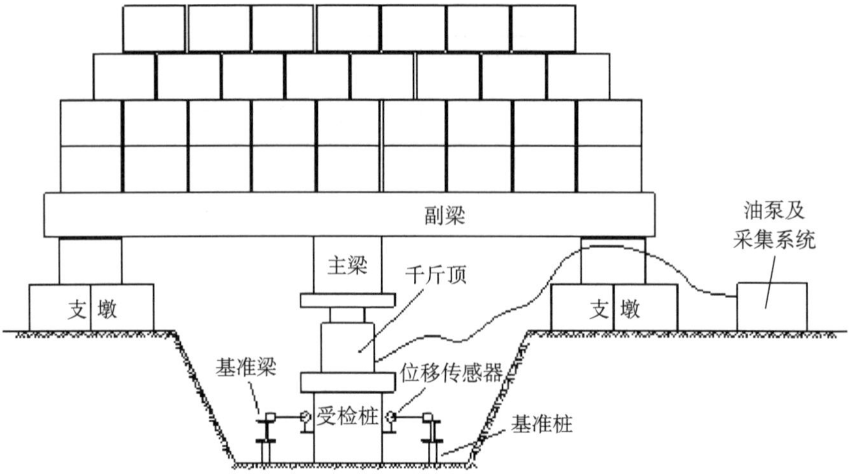

图5.1　试验装置示意图

试验所用的仪器、仪表均经省级计量部门定期做检定校准后统一发放计量认证合格证书，精度满足试验要求。试验所用仪器设备详情见表5.4。

表5.4　试验所用仪器设备一览表

设备名称	设备参数	数量	设备编号
千斤顶	200t	1个	QK195
精密压力表	0~100 MPa/0.4级	1个	QK195-1
数显百分表	0~50.8 mm/0.01 mm	2个	QK223-1、QK223-2

2.试验方法

（1）试验加载。

采用快速维持荷载法，每级加载为要求最大试验荷载的1/10，分8级加载，第一级荷载和第二级荷载取分级荷载的2倍。

加载沉降观测：每级荷载施加后，按第5 min、15 min、30 min测读桩顶沉降量，以后每隔15 min测读一次。

受检桩沉降相对收敛标准：加载时每级荷载维持时间不应少于1 h，最后15 min时间间隔的桩顶沉降增量小于相邻15 min时间间隔的桩顶沉降增量。

当桩顶沉降速率达到相对收敛标准时，可施加下一级荷载。

（2）试验卸载。

卸载分5级进行，每级卸载量取加载时分级荷载的2倍，逐级等量卸载。

卸载沉降观测：卸载时，每级荷载维持15 min，按第5 min、15 min测读桩顶沉降量；卸载至零后，应测读桩顶残余沉降量，测读时间为第5 min、15 min、30 min，以后每隔30 min测读一次；当达到沉降相对收敛标准时，可终止试验。

（3）桩的沉降观测。

桩径小于或等于500 mm时，在桩顶位置对称安装2个位移传感器，桩径大于500 mm时，在桩顶位置对称安装4个位移传感器，按规定时间测读桩顶在各级荷载作用下的沉降量。位移传感器精度为0.01 mm。

3. 试桩情况

各受检桩的单桩承载力特征值和有关成桩参数见表5.5，单桩承载力设计值为650 kN，要求试验的最大荷载为1300 kN。

表5.5 受检桩设计施工资料表

序号	桩号	桩径/mm	桩长/m	桩型	桩身设计强度等级	备注
1	2–O–22	350	15.0	插筋CFG桩	C30	A区
2	10–R–16	350	12.0	插筋CFG桩	C30	B区
3	9–S–25	300	25.0	树根桩	C25	
4	8–S–11	350	20.0	插筋CFG桩	C30	
5	13–P–22	350	18.0	插筋CFG桩	C30	C区
6	12–O–21	350	18.0	插筋CFG桩	C30	
7	11–T–23	350	12.0	插筋CFG桩	C30	
8	19–N–21	350	14.0	插筋CFG桩	C30	D区
9	19–R–22	350	14.0	插筋CFG桩	C30	
10	16–N–26	350	17.0	插筋CFG桩	C30	
11	4–P–31	350	16.0	插筋CFG桩	C30	
12	5–M–1	350	14.0	插筋CFG桩	C30	
13	5–P–17	350	12.0	插筋CFG桩	C30	
14	6–M–33	350	16.0	插筋CFG桩	C30	
15	7–P–1	350	16.0	插筋CFG桩	C30	

5.2.2 试验结果

1. 2–O–22桩

2–O–22桩试验曲线如图5.2所示，加载到1300 kN时，桩顶总沉降量为21.00 mm，Q-s曲线无明显陡降段，呈缓变型曲线；每级试验沉降随时间推移收敛明显，s-lg$t$曲线尾部无大幅度向下弯曲，基本呈水平排列。综合分析，该受检桩最大承载力大于或等于1300 kN，由于本受检桩加载到最大试验荷载时，未达到极限，故取最大试验荷载值为该受检桩的极限承载力，即Q_u=1300 kN。

2. 10–R–16桩

10–R–16桩试验曲线如图5.3所示，加载到1300 kN时，桩顶总沉降量为16.96 mm，Q-s曲线无明显陡降段，呈缓变型曲线；每级试验沉降随时间推移收敛明显，s-lg$t$曲线尾部无大幅度向下弯曲，基本呈水平排列。综合分析，该受检桩最大承载力大于或等于1300 kN，由于本受检桩加载到最大试验荷载时，未达到极限，故取最大试验荷载值为该受检桩的极限承载力，即Q_u=1300 kN。

3. 9–S–25桩

9–S–25桩试验曲线如图5.4所示，加载到1300 kN时，桩顶总沉降量为27.29 mm，Q-s曲线无明显陡降段，呈缓变型曲线；每级试验沉降随时间推移收敛明显，s-lg$t$曲线尾部无大幅度向下弯曲，基本呈水平排列。综合分析，该受检桩最大承载力大于或等于1300 kN，由于本受检桩加载到最大试验荷载时，未达到极限，故取最大试验荷载值为该受检桩的极限承载力，即Q_u=1300 kN。

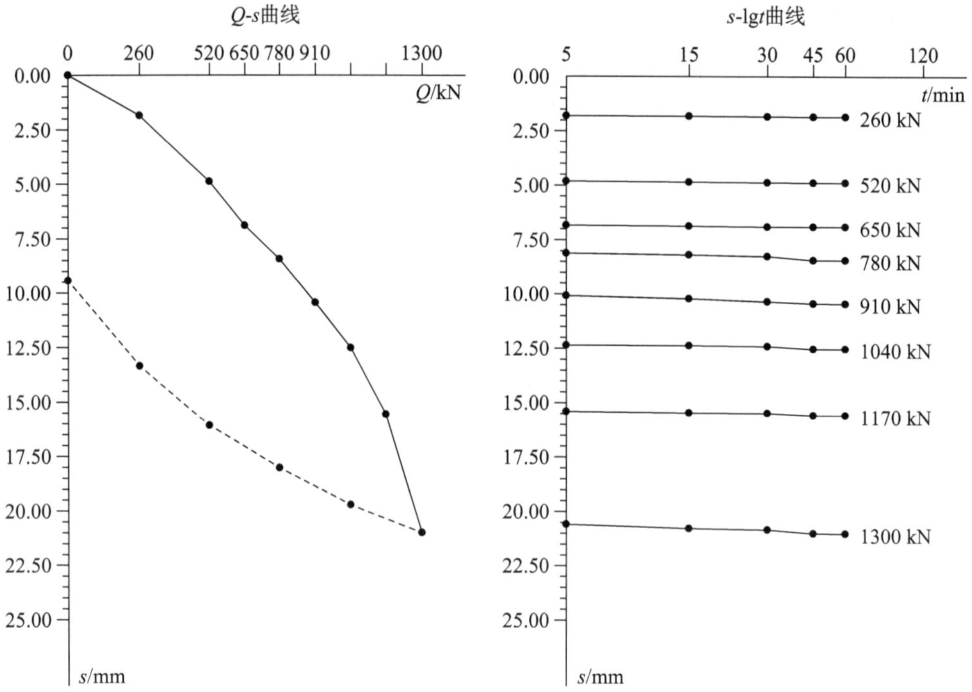

图5.2　2–O–22桩试验曲线

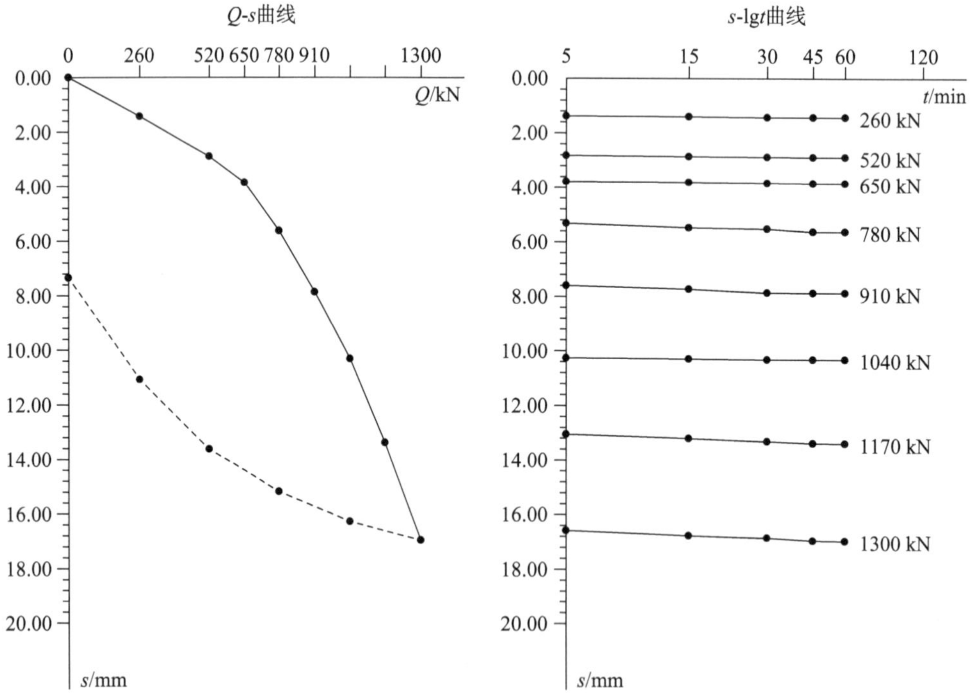

图5.3　10–R–16桩试验曲线

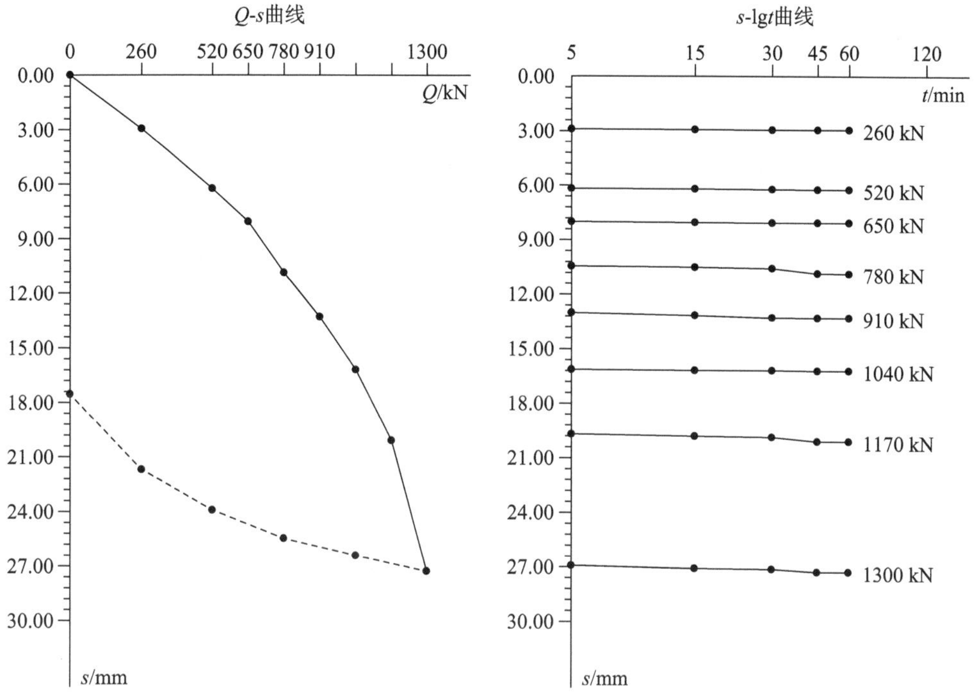

图5.4　9–S–25桩试验曲线

4. 8–S–11桩

8–S–11桩试验曲线如图5.5所示，加载到1300 kN时，桩顶总沉降量为24.83 mm，*Q*-*s*曲线无明显陡降段，呈缓变型曲线；每级试验沉降随时间推移收敛明显，*s*-lg*t*曲线尾部无大幅度向下弯曲，基本呈水平排列。综合分析，该受检桩最大承载力大于或等于1300 kN，由于本受检桩加载到最大试验荷载时，未达到极限，故取最大试验荷载值为该受检桩的极限承载力，即Q_u=1300 kN。

5. 13–P–22桩

13–P–22桩试验曲线如图5.6所示，加载到1300 kN时，桩顶总沉降量为13.88 mm，*Q*-*s*曲线无明显陡降段，呈缓变型曲线；每级试验沉降随时间推移收敛明显，*s*-lg*t*曲线尾部无大幅度向下弯曲，基本呈水平排列。综合分析，该受检桩最大承载力大于或等于1300 kN，由于本受检桩加载到最大试验荷载时，未达到极限，故取最大试验荷载值为该受检桩的极限承载力，即Q_u=1300 kN。

6. 12–O–21桩

12–O–21桩试验曲线如图5.7所示，加载到1300 kN时，桩顶总沉降量为18.82 mm，*Q*-*s*曲线无明显陡降段，呈缓变型曲线；每级试验沉降随时间推移收敛明显，*s*-lg*t*曲线尾部无大幅度向下弯曲，基本呈水平排列。综合分析，该受检桩最大承载力大于或等于1300 kN，由于本受检桩加载到最大试验荷载时，未达到极限，故取最大试验荷载值为该受检桩的极限承载力，即Q_u=1300 kN。

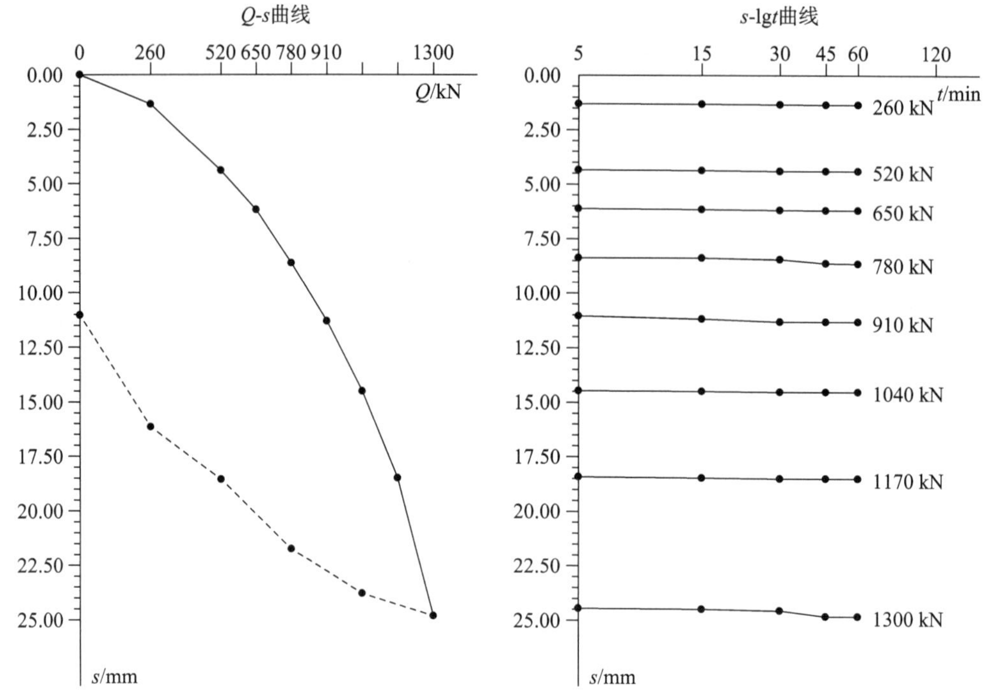

图 5.5　8–S–11 桩试验曲线

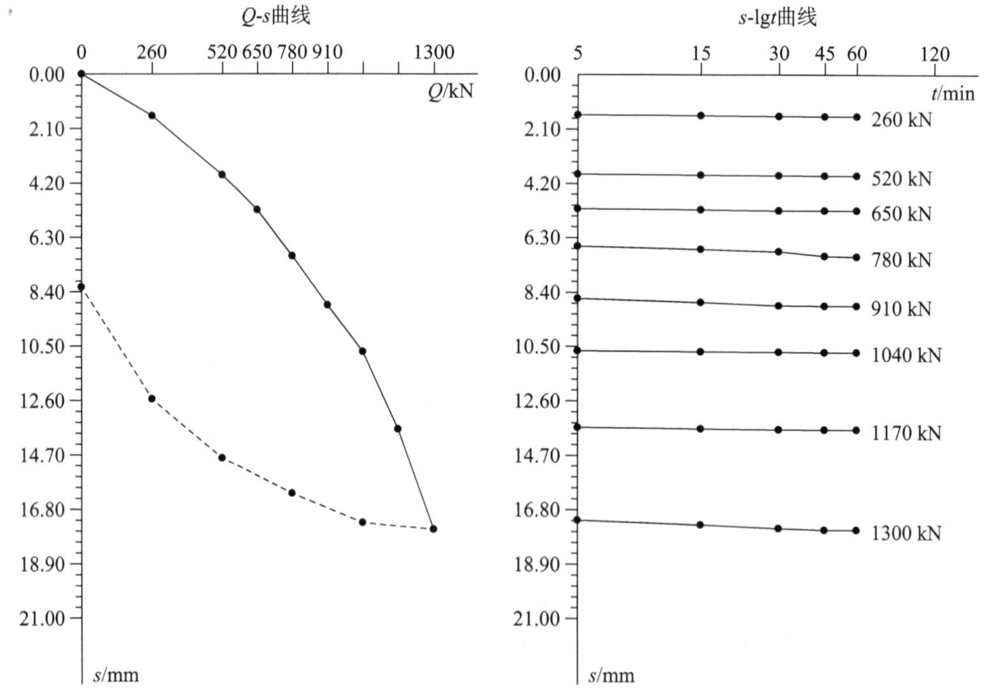

图 5.6　13–P–22 桩试验曲线

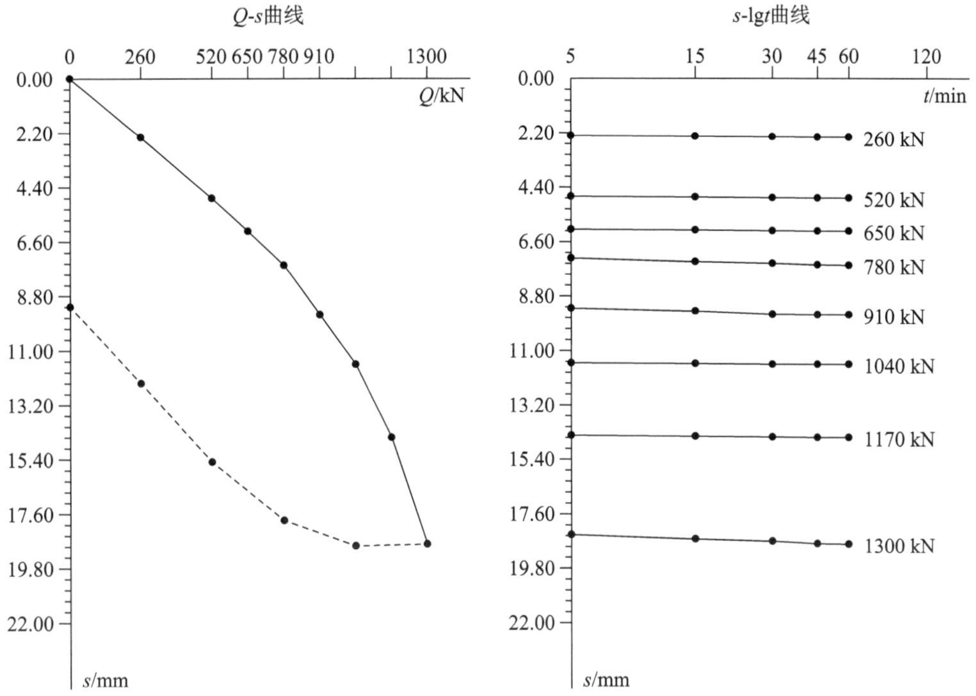

图5.7 12–O–21桩试验曲线

7. 11–T–23桩

11–T–23桩试验曲线如图5.8所示，加载到1300 kN时，桩顶总沉降量为17.58 mm，*Q*-*s*曲线无明显陡降段，呈缓变型曲线；每级试验沉降随时间推移收敛明显，*s*-lg*t*曲线尾部无大幅度向下弯曲，基本呈水平排列。综合分析，该受检桩最大承载力大于或等于1300 kN，由于本受检桩加载到最大试验荷载时，未达到极限，故取最大试验荷载值为该受检桩的极限承载力，即Q_u=1300 kN。

8. 19–N–21桩

19–N–21桩试验曲线如图5.9所示，加载到1300 kN时，桩顶总沉降量为27.37 mm，*Q*-*s*曲线无明显陡降段，呈缓变型曲线；每级试验沉降随时间推移收敛明显，*s*-lg*t*曲线尾部无大幅度向下弯曲，基本呈水平排列。综合分析，该受检桩最大承载力大于或等于1300 kN，由于本受检桩加载到最大试验荷载时，未达到极限，故取最大试验荷载值为该受检桩的极限承载力，即Q_u=1300 kN。

9. 19–R–22桩

19–R–22桩试验曲线如图5.10所示，加载到1300 kN时，桩顶总沉降量为29.30 mm，*Q*-*s*曲线无明显陡降段，呈缓变型曲线；每级试验沉降随时间推移收敛明显，*s*-lg*t*曲线尾部无大幅度向下弯曲，基本呈水平排列。综合分析，该受检桩最大承载力大于或等于1300 kN，由于本受检桩加载到最大试验荷载时，未达到极限，故取最大试验荷载值为该受检桩的极限承载力，即Q_u=1300 kN。

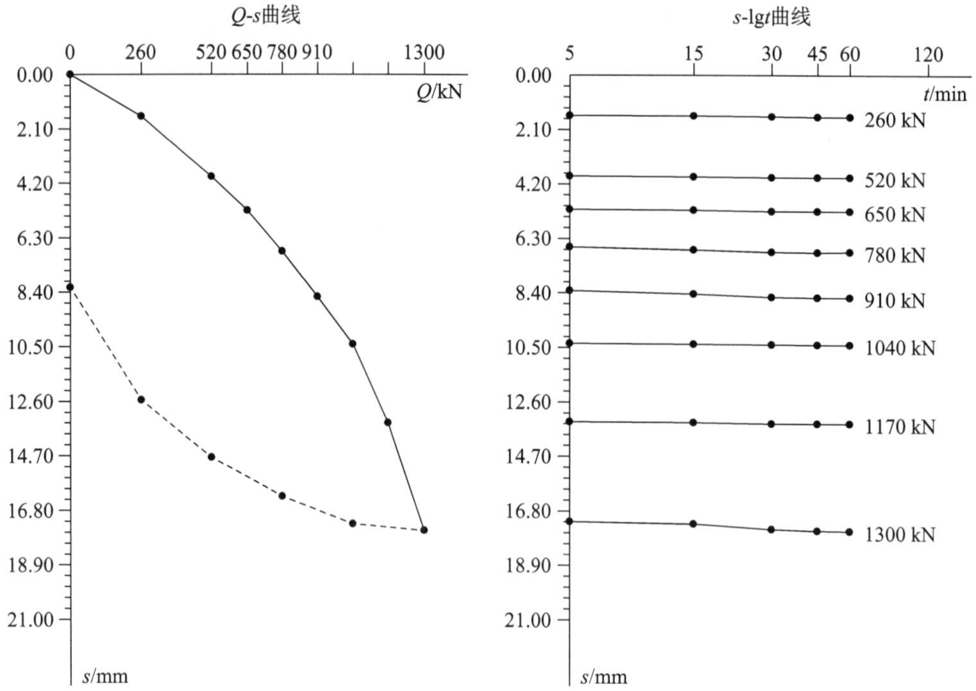

图5.8　11–T–23桩试验曲线

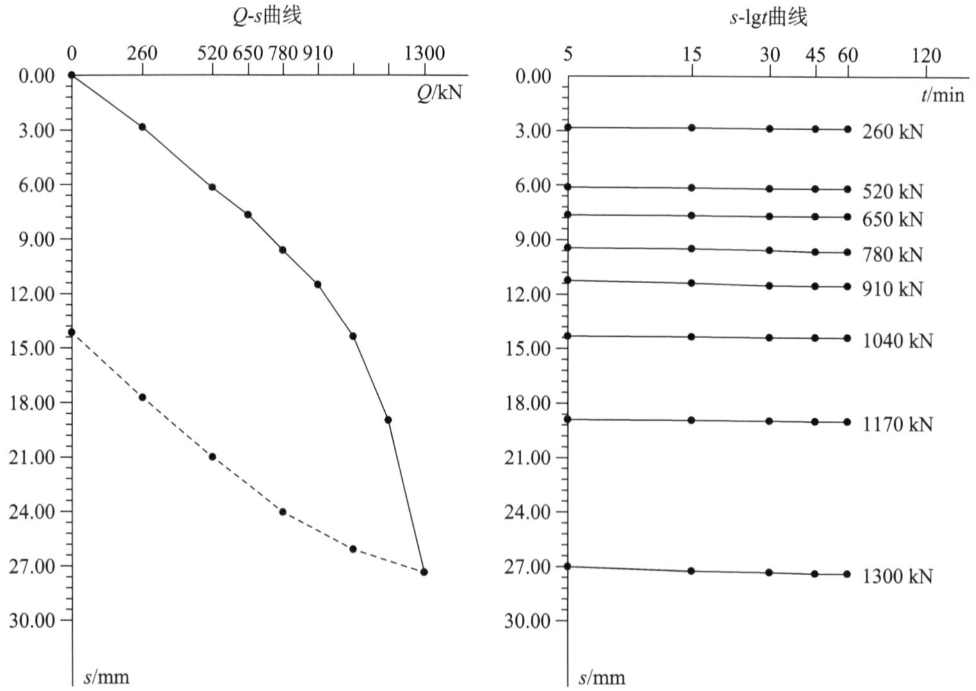

图5.9　19–N–21桩试验曲线

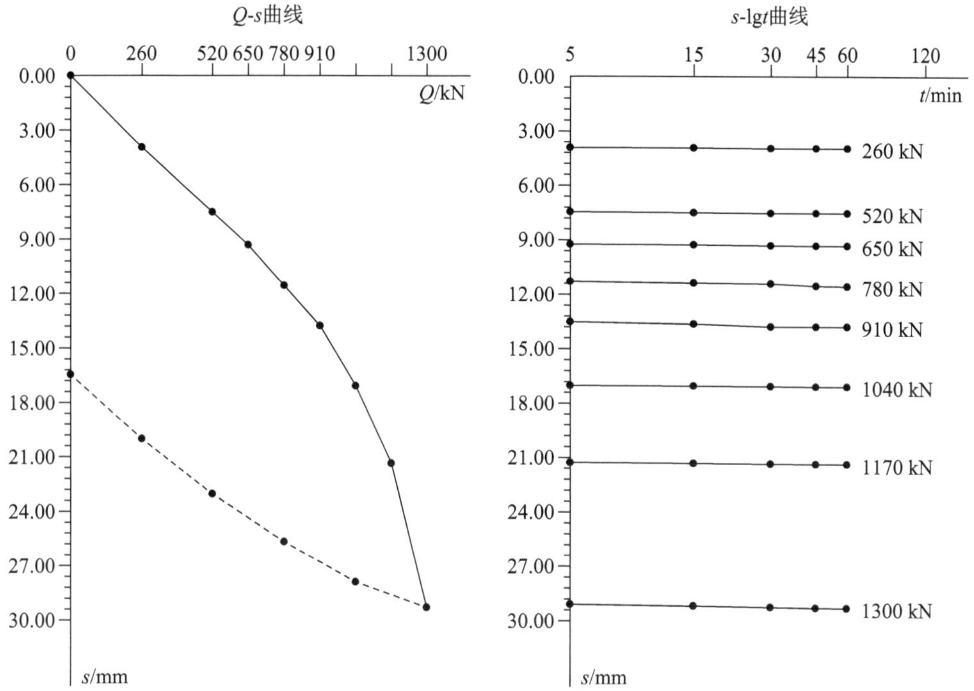

图5.10 19–R–22桩试验曲线

10. 16–N–26桩

16–N–26桩试验曲线如图5.11所示，加载到1300 kN时，桩顶总沉降量为22.13 mm，*Q-s*曲线无明显陡降段，呈缓变型曲线；每级试验沉降随时间推移收敛明显，*s*-lg*t*曲线尾部无大幅度向下弯曲，基本呈水平排列。综合分析，该受检桩最大承载力大于或等于1300 kN，由于本受检桩加载到最大试验荷载时，未达到极限，故取最大试验荷载值为该受检桩的极限承载力，即Q_u=1300 kN。

11. 4–P–31桩

4–P–31桩试验曲线如图5.12所示，加载到1300 kN时，桩顶总沉降量为4.74 mm，*Q-s*曲线无明显陡降段，呈缓变型曲线；每级试验沉降随时间推移收敛明显，*s*-lg*t*曲线尾部无大幅度向下弯曲，基本呈水平排列。综合分析，该受检桩最大承载力大于或等于1300 kN，由于本受检桩加载到最大试验荷载时，未达到极限，故取最大试验荷载值为该受检桩的极限承载力，即Q_u=1300 kN。

12. 5–M–1桩

5–M–1桩试验曲线如图5.13所示，加载到1300 kN时，桩顶总沉降量为1.42 mm，*Q-s*曲线无明显陡降段，呈缓变型曲线；每级试验沉降随时间推移收敛明显，*s*-lg*t*曲线尾部无大幅度向下弯曲，基本呈水平排列。综合分析，该受检桩最大承载力大于或等于1300 kN，由于本受检桩加载到最大试验荷载时，未达到极限，故取最大试验荷载值为该受检桩的极限承载力，即Q_u=1300 kN。

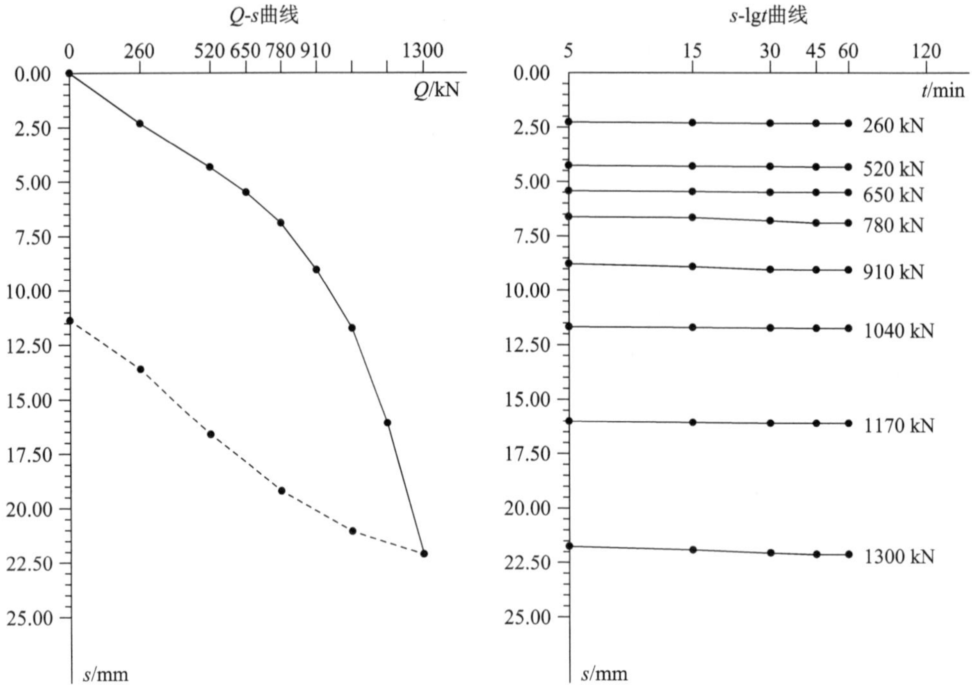

图5.11 16-N-26桩试验曲线

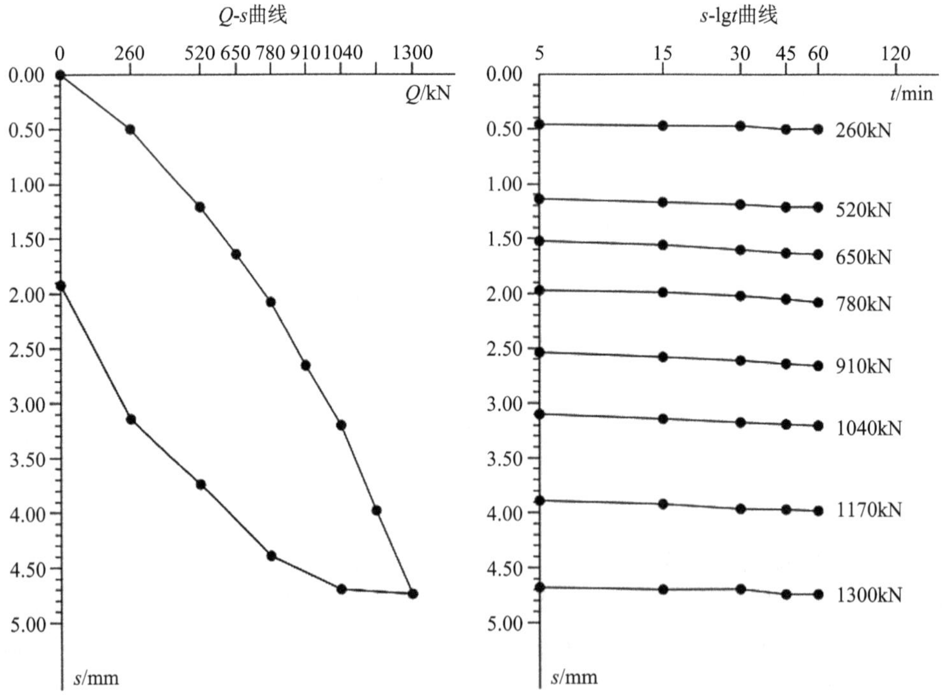

图5.12 4-P-31桩试验曲线

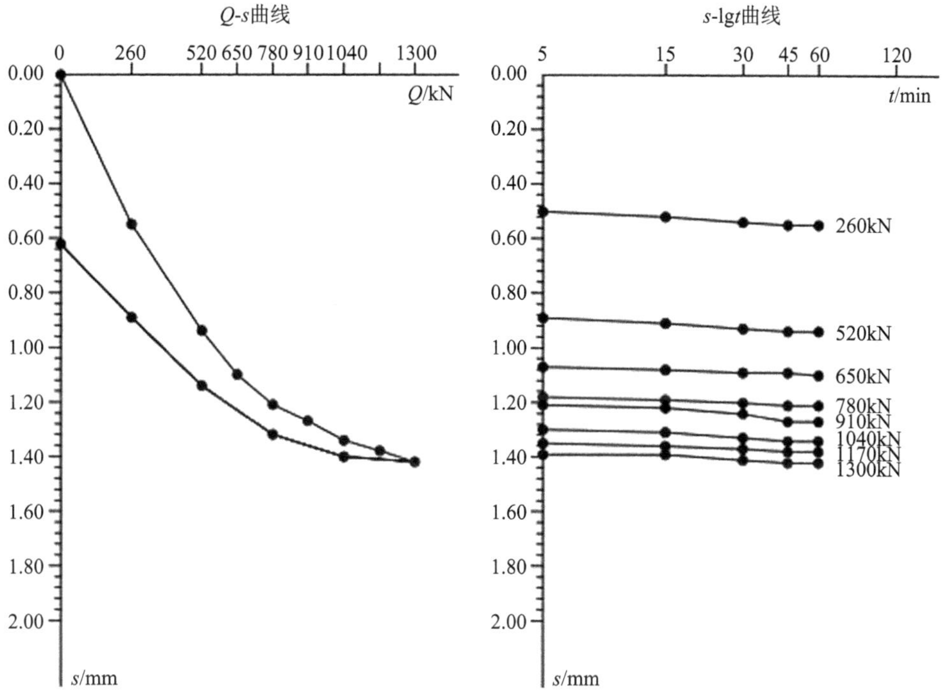

图5.13 5–M–1桩试验曲线

13.5–P–17桩

5–P–17桩试验曲线如图5.14所示，加载到1300 kN时，桩顶总沉降量为13.56 mm，*Q-s*曲线无明显陡降段，呈缓变型曲线；每级试验沉降随时间推移收敛明显，*s*-lg*t*曲线尾部无大幅度向下弯曲，基本呈水平排列。综合分析，该受检桩最大承载力大于或等于1300 kN，由于本受检桩加载到最大试验荷载时，未达到极限，故取最大试验荷载值为该受检桩的极限承载力，即$Q_u=1300$ kN。

14.6–M–33桩

6–M–33桩试验曲线如图5.15所示，加载到1300 kN时，桩顶总沉降量为1.83 mm，*Q-s*曲线无明显陡降段，呈缓变型曲线；每级试验沉降随时间推移收敛明显，*s*-lg*t*曲线尾部无大幅度向下弯曲，基本呈水平排列。综合分析，该受检桩最大承载力大于或等于1300 kN，由于本受检桩加载到最大试验荷载时，未达到极限，故取最大试验荷载值为该受检桩的极限承载力，即$Q_u=1300$ kN。

15.7–P–1桩

7–P–1桩试验曲线如图5.16所示，加载到1300 kN时，桩顶总沉降量为36.98 mm，*Q-s*曲线无明显陡降段，呈缓变型曲线；每级试验沉降随时间推移收敛明显，*s*-lg*t*曲线尾部无大幅度向下弯曲，基本呈水平排列。综合分析，该受检桩最大承载力大于或等于1300 kN，由于本受检桩加载到最大试验荷载时，未达到极限，故取最大试验荷载值为该受检桩的极限承载力，即$Q_u=1300$ kN。

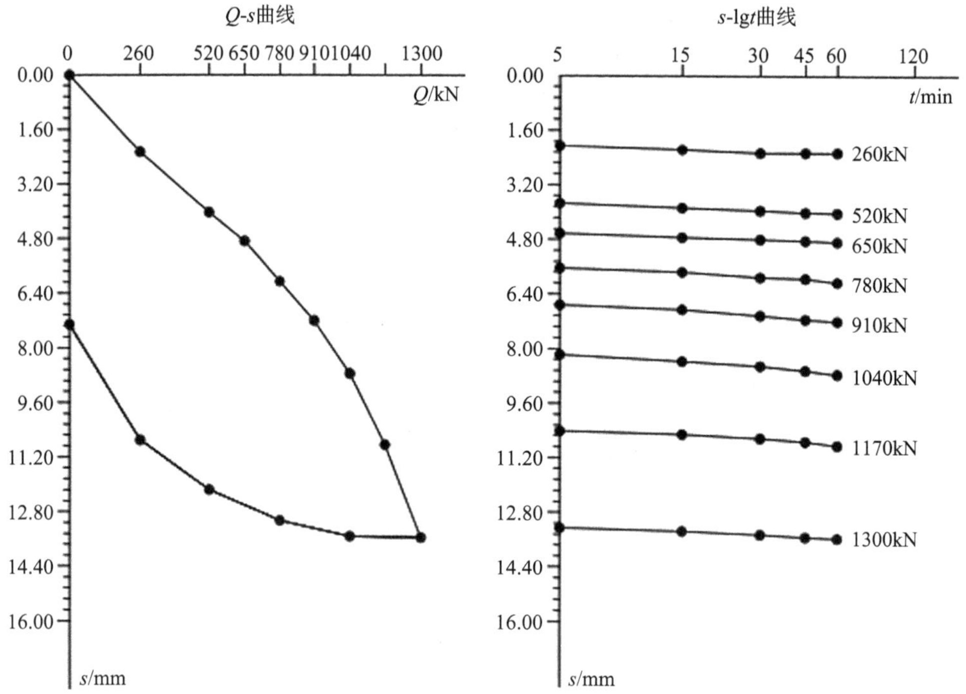

图5.14　5–P–17桩试验曲线

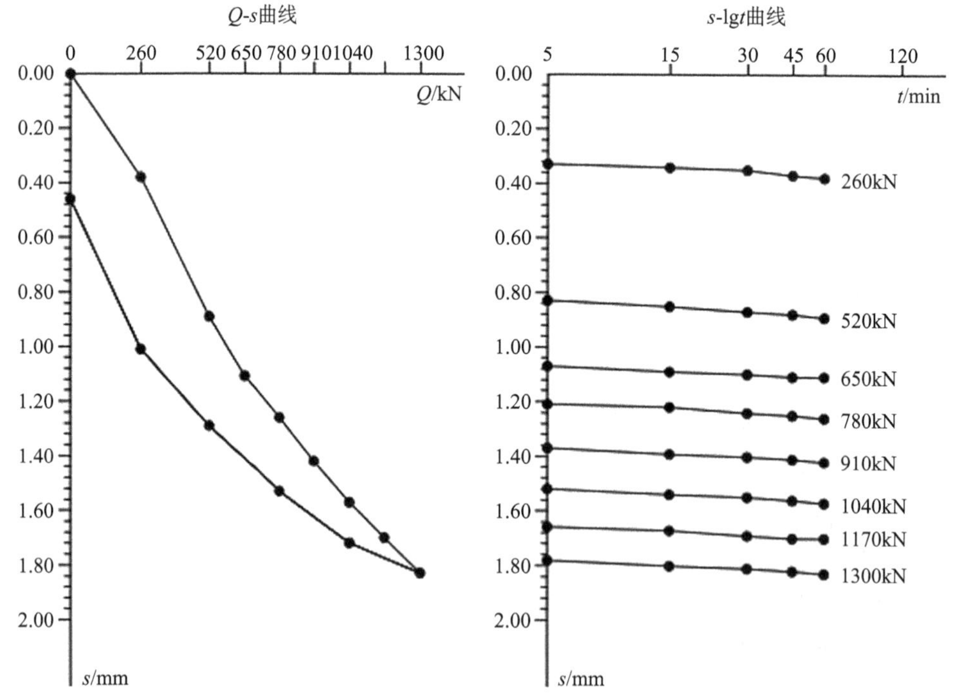

图5.15　6–M–33桩试验曲线

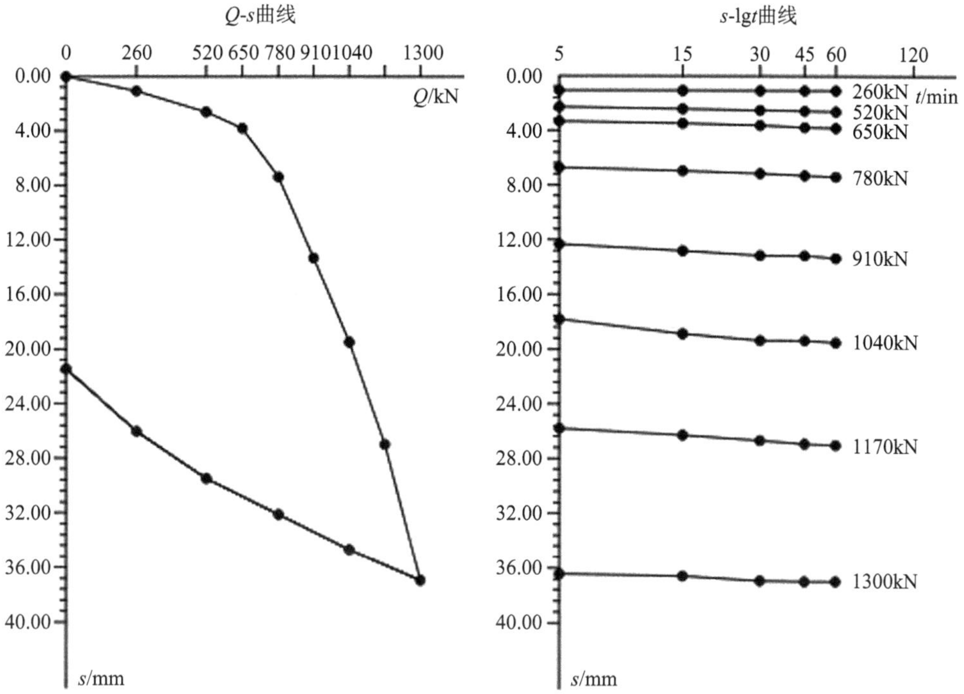

图5.16　7–P–1桩试验曲线

试验结果汇总见表5.6，可以看出，单桩竖向抗压最大承载力均为1300 kN，取其一半作为单桩竖向抗压承载力特征值，即650 kN为单桩竖向承载力特征值。因此，插筋CFG桩、树根桩单桩竖向抗压静载试验结果满足设计要求。

表5.6　试验结果汇总表

序号	桩号	单桩最大承载力/kN	最大沉降量/mm	残余沉降量/mm	承载力特征值对应沉降量/mm
1	2–O–22	1300	21.00	9.44	6.91
2	10–R–16	1300	16.96	7.35	3.86
3	9–S–25	1300	27.29	17.56	8.08
4	8–S–11	1300	24.83	11.04	6.20
5	13–P–22	1300	13.88	5.00	2.33
6	12–O–21	1300	18.82	9.25	6.18
7	11–T–23	1300	17.58	8.22	5.26
8	19–N–21	1300	27.37	7.72	7.72
9	19–R–22	1300	29.30	9.32	9.32
10	16–N–26	1300	22.13	5.51	5.51
11	4–P–31	1300	4.74	1.92	1.64
12	5–M–1	1300	1.42	0.62	1.10
13	5–P–17	1300	13.56	7.32	4.88
14	6–M–33	1300	1.83	0.46	1.11
15	7–P–1	1300	36.98	21.45	3.79

5.3 基桩完整性检测

5.3.1 概述

对霞山港区散货码头16#堆场修复工程–地基处理进行了基桩低应变法检测，目的是检测桩身完整性和缺陷位置及程度。桩型：插筋CFG桩、树根桩，桩径：300 mm、350 mm，桩端持力层：粉质黏土。根据国家及省的有关规定，并结合本工程的实际情况，工程桩检测数量见表5.7。

表5.7 工程桩检测数量

区域	设计桩长/m	桩身混凝土设计强度等级	工程桩总数/根	检测桩数/根
1#区	10~16	C15、C30	610	65
2#区	10~16	C15、C30	1082	111
3#区	10~16	C15、C30	1382	144
8#区	16~20	C15、C30	580	70
9#区	20~25	C20、C30	1307	138
10#区	16~20	C25、C30	724	92
11#区	10~18	C15、C30	948	116
12#区	11~18	C15、C30	1082	131
13#区	13~18	C15、C30	1076	130
14#区	10~18	C15、C30	1082	131
15#区	10~16	C15、C30	1076	110
16#区	10~17	C15、C30	1076	109
17#区	10~16	C15、C30	1082	110
18#区	10~16	C15、C30	1060	110
19#区	10~16	C15、C30	1060	110
20#区	9~16	C15、C30	638	106

5.3.2 检测仪器设备、基本原理和标准

1. 仪器设备

检测仪器采用武汉岩海公司制造的1616k（S）型基桩动测仪（仪器编号为：QK143），检测设备及现场联接见图5.17。

2. 基本原理

基桩低应变反射波法检测桩身完整性的基本原理是：通过在桩顶施加激振信号产生应力波，该应力波沿桩身传播过程中，遇到不连续界面（如蜂窝、夹泥、断裂、孔洞等缺陷）和桩底面时，将产生反射波，检测分析反射波的传播时间、幅值和波形特征，就能判断桩身完整性。

假设桩为一维线弹性杆，其长度为L，横截面积为A，弹性模量为E，质量密度为ρ，弹性波速为C（$C^2=E/\rho$），广义波阻抗为$Z=A\rho C$；推导可得桩的一维波动方程：

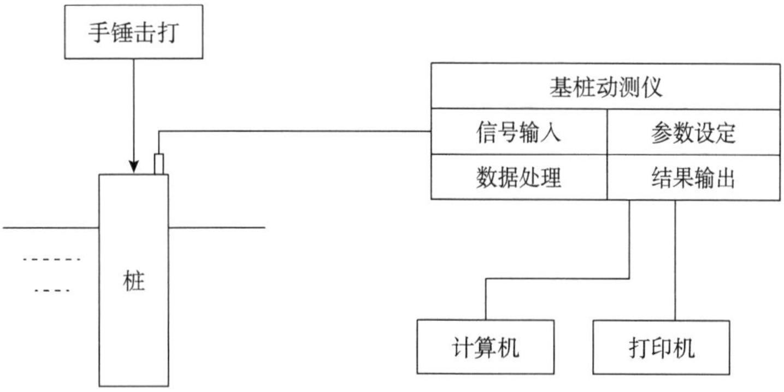

图5.17　基桩反射波法检测仪器设备现场连接示意图

$$\frac{\partial^2 u}{\partial t^2}=C^2\frac{\partial^2 u}{\partial x^2}-\frac{R}{\rho \cdot A} \tag{5.1}$$

假设桩中某处阻抗发生变化，当应力波从介质Ⅰ（阻抗为Z_1）进入介质Ⅱ（阻抗为Z_2）时，将产生速度反射波V_{r}和速度透射波V_{t}。

令桩身质量完好系数$\beta=Z_2/Z_1$，则有：

$$\begin{aligned}V_{\mathrm{r}}&=V_i\cdot\frac{1-\beta}{1+\beta}\\V_{\mathrm{t}}&=V_i\cdot\frac{2}{1+\beta}\end{aligned} \tag{5.2}$$

缺陷的程度根据缺陷反射的幅值定性确定，缺陷位置根据反射波的时间t_x由下式确定：

$$L_x=C\frac{t_x}{2} \tag{5.3}$$

3. 检测标准

检测执行《水运工程基桩试验检测技术规范》JTS 240–2020以及《水运工程地基基础试验检测技术规程》JTS 237–2017，参照《建筑基桩检测技术规范》JGJ 106–2014中有关低应变法的相关规定进行。

5.3.3　资料分析及基桩质量评判

根据所测波形特性，结合桩的设计强度等级要求，将本工程桩身完整性类别按四类划分，见表5.8。

表5.8　桩身完整性判定表

类别	完整性描述	完整性评价
Ⅰ	检测波波形无异常反射、波速正常、桩身完好	完整桩
Ⅱ	检测波波形有小畸变、波速基本正常、桩身有轻微缺陷、对桩的使用没有影响	基本完整桩
Ⅲ	检测波波形出现异常反射、波速偏低、桩身有明显缺陷、对桩的使用有一定影响	明显缺陷桩
Ⅳ	检测波波形严重畸变、桩身有严重缺陷或断桩	严重缺陷桩或断桩

5.3.4 检测结果

各区域工程桩检测结果见表5.9。

表5.9 工程桩检测结果

区域	检测桩数根	Ⅰ类桩		Ⅱ类桩		Ⅲ类桩		Ⅳ类桩	
		数量/根	占比/%	数量/根	占比/%	数量/根	占比/%	数量/根	占比/%
1#区	65	64	98.5	1	1.5	0	0	0	0
2#区	111	109	98.2	2	1.8	0	0	0	0
3#区	144	141	97.9	3	2.1	0	0	0	0
8#区	70	63	90.0	7	10.0	0	0	0	0
9#区	138	128	92.8	10	7.2	0	0	0	0
10#区	92	87	94.6	5	5.4	0	0	0	0
11#区	116	108	93.1	8	6.9	0	0	0	0
12#区	131	121	92.3	10	7.7	0	0	0	0
13#区	130	120	92.3	10	7.7	0	0	0	0
14#区	131	125	95.4	6	4.6	0	0	0	0
15#区	110	107	97.3	3	2.7	0	0	0	0
16#区	109	104	95.4	5	4.6	0	0	0	0
17#区	110	107	97.3	3	2.7	0	0	0	0
18#区	110	107	97.3	3	2.7	0	0	0	0
19#区	110	109	99.1	1	0.9	0	0	0	0
20#区	106	106	100.0	0	0	0	0	0	0

5.4 CFG桩轮廓超声波法检测

5.4.1 检测方法原理及步骤

1.检测方法原理

CFG桩轮廓检测采用超声波透射法，该方法运用超声波的穿透性，由发射换能器在声测管中发出声波，经过耦合介质水、声测管管壁、混凝土内部，然后被接收换能器接收，当超声波从一种传播介质中以一定倾角穿透过界面并射入另一个具有不同阻抗特性的介质中，其中入射波的传播方向、传播角度以及波形均将随两介质之间的阻抗特性不同而发生一定程度的改变，阻抗相差越多，改变的程度就越大。在桩土接触部位，超声波脉冲信号会发生反射、折射、绕射等不同的吸收衰减，使接收换能器接收信号的首波声学参数发生变化，通过对不同深度首播到达时间的分析，就可判定CFG桩外轮廓形状。

图5.18为现场桩身轮廓检测原理图，在桩芯处埋设检测管，桩外钻孔埋设检测管，声波由桩内发射，桩外接收。

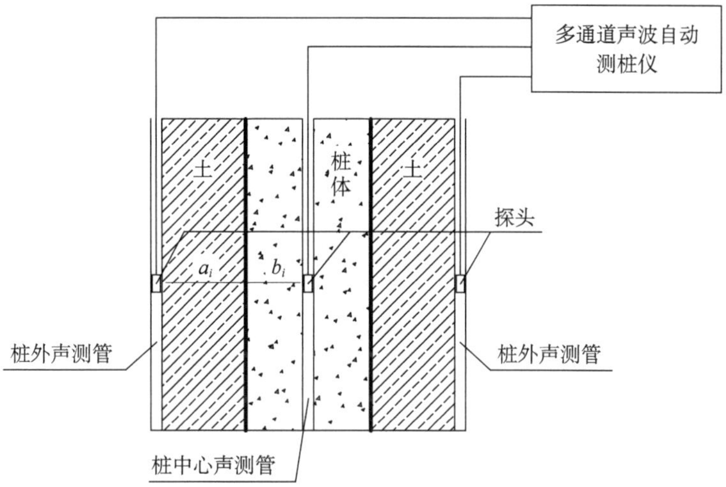

图5.18　桩身轮廓检测原理图

超声波在不同介质中传递速度不同，当超声波依次透过两种介质，总距离不变，两者介质尺寸比例所占不同，声波所用时间不同。在假设传播路径为直线的条件下，可简化计算桩身轮廓尺寸。其理论计算采用式（5.4）~式（5.6）。

$$t_i = \frac{a_i}{v_s} + \frac{b_i + d}{v_c} \tag{5.4}$$

$$L = a_i + b_i \tag{5.5}$$

$$b_i = \frac{v_c \times t_i - L}{v_s - v_c} \times v_c - d \tag{5.6}$$

式中，t_i为第i个测点的传播时间（声时）；a_i为第i个测点中接收换能器所在声测管管壁到桩体外边缘的距离；b_i为桩体内接发射换能器所在孔孔壁到桩土界面的距离；L为发射端与接收端的水平直线距离，即，$L=a_i+b_i$；d为声测管外径；v_c为声波在混凝土中的传播速度，v_s表示声波在桩周土中的传播速度。

其中式（5.4）表示超声波穿过混凝土桩身及桩周土的总时间为在两者介质中传递的时间和，式（5.5）表示发射与接收端距离之和为该两介质的尺寸和，联立式（5.4）和式（5.5），得到式（5.6）。

2.试验步骤

试桩位于典型施工区4区，测桩桩长14 m，设计桩径350 mm，该区地质柱状图如图5.19所示。

（1）检测管布置及其相对位置的确定。

场区CFG桩为C30混凝土浇筑体，桩周为相应土层。为避免钻孔偏斜所带来的误差，桩内及桩周声测管采用测斜管埋设。布设测斜管目的为在桩顶表面建立平面直角坐标系，利用测斜仪器计算测管在不同深度与管口所偏差的距离。在计算声速时可对管距进行修正，从而保证数据的可靠性。现场检测管平面布置如图5.20（a）所示。

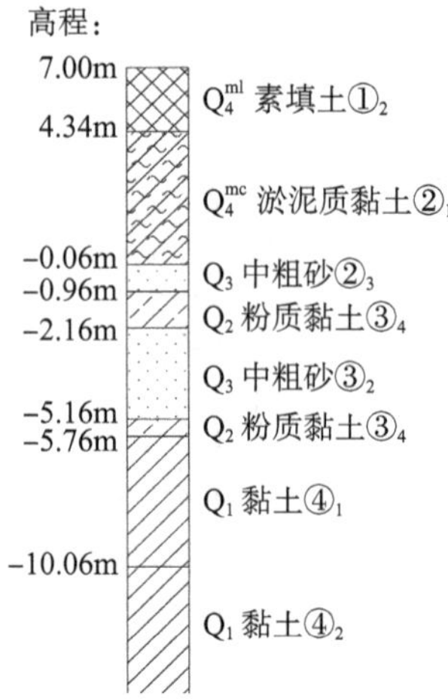

图 5.19　典型施工区 4 区地质柱状图

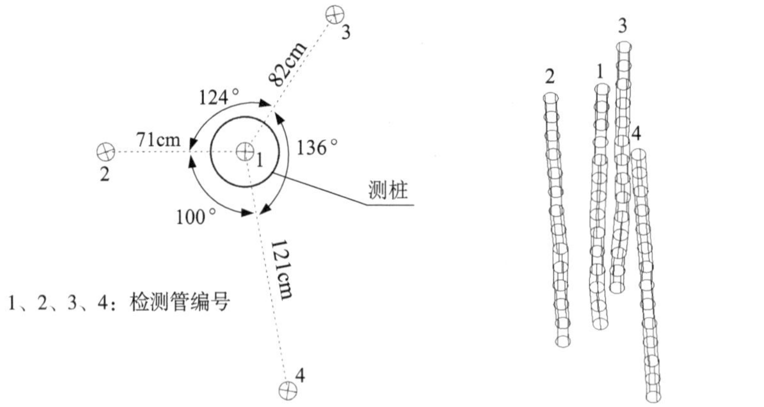

（a）现场检测管平面布置示意图　　（b）现场检测管空间相对位置

图 5.20　现场检测管平面布置示意图

在实际的测斜管埋设过程中，往往满足不了钻孔竖直这一要求，从而导致各个测管之间不平行，故在不同的深度其管距也会相应不同，若仅使用各个测管在地表管口的间距，将会影响检测的准确性。因此，进行管距修正是十分必要的。本试验利用测斜管来代替声测管，使用测斜仪测得不同深度处测斜管相对地表面管口的偏移量，进而算得各个测管在不同深度的水平距离。

通过测量计算得到各个测管相对于总体坐标系坐标，绘制出各个测斜管在地下的真实赋存状态，各个检测管空间位置关系如图 5.20（b）所示。图中描绘了桩周土中三根测斜以及桩芯处一根测斜管。通过观察容易发现，桩芯内测管及桩周土中测斜管倾斜程度在不同深度位置在不断变化，利用各个测管每个测点坐标计算各自在不同深度的水平距离，使得在后续超声波声速计算中数据更加可靠。

（2）超声波跨孔透射现场试验。

本次试验仪器采用康科瑞多通道声波透射法自动测桩仪（KON-NM12）。测量时将换能器放入相应测管管底，水平同步提升，检测点距 0.02 m，采样间隔 0.8 μs，记录长度2048点，发射电压500 V。现场试验如图5.21所示。

图5.21 超声波跨孔透射试验现场

5.4.2 桩身轮廓检测结果

由于振动沉管法成桩工艺的特点，在振动拔管注浆过程可能造成不同土层桩体出现扩径或缩径现象，导致不同深度桩体的空间形状与体积均不一致，因此桩外的接收换能器在不同位置所接收波形的能量，幅值均会不同，这些参数在波列图中会有直观的体现。当首波到达接收端时，测线产生突变点，即首波到达点。将每个测点的首波到达点用线连接，初至波线（波形突变点竖向连接线），如图5.22所示。

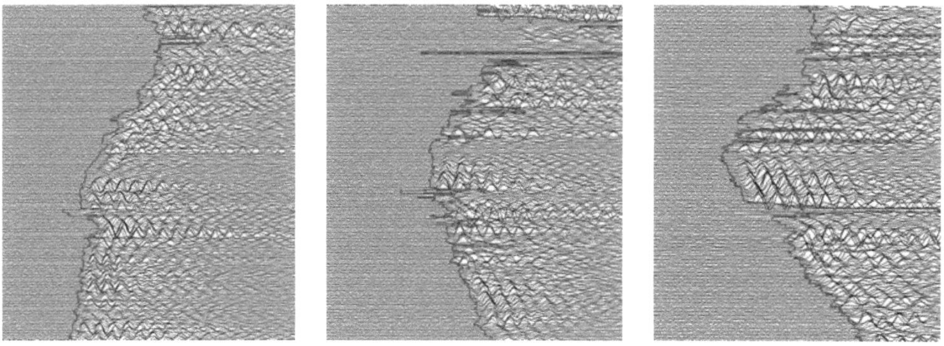

（a）1–2剖面　（b）1–3剖面　（c）1–4剖面

图5.22 超声波检测声波波列图

通过超声波试验采集的声时数据汇总如图5.23所示。将声时数据代入式（5.6），计算各深度测点桩土交界面到桩芯检测管的距离b_i，各深度处可得到3个b_i值（b_{i1-2}、b_{i1-3}、b_{i1-4}），据此计算各深度桩体半径，如图5.24所示。

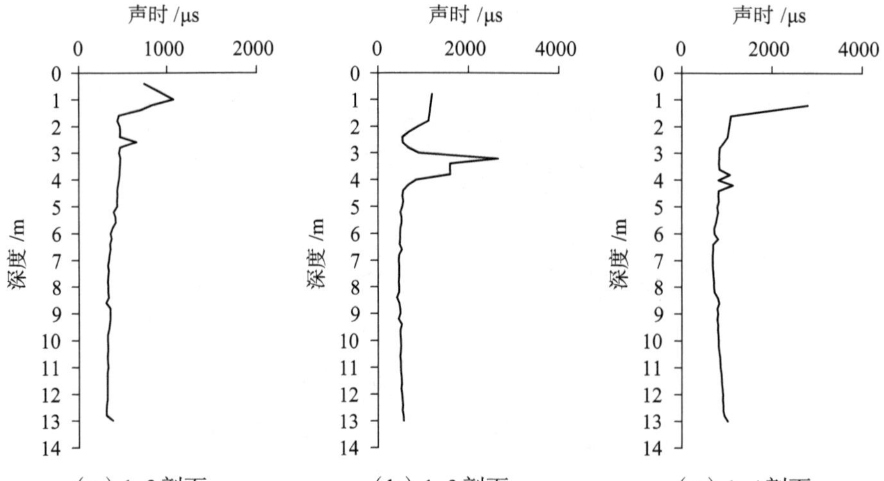

图5.23　超声波跨孔透射检测声时深度曲线

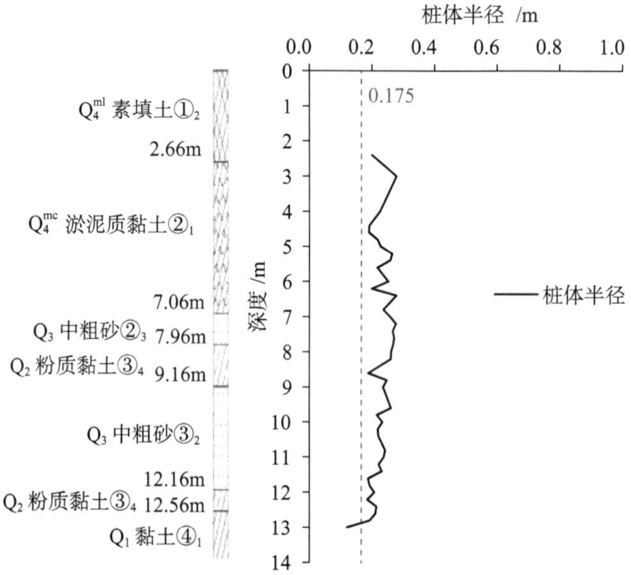

图5.24　测桩桩体半径随深度变化曲线

图5.24显示桩底存在少许缩径，上部状体扩径现象明显，且在各土层交界面，桩径有明显扩大现象，在淤泥质黏土、粉质黏土及黏土层中部，桩径出现相对减小，大部桩体半径大于0.175 m，说明现场成桩满足设计要求。

第6章　桩网复合地基现场监测

6.1　监 测 目 的

结合本项目施工进度、堆场及周围构筑物稳定、变形控制的要求，从有利于堆场加载过程中的稳定控制、变形控制、优化变更设计、指导信息化施工等需要出发，开展监测工作主要为了达到以下目的：

1. 稳定性控制

稳定控制问题主要存在于堆场的加载期及使用期，作为本项目监控的主要方面，关系到项目的施工安全及场区稳定，稳定性控制的好坏直接影响着南柳河护岸的安全及堆场的正常使用，特别是侧向位移，直接关系到南柳河护岸及堆场的侧向滑动趋势、滑动方向，采用完善的自动化动态监测技术，辅以常规监测，全面监控可能的失稳风险，监控堆场加载期及使用期内堆场自身及周围构筑物的稳定状态、沉降、位移情况，实时掌握地基强度变化情况，确保工程及周围构筑物的安全稳定。

2. 变形控制

变形控制问题存在于整个堆场施工期和使用期内。主要存在不均匀沉降及工后沉降两个方面的问题，包括软土分布厚度不均导致的不均匀沉降。同时防尘网基础、轨道梁基础及码头变形控制严格，变形控制的好坏直接影响着堆场及周围构筑物的正常使用，本项目采用复合地基进行处理，沉降主要由垫层的压缩量、复合桩土体的压缩量及下卧土体的压缩量三部分构成，运用动态监测技术，可了解施工期及加载期堆场的整体沉降量及沉降规律，推算工后剩余沉降。

3. 优化设计

由于堆场区地基处理范围大、堆场一次性堆载达到350 kPa，矿石堆高达到14 m，且软土的分布变化复杂，设计采用的试验数据离散性大、人为因素多，加之软土设计计算理论自身的局部性，存在导致设计计算与软土的实际变形可能存在偏差，运用实际监测数据进行推算或反演软基设计参数，可完善设计，使设计更有针对性和合理性。

4. 信息化施工

通过对南柳河护岸、堆场及周围构筑物的各监测项目进行持续监控，摸清分析及掌握场区下卧软土固结效应及变化规律，并结合现场施工进度，分析堆场加载进度、地基强度增长以及堆场周围构筑物变形的内在关系，为控制加载进度，维护堆场稳定及采用必要的应急措施提供科学的决策依据，以指导信息化施工。

5. 检验堆场排水固结效果

堆场范围内采取先打设塑料排水板进行排水固结，结合震动沉管CFG桩及树根桩复合地基施工工艺承担上部荷载，通过监测可以掌握地基孔隙水压力变化情况，分析孔压消散及地基强度增加情况，结合地表沉降项目检验场区的排水固结效果。

6.2 典型施工区监测设施

6.2.1 监测布置

根据实际情况，共选取典型施工区D3、D4两个重点观测断面，两断面分别处于5区、6区，间隔100 m，两断面在典型施工区平面布置如图6.1所示。

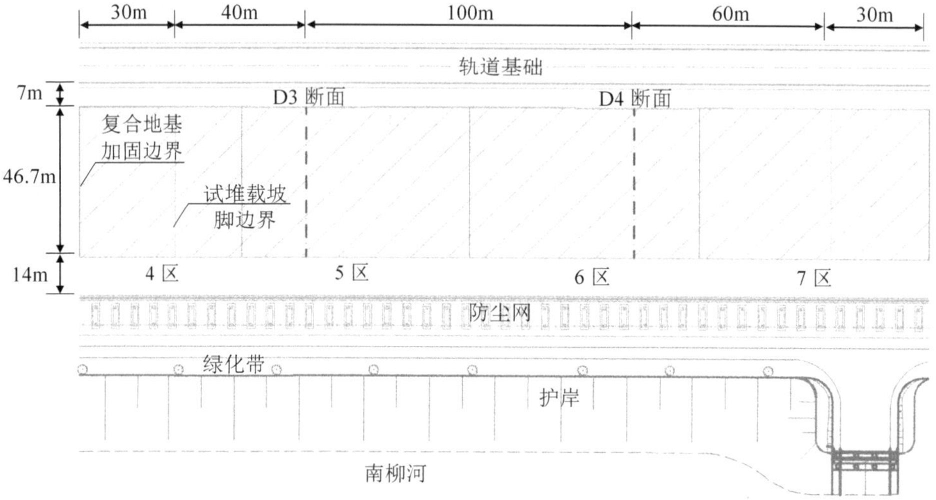

图6.1 典型施工区监测断面平面布置图

D3监测断面监测仪器布置如图6.2所示，地质柱状图如图6.3所示，监测仪器数量见表6.1。

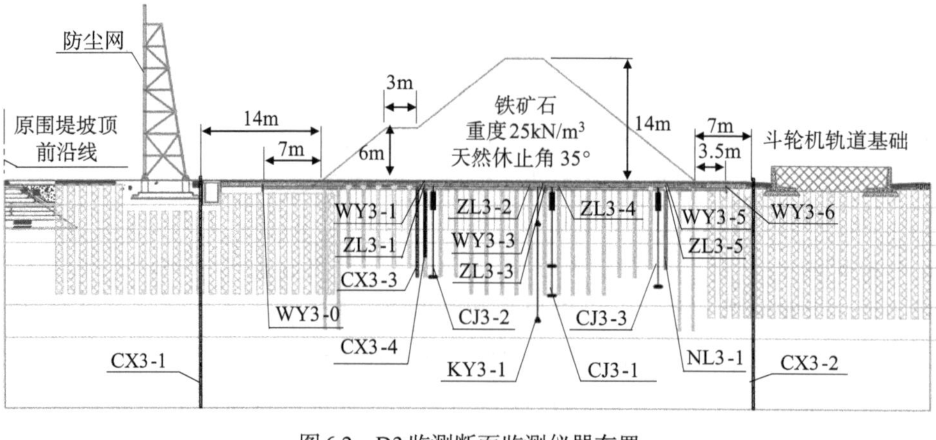

图6.2 D3监测断面监测仪器布置

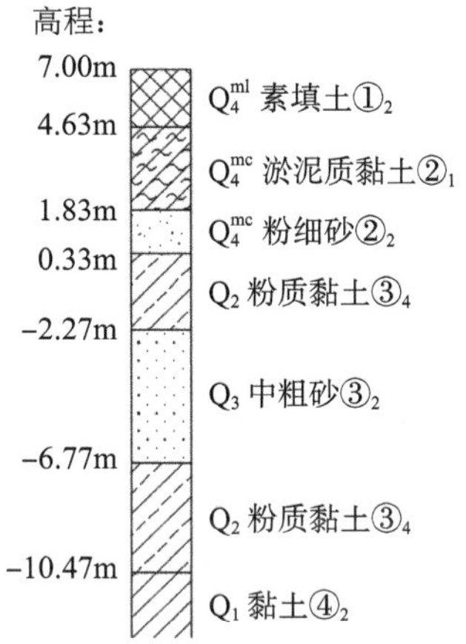

图6.3　D3断面地质柱状图

表6.1　D3断面监测仪器统计表

监测项目	监测仪器	测点深度/m	埋设位置	仪器编号
桩间土压缩	沉降计	9	桩间土，堆载区中部	CJ3-1
		12		
		10	桩间土，堆载区左侧变坡处	CJ3-2
		11	桩间土，堆载区右侧坡脚	CJ3-3
分层孔压	孔压计	4	桩间土，堆载区中部	KY3-1
		15		
水平位移	位移计	0	桩间土，表层	WY3-0
				WY3-1
				WY3-3
				WY3-5
				WY3-6
	固定式测斜仪	0~26	桩间土，防尘网基础	CX3-1
		0~26	桩间土，运料机轨道基础	CX3-2
		0~10	桩间土，堆载区变坡处	CX3-3
		0~8	CFG桩内，堆载区变坡处	CX3-4
桩顶轴力	轴力计	0	桩顶，堆载区左侧变坡处	ZL3-1
			桩顶，堆载区中部	ZL3-2
			桩顶，堆载区中部	ZL3-3
			桩顶，堆载区中部	ZL3-4
			桩顶，堆载区右侧坡脚	ZL3-5
桩身内力	FBG传感器	0~8.5	CFG桩内，堆载区右侧坡脚	NL3-1

D4监测断面监测仪器布置如图6.4所示，地质柱状图如图6.5所示，监测仪器数量见表6.2。

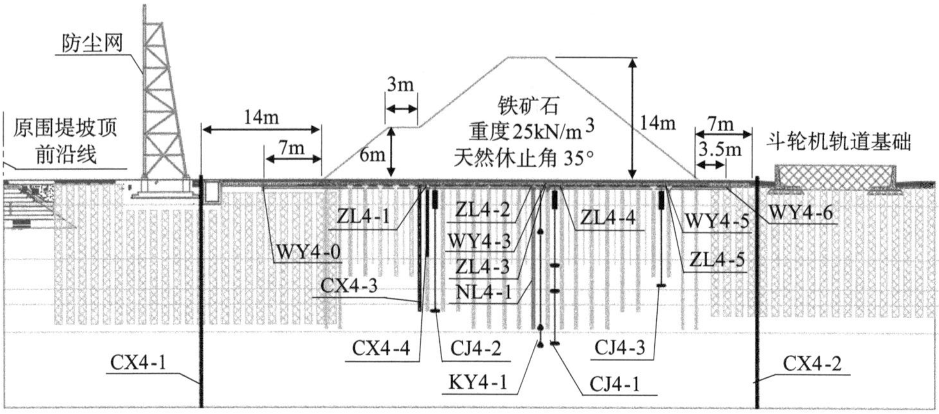

图6.4　D4监测断面仪器布置

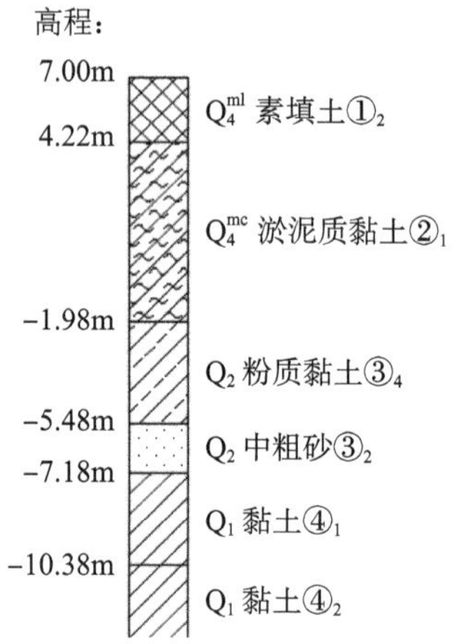

图6.5　D4断面地质柱状图

表6.2　D4断面监测仪器统计表

监测项目	监测仪器	测点深度/m	埋设位置	仪器编号
桩间土压缩	沉降计	9	桩间土，堆载区中部	CJ4–1
		12		
		18		
		14	桩间土，堆载区左侧变坡处	CJ4–2
		11	桩间土，堆载区右侧坡脚	CJ4–3
孔压	孔压计	5	桩间土，堆载区中部	KY4–1
		16		
		18		
水平位移	位移计	0	桩间土，表层	WY4–0
				WY4–3
				WY4–5
				WY4–6
	固定式测斜仪	0~26	桩间土，防尘网基础	CX4–1
		0~26	桩间土，运料机轨道基础	CX4–2
		0~10	桩间土，堆载区变坡处	CX4–3
		0~8	CFG桩内，堆载区变坡处	CX4–4

续表

监测项目	监测仪器	测点深度/m	埋设位置	仪器编号
桩顶轴力	轴力计	0	桩顶，堆载区左侧变坡处	ZL4-1
			桩顶，堆载区中部	ZL4-2
			桩顶，堆载区中部	ZL4-3
			桩顶，堆载区中部	ZL4-4
			桩顶，堆载区右侧坡脚	ZL4-5
桩身内力	FBG传感器	0~8.5	CFG桩内，堆载区中部	NL4-1

6.2.2　监测内容

在典型施工区软土较薄的5区及软土较厚的6区分别设置D3、D4监测断面，通过监测典型施工区堆载过程的各项指标变化发展，为16#堆场修复工程剩余区域工程设计提供数据支撑。依据实时监测结果及时发现潜在风险，并及时采取相应措施。

现场监测目的包括：探究复合地基桩间土的竖向分层压缩变形，了解桩间土的沉降发展规律；探究高强荷载作用下桩间土不同深度孔隙水压力的生成与消散规律，确定排水板在CFG桩复合地基中的作用效果；分析试验荷载350 kPa快速堆载作用下复合地基的深层水平变形以及分布特征。为了实现上述目标，现场监测项目如下：

（1）试验荷载350 kPa快速堆载作用下复合地基CFG桩桩间土的分层压缩变形观测：随着堆载体高度的增加，桩间土各土层压缩会随之增加，通过对CFG桩桩间土的分层压缩变形观测分析，揭示CFG桩复合地基桩间土的总压缩与分层压缩变形特性。通过埋设沉降计，利用自动化监测平台定时收集相关监测仪器数据，处理分析复合地基CFG桩桩间土的总压缩与分层压缩数据。

（2）试验荷载350 kPa快速堆载作用下复合地基CFG桩桩间土软土层孔隙水压力观测：典型施工区复合地基桩间土软土层在堆载体荷载作用下会产生孔隙水压力的累积与消散，根据饱和软土流固耦合，当软土层累积较大孔隙水压力并且无法及时排出，则对地基的稳定性不利。采取排水固结法能有效地将水体排出，研究塑料排水板处理的桩间土不同深度的孔隙水压力累积与消散规律。采用孔隙水压力计，定期使用配套设备进行人工观测，分析处理孔隙水压力变化数据。

（3）试验荷载350 kPa快速堆载作用下复合地基表层位移及桩间土和桩体的深层水平位移：高强荷载作用下地基侧向变形是重要监测项目，针对16#堆场修复工程特殊性，复合地基表层位移和堆载体内部地基CFG桩桩间土、CFG桩桩体及堆载体外结构物地基深层水平位移观测是必不可少的，表层位移采用位移计进行测量，地基深层水平位移观测采用的技术手段是在堆载体内部地基CFG桩桩间土、CFG桩桩体及堆载体外结构物基础桩间土埋设测斜管，安装固定式测斜仪，利用自动化监测平台实时收集相关监测数据，处理分析堆载体内部地基CFG桩桩间土、CFG桩桩体及堆载体外结构物基础桩间土深层水平位移数据，监控高强荷载作用下地基整体稳定变形。

（4）试验荷载350 kPa快速堆载作用下复合地基桩体受力：高强荷载作用下复合地基内桩体受力是重要监测项目，桩顶轴力采用轴力计进行测量，监控高强荷载作用下地基整体稳定变形桩顶轴力的变化过程，采用FBG传感器测量桩身内力。

6.2.3 监测方法

（1）桩间土分层压缩的测量：试验段的CFG桩桩间土分层压缩采用自主研发的大变形沉降计（量程1000 mm，精度 ±0.1 mm）进行测量。

软土地基大变形沉降计的工作原理：沉降计底端连接钢管深入相对不动层，并注入水泥浆固定，上端连接沉降盘并与地基顶面固定，桩间土压缩变形，带动滑竿压入套筒，自动化监测平台测量数据可同步反映软土地基的沉降量，沉降计工作原理如图6.6所示；桩间土分层压缩采用该仪器，将钢管底部连接三通接头，放置不同深度土层的位置，下灌水泥浆，认为不会发生“刺入”现象，原理如图6.6所示。

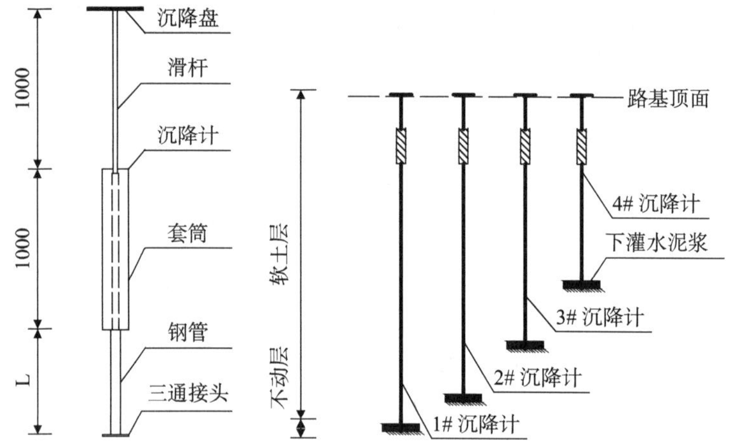

（a）沉降计工作原理　（b）分层沉降仪器埋设原理

图6.6　沉降计工作原理与分层沉降仪器埋设原理图

软土地基大变形沉降计的安装方法：第一步：确定沉降计测点深度；第二步：定点，钻孔、清孔；第三步：向孔中插入一定长度、直径为110 mm的PVC套管（防护沉降计的作用）；第四步：下放钢管并接入沉降计；第五步：用螺栓连接滑竿与沉降盘，将沉降盘用水泥固定，接线、穿线管、引出地基；第六步：根据地质情况与研究内容将沉降计底端三通接头钻孔放置不同深度土层的位置观测软土分层压缩。沉降计及现场埋设如图6.7所示。

（2）桩间土软土层超孔隙水压力测量：采用孔隙水压力计（量程：200 kPa，精度：±0.1 kPa）埋设在待测土层，测量该土层由于上部荷载产生的超孔隙水压力。

具体埋设方法为：第一步：钻孔至预定深度、清孔处理；第二步：将孔隙水压力计用饱和黏土团包裹迅速放进钻孔的设定深度并将电缆线引出复合地基外。

注意事项：①孔压计探头应被饱和黏土团完全包裹；②尽量减少孔隙水压力计在空气中的暴露；③测量电缆需严格防水密封；④孔隙水压力计进行单孔埋设并用黏土封口。

（3）地基表层位移测量：位移计是可用于监测地基表层横向位移的传感器（量程：200 mm，精度：±0.1 mm）。用于长期测量水工结构物或其他混凝土结构物伸缩缝的开

（a）沉降计　　　　　（b）沉降计埋设

图6.7　沉降计及现场埋设示意图

合度（变形），亦可用于测量土坝、土堤、边坡等结构物的位移。多级填筑或开挖边坡坡体内部不同位置点的水平位移变化情况采用单点和多点位移计进行测量。位移也采用课题组自主研发的大变形位移计进行测量，量程为200 mm。位移计的工作原理与沉降计相同，只是在埋设方式不同。其原理如图6.8所示。

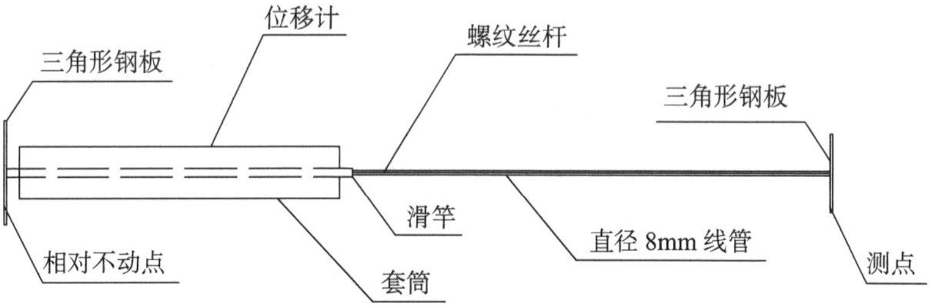

图6.8　位移计原理图

具体埋设步骤为：第一步：在地基处理完毕砂垫层结束，在顶面挖一条浅沟槽，用于埋设位移计与螺纹丝杆；第二步：确定“相对不动点”并对位移计固定端进行水泥浆锚固；第三步：连接钢丝杆并延伸至测点，丝杆使用$\phi 8$ mm的线管进行保护；第四步：接线、穿线管、引出路基后回填沟槽。现场情况如图6.9所示。

图6.9　位移计现场埋设

（4）地基深层水平位移测量：地基内部不同深度处的水平变形监测采用自主研发的固定式测斜仪（量程：±15°，精度：0.1 mm/50 cm）。该固定式测斜仪由具有明显标识的测量电缆、金属连接杆、传感器探头等组成，如图6.10所示。固定式测斜仪有以下优点：①采用自动化测量，可以减少人为误差；②可以按需要进行连续监测；③操作简单，方便。

（a）固定式测斜仪　　（b）固定式测斜仪现场安装图

图6.10　固定式测斜仪及现场安装图

桩间土固定式测斜仪埋设步骤为：第一步：钻孔至设计深度，清孔，依次下放测斜管；第二步：测斜管内注射清水以增大重量顺利下孔；第三步：测斜管安装至钻孔实际深度后，对测斜管进行封口，并用水泥浆灌孔；第四步：按一定间隔依次放入固定式测斜仪传感器探头，并用金属连接杆连接；第五步：将电缆线穿上线管引出复合地基外并对测斜管做封口处理。现场桩间土固定式测斜仪埋设如图6.10所示。

CFG桩内固定式测斜仪埋设步骤为：

1）将两端封口的测斜管固定于钢筋笼内部，如图6.11（a）所示；

2）于打桩过程中将测斜管随钢筋笼吊放入桩体内并灌浆成桩，如图6.11（b）所示；

3）待桩身混凝土凝固后清理桩头，切除多余测斜管；

4）按一定间隔依次放入固定式测斜仪传感器探头，并用金属连接杆连接；

5）将电缆线穿上线管引出复合地基外并对测斜管做封口处理；

6）浇筑桩帽。

注意事项：①由于现场施工环境复杂，测斜管露出地表部分可能遭到破坏，需要现场经常巡检，并加以及时修复，现场测斜管因施工断折情况如图6.12所示；②下埋测斜管注意导槽与堆场的方向关系（平行与垂直）；③本项目固定式测斜仪传感器之间采用电缆线串联，埋设过程中需注意电缆线的保护。

（a）测斜管与钢筋笼绑定　　　　（b）CFG桩内测斜管埋设与保护

图6.11　CFG桩内测斜管现场埋设图

图6.12　现场测斜管断折现象

（5）桩顶轴力测量：地基不同位置桩顶轴力采用轴力计测量（量程：100 t，精度：≤0.08%FS）。埋设设计见图6.13。轴力计采用频率计测量，现场埋设示意图见图6.14。

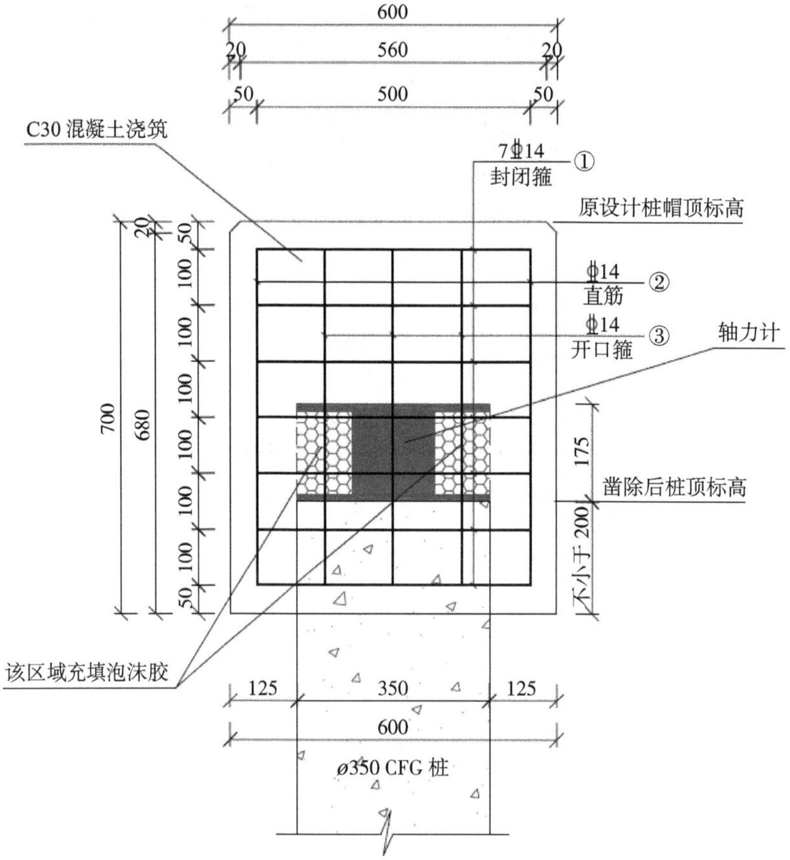

图6.13　轴力计埋设设计图

（a）轴力计

（b）现场埋设

图6.14　轴力计现场埋设

（6）桩身内力测量：观测桩身内力所采用的试验仪器为光纤光栅（FBG）传感器（量程：±1500 με，精度：1 με），安装在钢筋笼中。FBG应变传感器的传感机理不同于振弦式传感器。FBG传感器尺寸很小，长度不到20 mm，直径也小于1 mm，这个特点就使得监测部位十分精准，所测数据也更加可信。另外FBG传感器还拥有耐强酸强碱腐蚀性、抗强磁干扰性以及超高的防水性等众多优点，非常适合用于现场恶劣的环境。另一个特点就是光纤光栅传感器的数据采集频率很高，可以通过串线采集同一时刻所有传感器的读数，对于监测施工过程中结构的荷载响应尤为有效。

现场采用的FBG传感器有两种：埋入式传感器和光栅传感器，如图6.15所示。

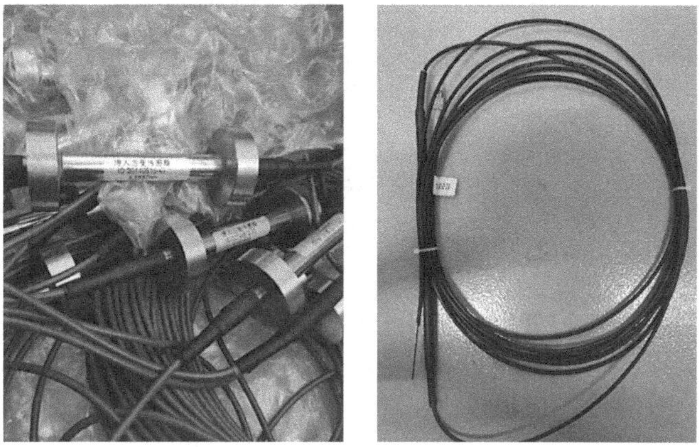

（a）埋入式传感器　　（b）光栅传感器

图6.15　现场所用FBG传感器示意图

FBG传感器采用解调仪进行测量，其现场安装如图6.16所示。

（a）埋入式传感器现场安装　　（b）光栅传感器现场安装　　（c）解调仪

图6.16　FBG传感器现场安装及测量仪器

（7）自动化监测平台：试验现场的沉降计、位移计、固定式测斜仪数据采用自主开发的HHGW岩土工程安全智能监测云平台管理系统进行自动化采集，图6.17为该系统操作界面。

图6.17 HHGW岩土工程安全智能监测云平台管理系统操作界面

HHGW岩土工程安全智能监测云平台管理系统由图6.18（a）所示数据采集及数据传输模块完成现场数据采集及上传工作；图6.18（b）为数据采集和数据传输模块安装盒以及数据采集传输模块电源盒；图6.18（c）为现场数据采集上传基站，数据采集和数据传输模块以及电源盒放置其中。

（a）数据采集及传输模块　（b）智能电源盒及数据采集盒　（c）自动化数据采集基站

图6.18 数据采集及传输装置

6.2.4 试堆载实际情况说明

典型施工区试堆载设计共分为5级加载，第1级加载厚度为6 m，第2级加载厚度为2 m，第3、4级加载厚度为1.5 m，第5级加载厚度为1 m；各级堆载完成后地基内各监测指标稳定后开始下一级堆载。

对于4、5区，现场实际堆载工程与设计一致，如图6.19所示。

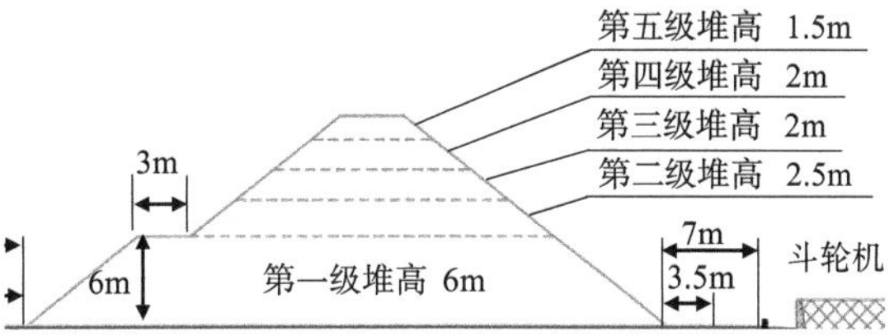

图6.19　4、5区实际分级堆载情况

对于6、7区，现场实际堆载过程中，在施加第一级荷载时，D4断面防尘网基础地基深层水平位移出现突然增大现象，此时4、5区第一级荷载已施加完毕，6、7区靠近防尘网侧部分区域堆载高度为6 m，远离防尘网方向堆载高度仅3 m，由于D4断面防尘网基础地基深层水平位移出现突然增大现象，现场斗轮机堆矿被紧急叫停，封锁现场，待地基变形稳定后，即开始后续加载。实际分级堆载情况如图6.20所示。

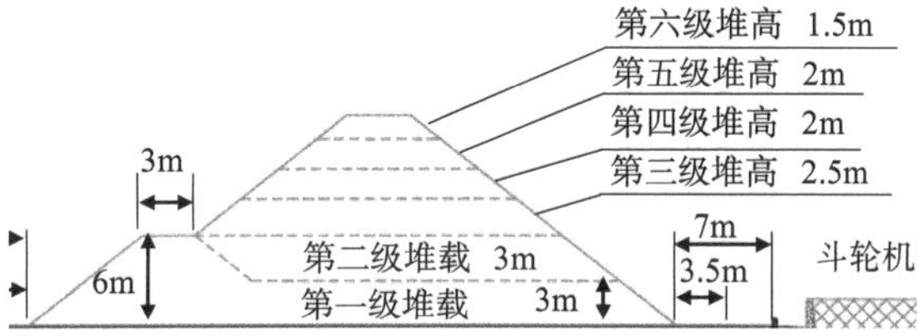

图6.20　6、7区实际分级堆载情况

6.3　D3断面监测结果分析

6.3.1　桩间土分层压缩与桩土分担荷载特征

图6.21为D3断面堆载区中部地基桩间土分层压缩变形过程线，采样间隔0.5 h。图6.22为D3断面堆载完成后分层压缩量和土性特征沿深度的分布及对应关系。

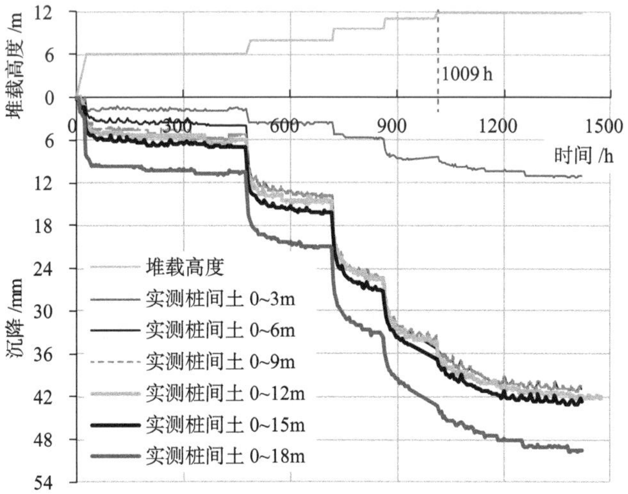

图6.21　D3断面堆载区中部地基桩间土分层压缩变形过程线

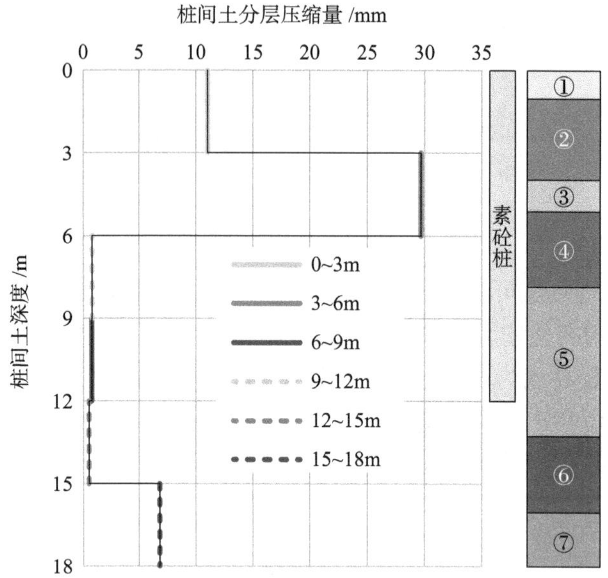

图6.22　D3断面堆载完成后分层压缩量和土性特征沿深度分布状态

图6.21显示，填筑开始后1009 h堆载体高度达到最大值12 m，42天内堆载区中部基底压力达到350 kPa，持续观测到1409 h后堆载结束，此时0~12 m深度范围内的土层压缩趋于稳定，如图6.23所示，沉降固结度达到约97%，如表6.3所示。桩间土压缩主要发生在0~6 m深度范围内的土层中，6~12 m范围压缩量很小，12~18 m范围有一定的压缩量。

图6.22显示，分层3~6 m压缩量最大，为29.7 mm，对应②③④层，其中③层粉细砂为低压缩性土，②④为高压缩性土。分层6~9 m压缩量为0.8 mm，对应④⑤层，其中⑤层中粗砂为低压缩性土，说明④层粉质黏土发生的压缩量很小。据此可近似计算得到该层的平均附加应力，其他层同理，如表6.4所示。

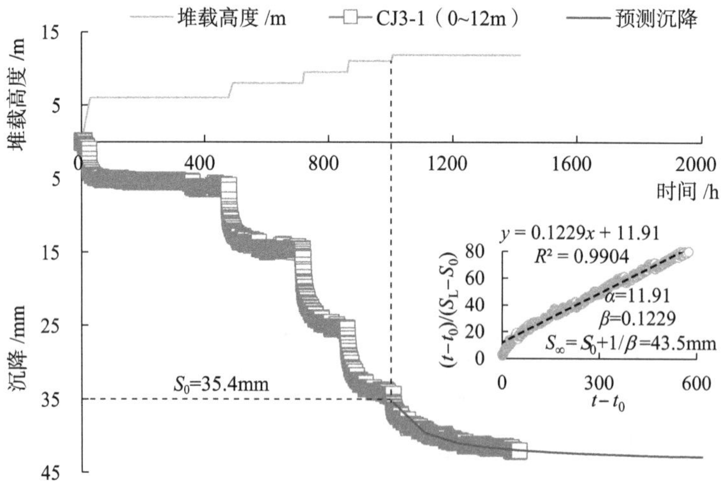

图6.23　D3断面堆载区中部桩间土压缩变形过程线

表6.3　D3断面堆载区中部桩间土压缩双曲线模型参数和固结度

测点位置/压缩层范围	双曲线模型参数		$S_{t=1009\ \mathrm{h}}$ /mm	$S_{t=1417\ \mathrm{h}}$ /mm	S_{∞} /mm	$U_{t=1417\ \mathrm{h}}$ /%
	α	β				
堆载区中部桩间土/0~12 m	11.91	0.1229	35.4	42	44	96.6

表6.4　堆载区中部地基桩间土分层压缩量对应的附加应力

土层编号及名称		层位深度 /m	层厚 /m	孔隙比	压缩系数 /MPa^{-1}	压缩量 /mm	承担荷载 /kPa	分层深度 /m	分层压缩 /mm
①	素填土	0~1.9	1.9					0~3	11.1
②	淤泥质黏土	1.9~3.0	1.1	1.453	1.22	30	35.5		
		3.0~4.7	1.7					3~6	29.7
③	粉细砂	4.7~6.2	1.5						
④	粉质黏土	6.2~8.8	2.6	0.751	0.85	0.8	0.84	6~9	0.8
⑤	中粗砂	8.8~13.7	4.5					9~12	0.7
								12~15	0.5
⑥	粉质黏土	13.3~17.0	3.7	0.739	0.83	7.3	5.3	15~18	6.8
⑦	黏土	17.0~18.0	1	1.254	0.66				

表6.4显示，桩间土浅层0~6 m范围承受相对较大的荷载，深层15~18 m范围也承受一定的荷载。浅层的土体受荷应为基底压力随深度衰减的结果，深度10 m处土体受荷小于自重应力的10%。深层土所受荷载应为桩承荷载直接传递到深部地层的结果。根据表6.4地层②深度3.0~4.7 m承担荷载情况，依据布辛内斯克解可近似计算得到基底桩间土受荷和桩承荷载情况如表6.5所示，单桩承载约81 t，桩顶压力约8.42 MPa，桩承荷载占比约90%。

表6.5　D3断面堆载区中部基底桩间土压力和桩承荷载

地层编号	层厚 /m	压缩量 /mm	压缩系数 /MPa^{-1}	承担荷载 /kPa	桩间土承载 /kN	桩承荷载 /kN	桩顶压力 /MPa	桩承荷载占比
②	1.7	30	1.22	35.48	86.23	809.77	8.42	0.90

表6.5数据说明，堆载区中部地基桩间土承担上部荷载的一小部分，使浅层软土承受相当的附加应力发生压缩变形和侧向变形，具有推挤桩体发生水平变形的可能性。桩体承担了上部荷载的绝大部分，但桩顶最大压力8.42 MPa远小于桩体设计强度C30，桩体抗压性能是安全的，桩体将荷载传递到了地基深层。

图6.24为D3断面堆载区左侧变坡处桩间土0~10 m压缩变形过程线，实测沉降数据时间间隔为0.5 h。从此可以看出，桩间土在每级堆载过程中快速压缩，随着各级堆载结束又快速趋于收敛趋势，桩间土压缩主要发生在加载期间，恒载期间桩间土压缩量较小。

表6.6为D3断面堆载区左侧变坡处桩间土实测分层压缩变形。从此可以看出，堆载区左侧变坡处桩间土0~10 m土层累计压缩80.6 mm。图6.24包含双曲线法拟合沉降发展曲线，采用双曲线法拟合沉降过程预测总沉降为81.7 mm，堆载在第42天时达到最大值，在第59天时地基沉降固结度为98.7%，如表6.7所示。由此，桩间土沉降情况说明当前荷载下地基中0~10 m范围地层的压缩变形基本完成。

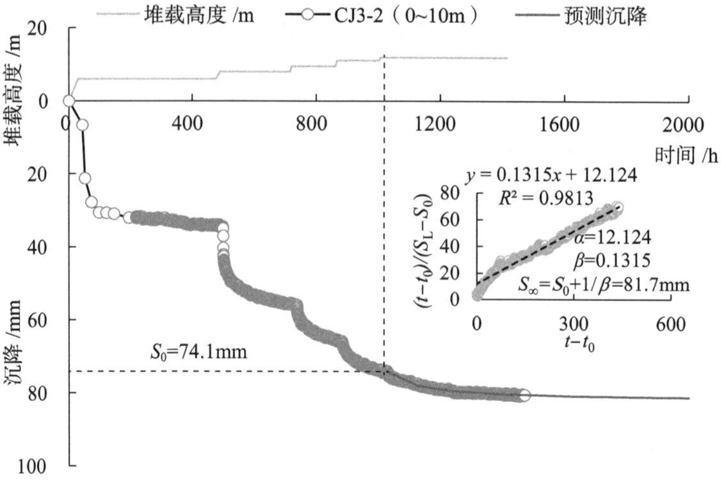

图6.24　D3断面堆载区左侧变坡处桩间土压缩变形过程线

表6.6　D3断面堆载区左侧变坡处桩间土压缩变形

荷载级数	堆载高度/m	观测时间/h	0~10 m压缩量/mm
1	6	0~476	34.4
2	8.5	476~717	55.5
3	10.5	717~861	65.8
4	12.5	861~1005	73.5
5	14	1009~1417	80.6

表6.7　D3断面堆载区左侧变坡处桩间土压缩双曲线模型参数和固结度

双曲线模型参数		$S_{t=1009\ h}$	$S_{t=1417\ h}$	S_∞	$U_{t=1417\ h}$
α	β	/mm	/mm	/mm	/%
12.124	0.1315	74.1	80.6	81.7	98.7

图6.25为D3断面堆载区右侧坡脚桩间土0~11 m压缩变形过程线，实测沉降数据时间间隔为0.5 h。从此可以看出，桩间土在每级堆载过程中快速压缩，随着各级堆载结束又快速趋于收敛趋势，桩间土压缩主要发生在加载期间，恒载期间桩间土压缩量较小。

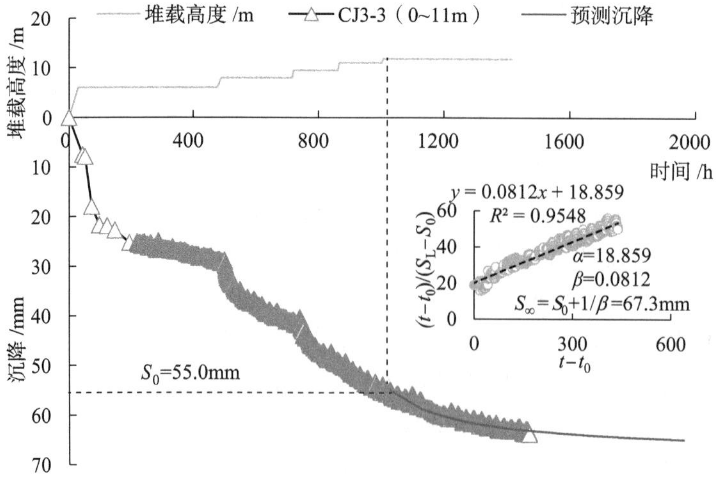

图6.25　D3断面堆载区右侧坡脚桩间土压缩时间曲线

表6.8为D3断面堆载区右侧坡脚桩间土实测分层压缩变形。从此可以看出，堆载区右侧坡脚桩间土0~11 m土层累计压缩63.0 mm。图6.25包含双曲线法拟合沉降发展曲线，采用双曲线法拟合沉降过程预测总沉降为67.3 mm，堆载在第42天时达到最大值，在第59天时地基沉降固结度为93.6%，如表6.9所示。由此，桩间土沉降情况说明当前荷载下地基中0~11 m范围地层的压缩变形基本完成。

表6.8　D3断面堆载区右侧坡脚桩间土压缩观测变形

荷载级数	堆载高度/m	观测时间/h	0~11 m压缩量/mm
1	6	0~476	28.9
2	8.5	476~717	40.9
3	10.5	717~861	48.9
4	12.5	861~1005	55.0
5	14	1009~1417	63.0

表6.9　D3断面堆载区右侧坡脚桩间土压缩双曲线模型参数和固结度

双曲线模型参数		$S_{t=1009\text{ h}}$ /mm	$S_{t=1417\text{ h}}$ /mm	S_{∞} /mm	$U_{t=1417\text{ h}}$ /%
α	β				
18.859	0.0812	55.0	63.0	67.3	93.6

6.3.2　软土层孔隙水压力

图6.26为加载过程实测的桩间土不同深度超静孔隙水压力过程线。从此可以看出，深度4 m处孔压累积量小且快速消散，深度15 m处孔压累积相对大且消散过程平缓，由于桩体将荷载向深层传递，深度15 m处地层为粉质黏土，无人工排水体，上部荷载通过桩体传递下来的附加应力大，累积孔压高，消散时间长。

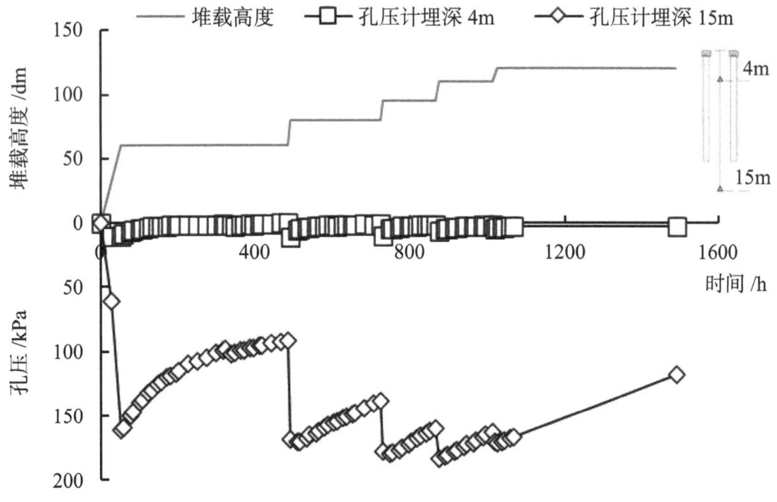

图6.26　D3断面堆载区中部地基桩间土孔压过程线

表6.10为D3断面堆载区中部地基桩间土超静孔隙水压力的增长和消散情况。从此可以看出，加载第62天时，深度4 m处累积孔压消散度为92%，地基浅层6 m范围设置

塑料排水板，发挥了加速排水的效果，孔压峰值出现时间较短，原因可能是人工测量未能及时测量到孔压峰值。深度15 m处同期累积孔压消散度为62%。

表6.10 D3断面堆载区中部超静孔隙水压力的增长和消散情况

荷载级数	堆载高度/m	观测时间/h	荷载增量/kPa	孔压增量/kPa		孔压消散/kPa	
				4 m	15 m	4 m	15 m
1	6	0~476	150	10.6	160.9	10.8	69.1
2	8.5	476~717	62.5	11.8	79.1	10.7	31.9
3	10.5	717~861	50	9.6	41.2	9.1	20.1
4	12.5	861~1005	50	5.2	23.6	4.5	20.5
5	14	1009~1490	37.5	2.5	8.8	1.5	54
合计	14	1490	350	39.7	313.6	36.6	195.6
占比						92%	62%

6.3.3 水平位移

1. 表层水平位移

图6.27为D3断面地基表层水平位移过程线。从此可以看出，相对轨道基础，右侧坡脚外3.5 m及右侧坡脚存在少量朝轨道基础方向位移，且随堆载结束即趋于稳定，堆载区中部存在少量朝防尘网方向位移，随堆载结束即趋于稳定，堆载体变坡处及左侧坡脚外7 m处堆载过程中位移较大（防尘网方向），堆载结束又很快趋于稳定，无持续发展趋势，说明地基稳定性良好。

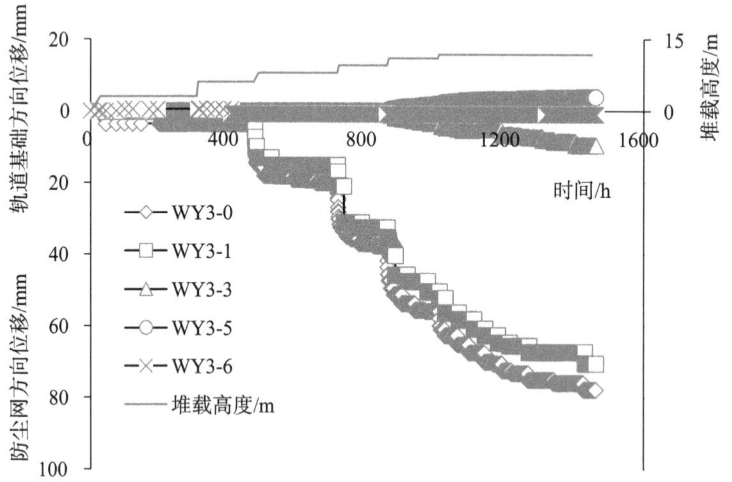

图6.27 D3断面表层水平位移过程线

表6.11汇总了D3断面地基表层水平位移，从此可以看出，左侧坡脚外7 m处水平位移最大值为77.8 mm，堆载体变坡处地基表层位移最大值为70.6 mm，位移量相近，右侧坡脚处最大位移为3.9 mm，右侧坡脚外3.5 m处最大位移1.0 mm，坡角外水平位移小于坡脚处，说明复合地基有效限制了地基表层位移向坡脚外发展。

表6.11　D3断面地基表层水平位移汇总表

荷载级数	堆载高度/m	观测时间/h	相对位移（相对不动点：轨道梁基础）/mm				
			朝防尘网方向			轨朝道梁基础方向	
			WY3-0	WY3-1	WY3-3	WY3-5	WY3-6
1	6	0~476	3.7	0.7	0.1	0.1	0.9
2	8.5	476~717	20.1	15.2	0.1	0.1	0.9
3	10.5	717~861	38.4	35.3	0.4	0.3	1.0
4	12.5	861~1009	56.0	50.5	3.4	1.9	1.0
5	14	1009~1417	77.8	70.6	9.6	3.9	1.0

2.深层水平位移

图6.28和图6.29分别为实测防尘网基础和轨道梁基础中桩间土深层水平位移分布。从此可以看出，堆载过程中坡脚外14 m处防尘网基础桩间土并未产生明显的水平位移，最大水平位移仅2.5 mm，防尘网基础在堆载期间稳定性良好。堆载结束时坡脚外7 m处轨道梁基础地表有沿坡脚外侧的少量水平位移，堆载结束后地基最大水平位移为15 mm，轨道基础桩间土水平位移主要产生在素填土及淤泥质土层，且在堆载结束后无持续发展趋势，相较防尘网基础，轨道梁基础桩间土生产水平位移较大，分析原因，轨道梁基础生产水平位移测点离堆载体坡脚更近，且轨道梁基础侧堆载强度更高。由此，两处结构物基础测斜曲线的状态可以说明，最大荷载下基底压力达到350 kPa时，堆载场区地基两侧的深层水平位移小且收敛快，地基整体稳定性良好，所采用的组合加固方案满足稳定要求。

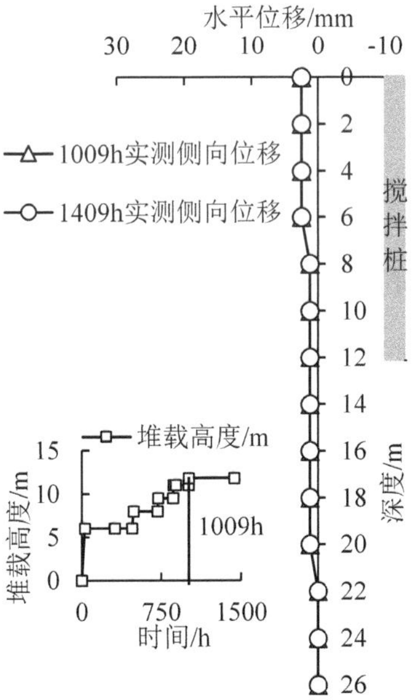

图6.28　D3断面防尘网基础桩间土深层水平位移分布

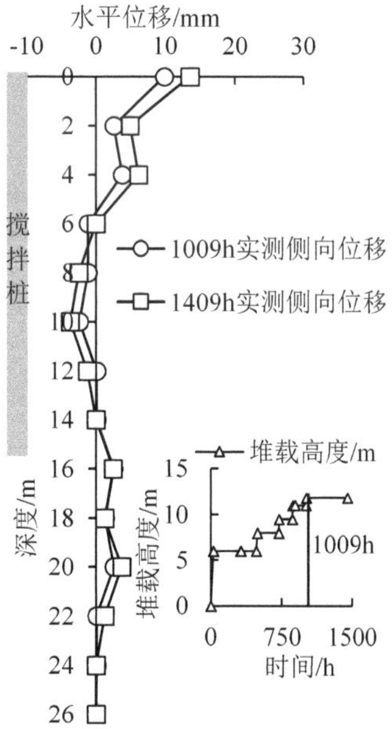

图6.29　D3断面轨道梁基础桩间土深层水平位移分布

图6.30和图6.31分别为D3断面堆载体变坡处地基实测桩间土和CFG桩0~8 m深层水平位移分布。从此可以看出，堆载完成（1009 h）以后，堆载体变坡处地基0~4 m软土层水平位移还有所发展，但逐渐趋于稳定，说明地基内软土剪切变形并非只发生在瞬时变形阶段，在固结过程中也有发展。堆载体变坡处CFG桩0~8 m桩体的水平位移总量和桩间土相近，但位移分布状态不同，桩体的水平位移在堆载完成后继续发展，沿深度连续变化，而桩间土仅在软土层中发生明显位移。由此，软土层的水平位移要裹挟桩体发生位移，而5 m以下强度较大的粉细砂层和黏土层不易发生水平位移，桩体在发生水平位移的过程中必然承受较大的水平抗力，使桩体承受弯矩。

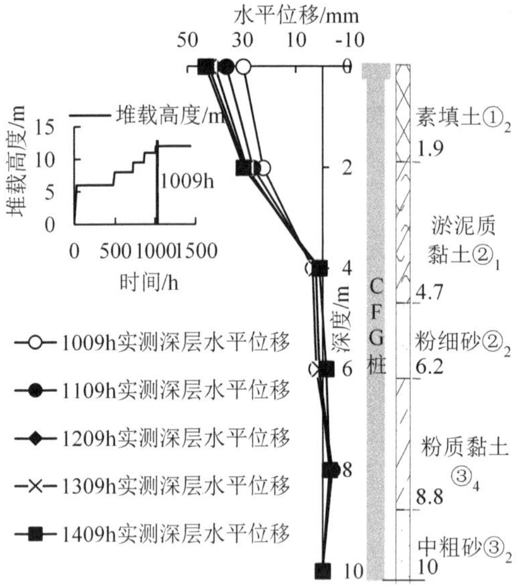

图6.30　D3断面堆载体变坡处桩间土深层水平位移分布

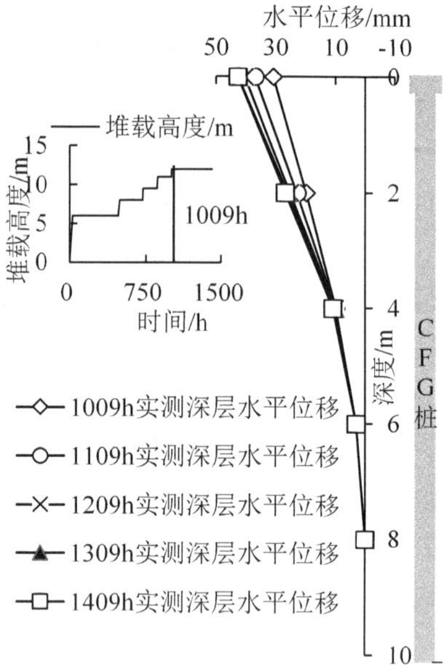

图6.31　D3断面堆载体变坡处CFG桩0~8 m水平位移分布

图6.28和图6.29为堆载体坡脚外地基的深层水平位移，图6.30和图6.31为堆载体变坡下地基的深层水平位移，两者反映的水平位移量值存在较大差别，前者小于后者，这与常规情况相反。由此说明，深层软土的水平位移在横断面上的发展受到了较强的抑制，边桩加强发挥了较强的稳固地基的作用。

6.3.4　桩体受力

1. 桩顶轴力

图6.32为D3断面桩顶轴力过程线。桩顶轴力数据为人工采集，时间间隔为24 h。从此可以看出，堆载体中部相邻桩顶轴力ZL3–2、ZL3–3、ZL3–4相差较大，堆载体变坡处桩顶轴力ZL3–1测量效果较差，说明现场实际轴力计安装方法无法满足现场准确测量的要求，但观察其变化趋势可以发现，桩顶轴力随各级堆载过程快速增加，在各级堆载恒载期间又快速趋于稳定，说明各级荷载恒载期间桩土荷载分担变化较小，由此可以推测，CFG桩与桩间土在各级荷载恒载期间无大的相对位移。

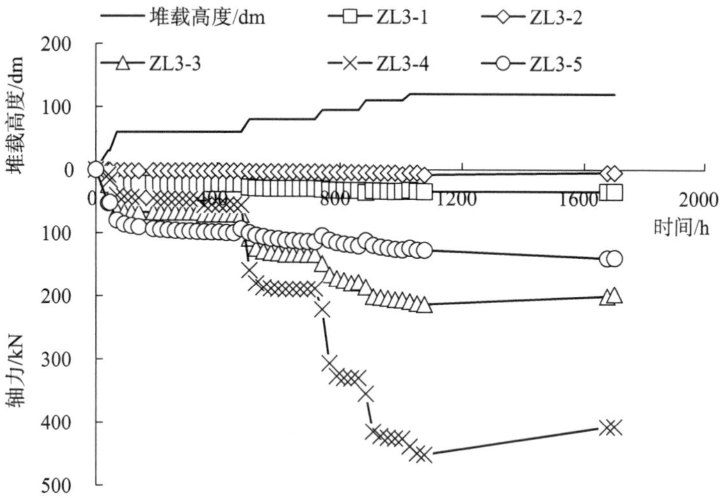

图6.32　D3断面桩顶轴力过程线

2. 桩身内力

图6.33为D3断面右侧坡角处CFG桩桩身内力分布。从此可以看出，各级荷载下桩身内力最大值出现在素填土与淤泥质黏土交界处而非桩顶，结合第5章试验结果发现现场CFG桩在淤泥质黏土层与素填土交界处存在桩径扩大现象，桩身内力最大值出现在素填土与淤泥质黏土交界处的原因可能是淤泥质黏土层CFG桩桩体实际桩径较大，部分上部荷载通过桩间土传递到该处桩体，导致该处桩身内力出现突变。桩身内力随深度逐渐减小，说明桩体在堆载期间受到各土层持续稳定的正摩阻作用，桩体受桩间土负摩阻影响较小。

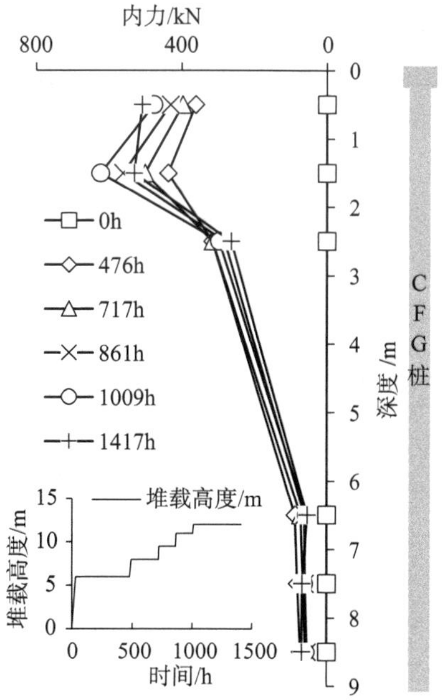

图6.33　D3断面右侧坡角处CFG桩桩身内力分布

6.4 D4断面监测结果分析

6.4.1 桩间土压缩

图6.34为D4断面堆载区中部桩间土压缩变形过程线，实测沉降数据时间间隔为0.5 h。从此可以看出，桩间土在每级堆载过程中快速压缩，随着各级堆载结束又快速趋于收敛趋势，桩间土不同深度土层压缩变形趋势一致。

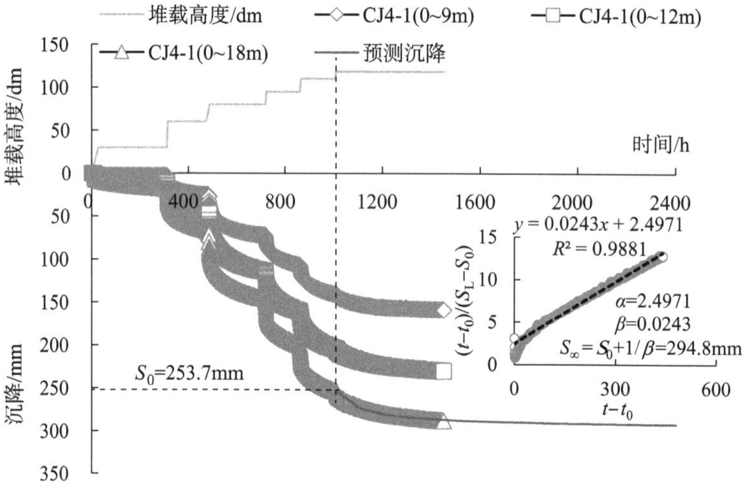

图6.34 D4断面堆载区中部桩间土压缩变形过程线

表6.12汇总了D4断面堆载区中部桩间土分层压缩变形。从此可以看出，堆载区中部桩间土0~18 m土层累计压缩288.1 mm，其中0~9 m土层累计压缩159 mm；9~12 m土层累计压缩71.4 mm；12~18 m土层累计压缩57.7 mm。桩间土0~9 m主要为素填土、淤泥质黏土，9~12 m为粉质黏土，均为高压缩性土，堆载引起的0~12 m土层压缩量累计230.4 mm占桩间土总体压缩量的80%；12 m以下为低压缩的中粗砂层以及中压缩性的黏土层，12~18 m土层压缩量累计57.7 mm占桩间土总体压缩量的20%。由此，堆载区中部桩间土的沉降主要来自0~12 m高压缩性土层的压缩变形。

表6.12 D4断面堆载区中部桩间土压缩变形

荷载级数	堆载高度/m	观测时间/h	累计压缩量/mm			压缩量占比/%		
			0~9 m	9~12 m	12~18 m	0~9 m	9~12 m	12~18 m
1	3	0~309	2.7	7.6	8	15	42	44
2	6	309~476	25.5	20.1	21	38	30	32
3	8.5	476~717	72.6	41.4	32.1	50	28	22
4	10.5	717~861	107.1	53.5	39.3	54	27	20
5	12.5	861~1009	140.8	63.9	48.9	56	25	19
6	14	1009~1417	159	71.4	57.7	55	25	20

图6.34包含双曲线法拟合沉降发展曲线，采用双曲线法拟合沉降过程预测总沉降为294.8 mm，填筑荷载在第42天时达到最大值，在第59天时地基沉降固结度为99.9%，如表6.13所示。因此，桩间土沉降情况说明当前荷载下地基中桩间土0~18 m范围土层的压缩变形基本完成。

表6.13　D4断面堆载区中部桩间土压缩双曲线模型参数和固结度

双曲线模型参数		$S_{t=1009\ h}$ /mm	$S_{t=1451\ h}$ /mm	S_{∞} /mm	$U_{t=1417\ h}$ /%
α	β				
2.4971	0.0243	253.7	294.7	294.8	99.9

图6.35为D4断面堆载区左侧变坡处桩间土0~14 m压缩变形过程线，实测沉降数据时间间隔为0.5 h。从此可以看出，桩间土在每级堆载过程中快速压缩，随着各级堆载结束又快速趋于收敛趋势，桩间土压缩主要发生在加载期间，恒载期间桩间土压缩量较小。

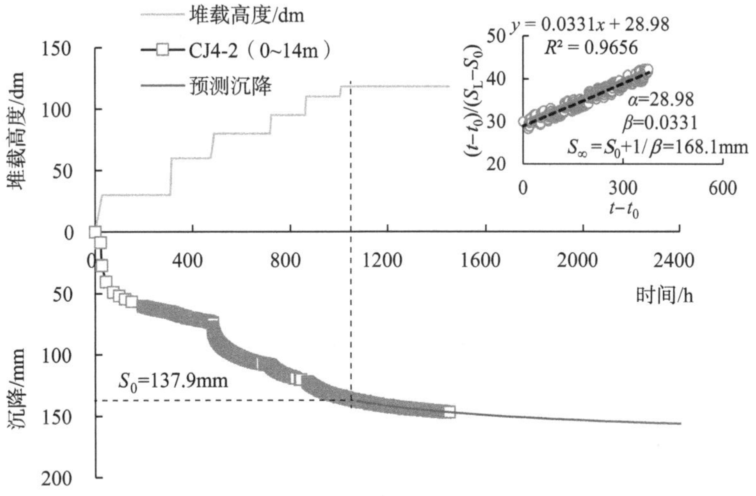

图6.35　D4断面堆载区左侧变坡处桩间土压缩变形过程线

表6.14汇总了D4断面堆载区左侧变坡处桩间土压缩变形。从此可以看出，堆载区左侧变坡处桩间土0~14 m土层累计压缩147.4 mm。图6.35包含双曲线法拟合沉降发展曲线，采用双曲线法拟合沉降过程预测总沉降为168.1 mm，堆载在第42天时达到最大值，在第59天时地基沉降固结度为87.7%，如表6.15所示。由此，桩间土沉降情况说明当前荷载下地基中0~14 m范围地层的压缩变形基本完成。

表6.14　D4断面堆载区左侧变坡处桩间土压缩变形

荷载级数	堆载高度/m	观测时间/h	压缩量/mm
1	3	0~309	65.8
2	6	309~476	73.9
3	8.5	476~717	108.5
4	10.5	717~861	122.2
5	12.5	861~1009	137.9
6	14	1009~1417	147.4

表6.15　D4断面堆载区左侧变坡处桩间土压缩双曲线模型参数和固结度

双曲线模型参数		$S_{t=1009\,h}$	$S_{t=1417\,h}$	S_{∞}	$U_{t=1417\,h}$
α	β	/mm	/mm	/mm	/%
28.98	0.0331	137.9	147.4	168.1	87.7

图6.36为D4断面堆载区右侧坡脚桩间土0~11 m压缩变形过程线，实测沉降数据时间间隔为0.5 h。从此可以看出，桩间土在每级堆载过程中快速压缩，随着各级堆载结束又快速趋于收敛趋势，桩间土压缩主要发生在加载期间，恒载期间桩间土压缩量较小。

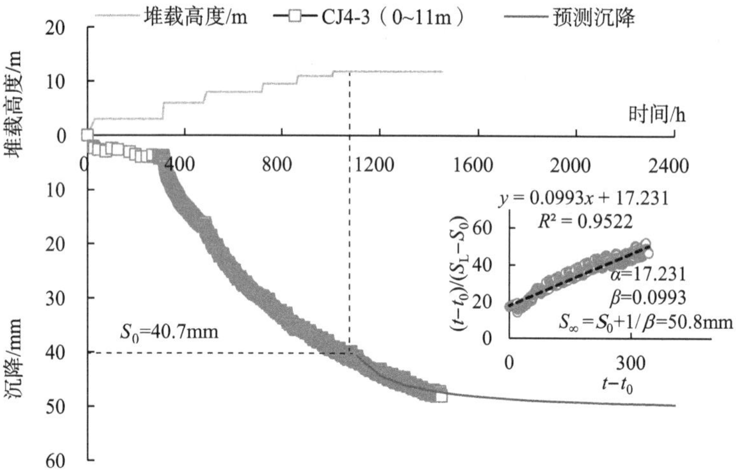

图6.36　D4断面堆载区右侧坡脚桩间土压缩变形过程线

表6.16汇总了D4断面堆载区右侧坡脚为桩间土压缩变形。从此可以看出，堆载区右侧坡脚桩间土0~11 m土层累计压缩48.0 mm。图6.36包含双曲线法拟合沉降发展曲线，采用双曲线法拟合沉降过程预测总沉降为50.8 mm，堆载在第42天时达到最大值，在第59天时地基沉降固结度为94.5%，如表6.17所示。因此，桩间土沉降情况说明当前荷载下地基中0~11 m范围地层的压缩变形基本完成。

表6.16　D4断面堆载区右侧坡脚桩间土压缩变形

荷载级数	堆载高度/m	观测时间/h	压缩量/mm
1	3	0~309	4.1
2	6	309~476	16.7
3	8.5	476~717	30.1
4	10.5	717~861	35.1
5	12.5	861~1009	40.7
6	14	1009~1417	48.0

表6.17　D4断面堆载区右侧坡脚桩间土压缩双曲线模型参数和固结度

双曲线模型参数		$S_{t=1009\,h}$	$S_{t=1417\,h}$	S_{∞}	$U_{t=1417\,h}$
α	β	/mm	/mm	/mm	/%
17.231	0.0993	40.7	48.0	50.8	94.5

6.4.2　软土层孔隙水压力

图6.37为D4断面加载过程实测的桩间土不同深度超静孔隙水压力过程线，表6.18为D4断面加载过程实测超静孔隙水压力的增长和消散情况。从此可以看出，深度5 m处孔压累计量小且快速消散，加载第62天时累计孔压消散度为99%。地基浅层9 m范围设置塑料排水板，发挥了加速排水的效果。深度16 m、18 m处孔压累计相对大且消散过程平缓，同期累计孔压消散度为82%、78%。由于桩体将荷载向深层传递，桩端处地层为黏土，无人工排水体，上部荷载通过桩体传递下来的附加应力大，累计孔压高，消散时间长。

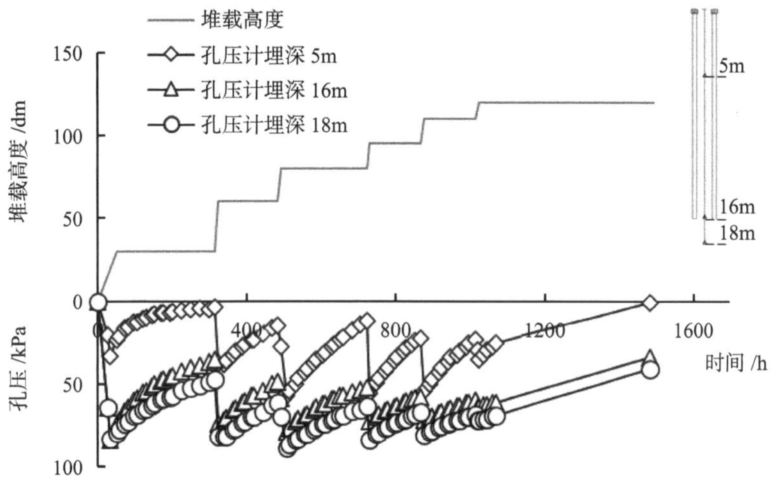

图6.37　D4断面堆载区中部地基桩间土孔压过程线

表6.18　D4断面堆载区中部超静孔隙水压力增长和消散

荷载级数	堆载高度/m	观测时间/h	荷载增量/kPa	孔压增量/kPa			孔压消散/kPa		
				5 m	16 m	18 m	5 m	16 m	18 m
1	3	0~309	75	33.3	83.8	83.1	28.5	48.6	35.9
2	3	309~476	75	33.6	38.8	34.6	21.8	25.5	20.5
3	2.5	476~717	62.5	40.7	30.1	27.1	42.8	24.9	25
4	2	717~861	50	41.2	19.1	20.6	31.4	15.4	16.8
5	2	861~1009	50	30	14.2	14.1	28.8	11.8	13.3
6	1.5	1009~1490	37.5	9.6	4.1	4	33.9	29.8	31.3
合计	14	1490	350	188.4	190.1	183.5	187.2	156.0	142.8
占比							99%	82%	78%

6.4.3　水平位移

1. 表层水平位移

图6.38为D4断面表层水平位移过程线。从此可以看出，相对轨道梁基础，右侧坡

脚外3.5 m及右侧坡脚存在少量朝轨道梁基础方向位移，且随堆载结束即趋于稳定，堆载区中部在第二级堆载结束后出现少量朝防尘网方向位移，且随堆载过程持续增大，堆载结束即快速趋于稳定，左侧坡脚外7 m处堆载过程中位移较大（朝防尘网方向），堆载结束又很快趋于稳定，无持续发展趋势，说明地基稳定性良好。

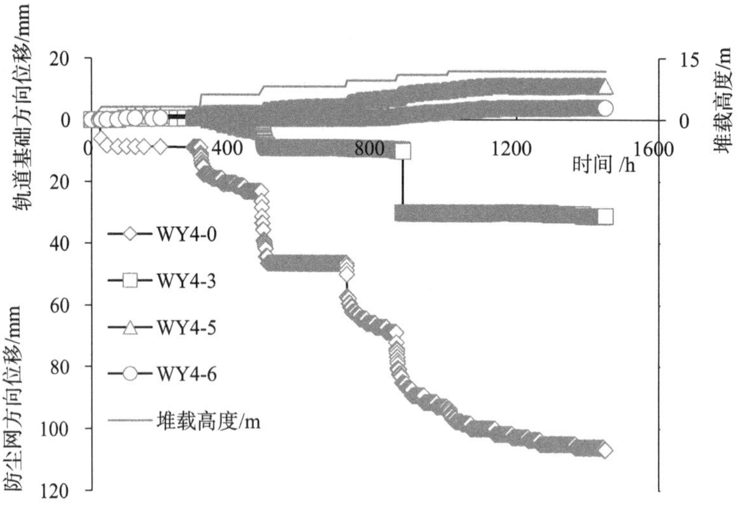

图6.38　D4断面表层水平位移过程线

表6.19汇总了D4断面地基表层水平位移，从此可以看出，左侧坡脚外7 m处水平位移最大值为106.9 mm（朝防尘网方向），地基中部堆载最高处水平位移亦有所发展，最大值为30.2 mm（朝防尘网方向），右侧坡脚处最大位移为9.5 mm（朝轨道梁基础方向），右侧坡脚外3.5 m处最大位移2.5 mm（朝轨道梁基础方向），坡脚外水平位移明显小于坡脚处，说明复合地基有效限制了地基表层位移向坡脚外发展。

表6.19　D4断面表层水平位移

荷载级数	堆载高度/m	观测时间/h	相对位移（相对不动点：轨道梁基础）/mm			
			朝防尘网方向		朝轨道梁基础方向	
			WY4-0	WY4-3	WY4-5	WY4-6
1	3	0~309	9.0	0.5	1.2	0.4
2	6	309~476	23.2	3.9	2.0	0.4
3	8.5	476~717	46.5	9.2	4.1	0.4
4	10.5	717~861	68.8	9.6	7.1	0.8
5	12.5	861~1009	93.7	30.2	9.5	2.5
6	14	1009~1490	106.9	31.2	11.1	3.8

2.深层水平位移

图6.39和图6.40分别为防尘网基础以及轨道梁基础中桩间土的深层水平位移分布。从图6.39可以看出，D4断面第一次堆载至29 h时，防尘网基础桩间土深层水平位移出现

突变，数据显示，搅拌桩处理深度0~14 m范围内地基出现整体侧向位移趋势，最大侧向位移达11.1 mm，现场紧急叫停斗轮机堆载，现场封锁至309 h继续堆载，堆载结束坡脚外14 m处防尘网基础桩间土最大水平位移50.7 mm，无持续发展趋势。

从图6.40可以看出，堆载结束时坡脚外7 m处轨道梁基础地表有沿坡脚外侧的水平位移最大，堆载结束后地基最大位移为25.9 mm，无持续发展趋势。由此可见，两处测斜曲线的状态可以说明，最大荷载下基底压力达到350 kPa时，堆载场区地基两侧均产生一定水平位移，随堆载结束后场区地基两侧水平位移无持续发展趋势，地基整体有一定位移，但堆载结束仍能保持稳定，所采用的组合加固方案满足稳定要求。

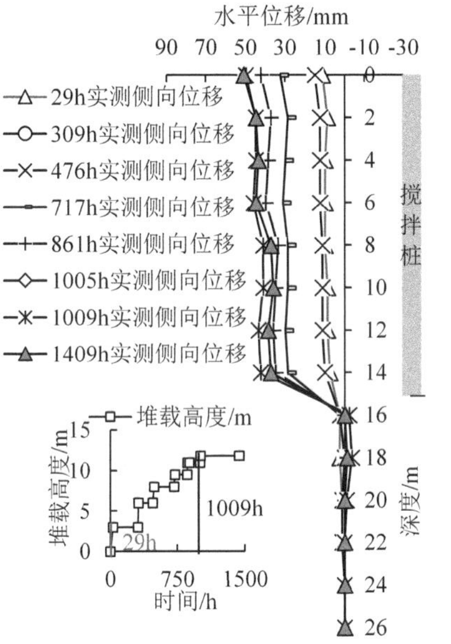

图6.39　D4断面防尘网基础桩间土深层水平位移分布

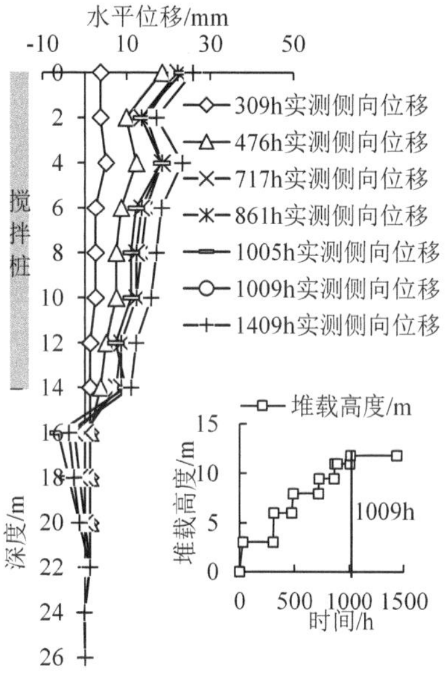

图6.40　D4断面轨道梁基础桩间土深层水平位移分布

图6.41和图6.42分别为D4断面堆载体变坡处地基桩间土以及CFG桩0~8 m深层水平位移分布。从图6.41可以看出，堆载作用下，堆载体变坡处软土层水平位移明显，堆载完成（1009 h）以后，堆载体变坡处地基0~8 m软土层水平位移还有所发展，桩间土最大侧向位移达89.1 mm，说明地基内软土剪切变形并非只发生在瞬时变形阶段，在固结过程中也有发展。

从图6.42可以看出，堆载体变坡处CFG桩0~8 m桩体的水平位移总量明显小于桩间土水平位移，最大水平位移达37.1 mm，位于桩顶部位，桩间土出现了绕流现象，且桩间土与CFG桩水平位移分布状态大致相同，桩体的水平位移在堆载完成后继续发展，沿深度连续变化，而桩间土在软土层中发生明显位移。由此可见，软土层的水平位移要裹挟桩体发生位移，而8.4 m以下强度较大的粉质黏土层不易发生水平位移，桩体在发生水平位移的过程中必然承受较大的水平抗力，使桩体承受弯矩。

图6.39和图6.40为堆载体坡脚外地基的深层水平位移，图6.41和图6.42为堆载体变坡下地基的深层水平位移，两者反映的水平位移量值存在较大差别，前者小于后者，这

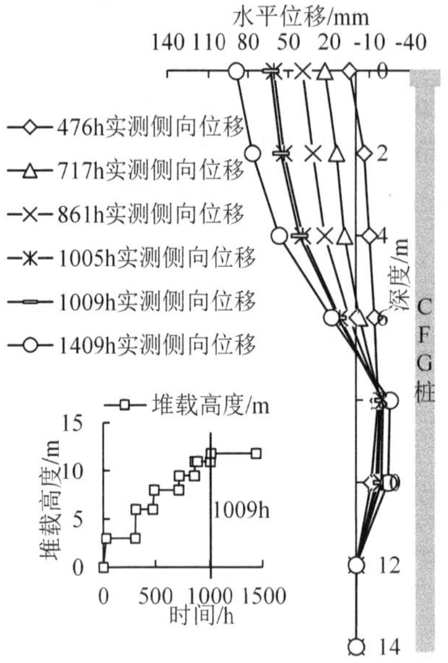

图6.41　D4断面堆载体变坡处桩间土深层水平位移分布

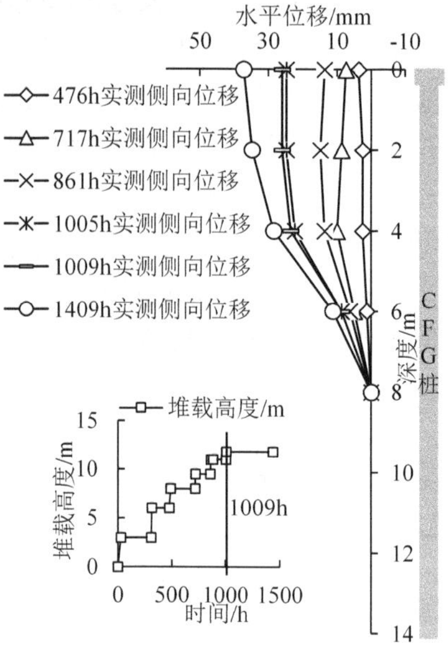

图6.42　D4断面堆载体变坡处CFG桩0~8 m水平位移分布

与常规情况相反。由此说明，深层软土的水平位移在横断面上的发展受到了较强的抑制，堆载区内部地基侧向位移并未向外发展，堆载体坡脚处边桩采用内置钢管的加强处理发挥了较强的稳固地基的作用。

6.4.4　桩体受力

1. 桩顶轴力

图6.43为D4断面桩顶轴力过程线。桩顶轴力数据为人工采集，时间间隔为24 h。从此可以看出，堆载体中部相邻桩顶轴力ZL4–2、ZL4–3、ZL4–4相差较大，堆载体变坡处桩顶轴力ZL4–1、ZL4–3、ZL4–5测量效果较差，但观察ZL4–2、ZL4–4的变化趋势可以发现，桩顶轴力随各级堆载过程快速增加，在各级堆载恒载期间又快速趋于稳定，说明各级荷载恒载期间桩土荷载分担变化较小，由此可以推测，CFG桩与桩间土在各级荷载恒载期间无大的相对位移。

2. 桩身内力

图6.44为D4断面中部CFG桩桩身内力分布。从此可以看出，各级荷载下桩身内力最大值出现在素填土与淤泥质黏土交界处而非桩顶，结合第5章试验结果发现现场CFG桩在淤泥质黏土层与素填土层交界处存在桩径扩大现象，桩身内力最大值出现在素填土与淤泥质黏土交界处的原因可能是淤泥质黏土层CFG桩桩体实际桩径较大，部分上部荷载通过桩间土传递到该处桩体，导致该处桩身内力出现突变。桩身内力在淤泥质黏土层变化较小，下部土层中桩身内力随深度逐渐减小，说明淤泥质黏土提供侧摩阻较小，桩体在堆载期间受到各土层持续稳定的正摩阻作用，桩体受桩间土负摩阻影响较小。

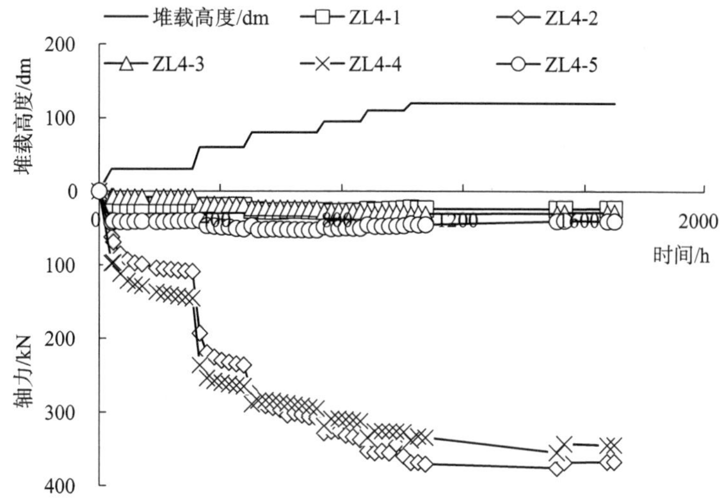

图6.43　D4断面桩顶轴力过程线

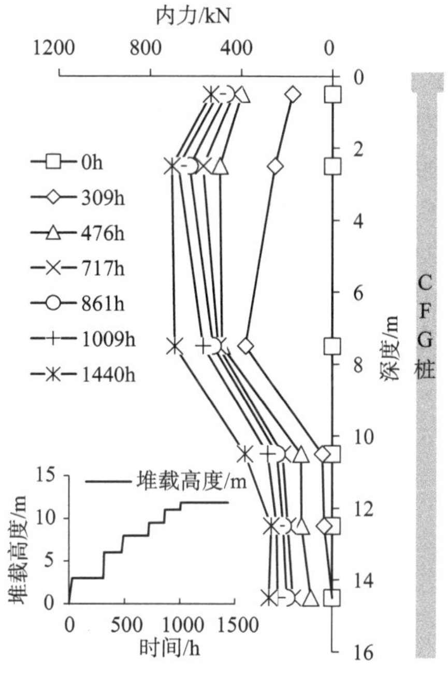

图6.44　D4断面中部CFG桩桩身内力分布

6.5　小　　结

本章通过分析湛江港码头16#堆场修复工程典型施工区试堆载试验现场科研监测各指标观测量在试验荷载350 kPa快速堆载作用下的原位表现情况，了解堆载区桩间土分层压缩、孔隙水压力、地基表层位移、深层水平位移以及桩体受力等，所得结论如下：

（1）CFG桩复合地基将上部荷载传递至桩端以下更深土层。上部荷载造成的D3、

D4断面桩间土孔压积累均小于桩端以下土层，桩间软土层附加应力占比较小，有益于地基稳定。

（2）CFG桩复合地基桩间排水体可加快桩长范围高压缩性土层的固结，消除运行期桩体负摩阻影响。CFG桩桩间排水体加快了高压缩性土层固结进程，D3、D4断面桩长范围土层的固结度、孔压增量消散度均达到90%以上，桩长范围的高压缩性土层固结变形基本完成，运行期桩间土可以持续稳定地分担上覆荷载和提供桩体的约束反力。

（3）CFG桩复合地基堆载体坡脚设置两排内置无缝钢管的树根桩能抑制地基水平位移向两侧发展。D3、D4断面堆载体下方地基桩间土和桩体的深层水平位移量均大于堆载体坡脚外地基深层水平位移，D3、D4断面堆载区地基软土的侧向蠕变在堆载结束后均有所发展，但水平位移在横断面上的发展受到树根桩的抑制，树根桩发挥了较强的稳固地基的作用。

（4）大荷载下CFG桩复合地基中CFG桩会发生倾斜或弯曲。CFG桩复合地基在上部荷载作用下，桩身发生弯曲，采用插筋CFG桩，可有效防范桩身混凝土在软硬土层交界处存在弯曲破坏的隐患。

（5）各级堆载恒载期间桩土荷载分担稳定。桩顶轴力随各级堆载过程快速增加，在各级堆载恒载期间又快速趋于稳定，说明各级荷载恒载期间桩土荷载分担变化较小。

（6）各级荷载下桩身内力最大值出现在素填土与淤泥质黏土交界处而非桩顶，桩体在堆载期间受到各土层持续稳定的正摩阻作用，桩体受桩间土负摩阻影响较小。现场CFG桩在淤泥质黏土层与素填土层交界处存在桩径扩大现象，导致桩身内力最大值出现在素填土与淤泥质黏土交界处，桩身内力在淤泥质黏土层变化较小，下部土层中桩身内力随深度逐渐减小，说明淤泥质黏土提供侧摩阻较小，桩体在堆载期间受到各土层持续稳定的正摩阻作用，桩体受桩间土负摩阻影响较小。

第7章　边桩加强效果数值分析

广东湛江港码头16#堆场修复工程采用CFG桩网复合地基，其中堆载体两侧坡脚处地基采用两排树根桩加强（边桩加强），树根桩采用钻孔投料注浆工艺，内插无缝钢管，钢管沿桩身通长布置，钢管直径133 mm、壁厚5 mm，树根桩顶部采用钢筋混凝土板连接成整体，提高堆载体坡脚处抗侧向变形能力；地基其他区域采用不等长CFG桩。本章采用塑性损伤本构模型描述素混凝土桩的破坏过程，依托现场试验建立数值模型，通过现场试验和数值模拟，研究在这种特殊情况下采用的加固方案组合的作用机制和安全状况，发掘这种方案的科学原理，为大荷载快加荷的码头堆场地基处理设计提供技术支持。

7.1　数值模型的建立

7.1.1　数值模拟方法

采用ABAQUS有限元软件建立数值模型，考虑桩土接触及孔压的积累与消散，并对模型进行合理简化，以提高运算效率。

1. 建立物理模型

堆场为长条形，本次地基加固试验区长260 m，宽46.7 m。考虑场地前期地基加固方案的排水体和水泥搅拌桩的分布情况，根据本次加固方案CFG桩的布置情况，建立三维物理模型如图7.1所示。

模型沿堆场宽度方向取174.4 m，包含两侧天然地基和结构物基础地基，堆载区外两侧取1.5倍堆载区宽度，如图7.1（a）所示。沿堆场长度方向地基处理措施相同，物理模型在长度方向的尺寸取一个处理单元的长度，即1.6 m，如图7.1（b）所示，由于一个处理单元的加固措施有对称特性，物理模型沿堆场长度方向的尺寸取0.8 m，如图7.1（c）所示。物理模型沿深度方向取45 m。由于堆载区外结构物在堆载区地基处理前已存在，建模过程中不考虑结构物荷载的影响，土工格室 + 土工格栅褥垫层简化为复合模量板。

2. 定义接触

本模型主要关注加强型素混凝土桩（树根桩）在复合地基堆载过程中对地基稳定性的加强影响，桩帽、加强型素混凝土桩及素混凝土桩（CFG桩）与土体间采用摩擦接触，摩擦系数取相应土层内摩擦角正切值，加强型素混凝土桩中钢管与混凝土采用内置区域约束，同时采用内置区域形式约束水泥搅拌桩，土工格室 + 土工格栅褥垫层与土体间采

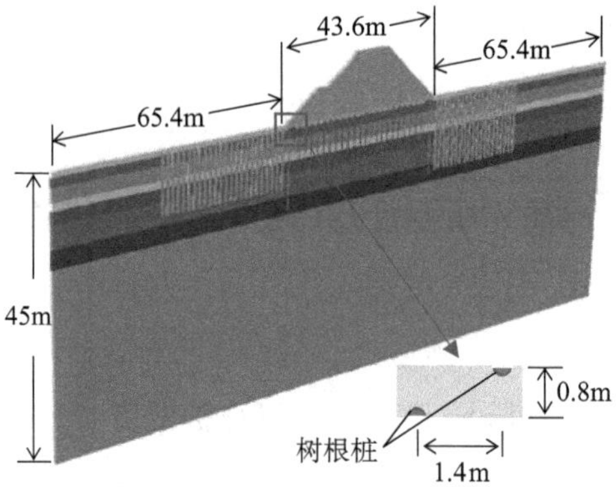

（a）模型整体

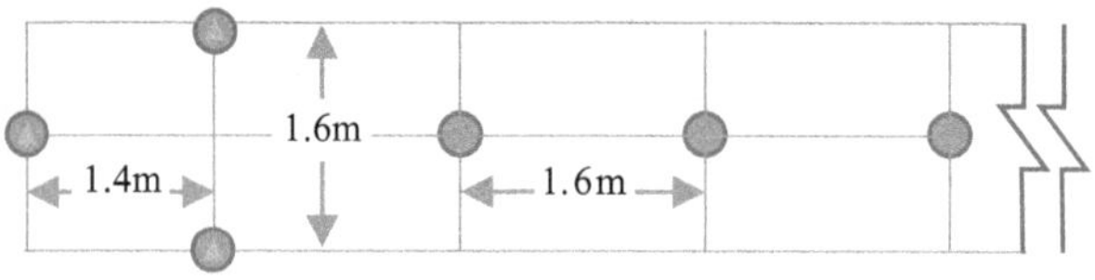

（b）堆场长度方向地基处理单元

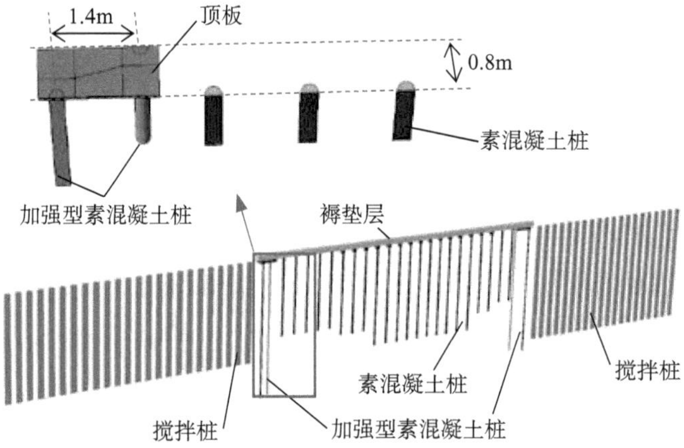

（c）模型桩体布设

图 7.1　模型视图

用绑定约束，堆载体与地基间采用绑定约束。

3. 设置边界条件及荷载

在各土层、半桩中心面及堆载体对称边界设置对称法向位移约束，地基土底面设置全约束，褥垫层设置为排水体，其他边界均不透水。上部荷载通过“model change”实现分级堆载。

4. 划分网格

选用C3D8单元作为各桩体以及铁矿石的单元，即空间8节点四面体且不考虑孔压的实体单元，选用C3D8P单元作为土体以及褥垫层单元，即空间8节点六面体且考虑孔压和固结的实体单元，各桩体及桩帽采用C3D8单元，模型整体共划分45150个网格，如图7.2所示。

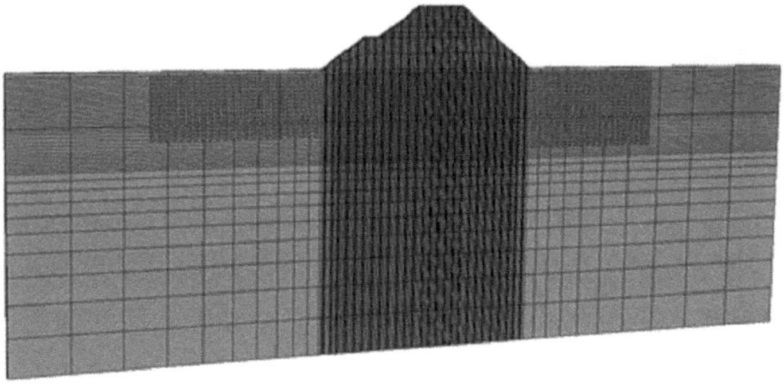

图7.2　模型整体网格划分

5. 分析步设置

根据D3断面堆载实际情况，将模拟分为1个地应力平衡分析步、5个加载分析步和5个固结分析步，模型加载按图7.3进行。

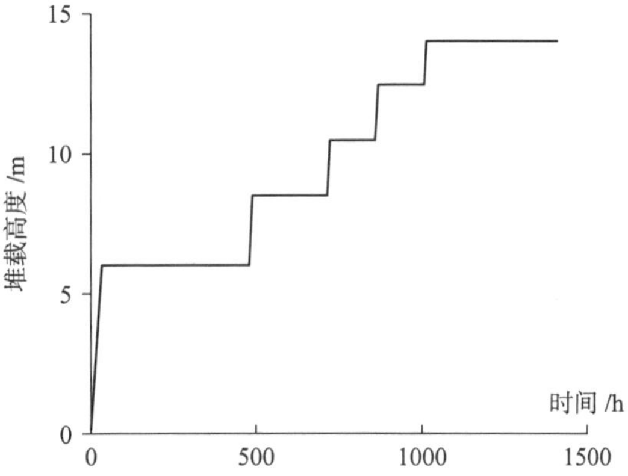

图7.3　D3断面堆载速率图

6. 地应力平衡

在模型堆载计算之前需要对地基进行地应力平衡：采用导入ODB文件法进行地应力平衡，通过反复导入地应力分析步ODB文件，进行多次计算至地基土土体位移的数量级小于10^{-5} m，得到如图7.4所示的地应力平衡图。

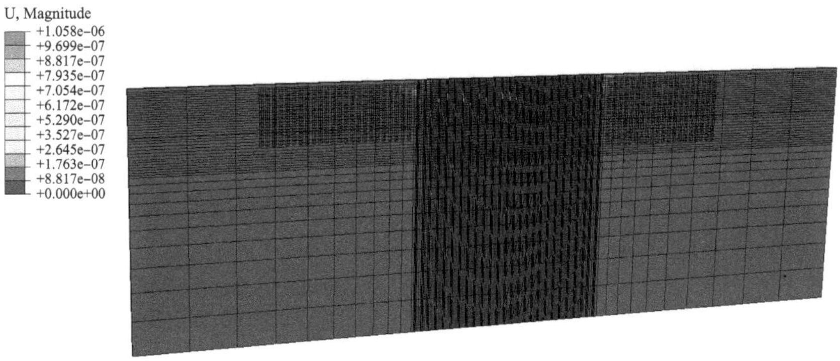

图7.4　初始地应力平衡结果图

7.1.2 桩体损伤模型

为考虑桩身混凝土在外部荷载作用下开裂、压碎情况，引入混凝土塑性损伤模型；混凝土塑性损伤模型的非弹性应变根据混凝土的单轴应力应变曲线换算。最具代表性的混凝土本构关系有3种：国内规范、欧洲规范和美国学者Kent–Park提出的应力–应变曲线方程。国内规范因引入了损伤参数，其收敛性最佳。因此，采用国内规范中提供的混凝土本构关系，计算混凝土应力–应变参数。混凝土塑性损伤应力应变参数计算如下：

1. 受压损伤参数

图7.5为混凝土单轴受压应力–应变曲线，混凝土在应力未达到σ_{c0}前视为弹性阶段。应力大于σ_{c0}达到σ_{cu}的过程为强化阶段，此后混凝土刚度出现退化，其软化模量按式（7.1）计算：

$$E=(1-d_c)E_0 \qquad 0 \leqslant d_c \leqslant 1 \tag{7.1}$$

式中，E为软化阶段的弹性模量。

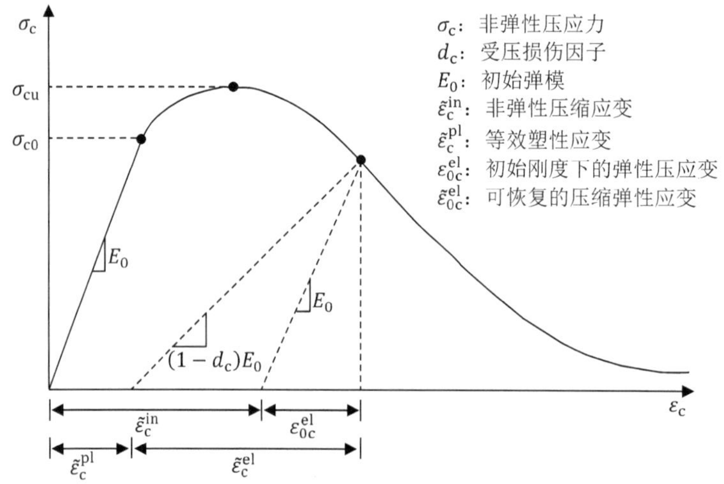

图7.5 混凝土压缩损伤塑性模型受压应力–应变关系

2. 拉伸损伤参数

图7.6为混凝土单轴受拉应力–应变曲线，混凝土在应力未达到σ_{t0}前为弹性阶段。在软化阶段，依然按$(1-d_t)E_0$路径进行强度折减。

基于以上混凝土应力–应变关系，采用Sidoroff提出的式（7.2）计算CFG桩以及树根桩C30、C20混凝土受拉、受压损伤因子；取受拉或受压损伤因子大于0.95作为混凝土破坏的标准；相应损伤因子曲线见图7.7。

$$d=(1-\sqrt{\sigma / E_0\varepsilon}) \tag{7.2}$$

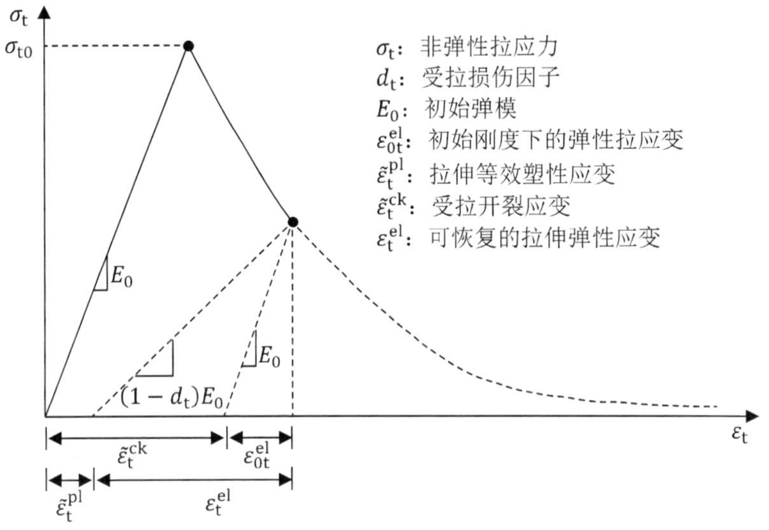

图7.6　混凝土拉伸损伤塑性模型受拉应力－应变关系

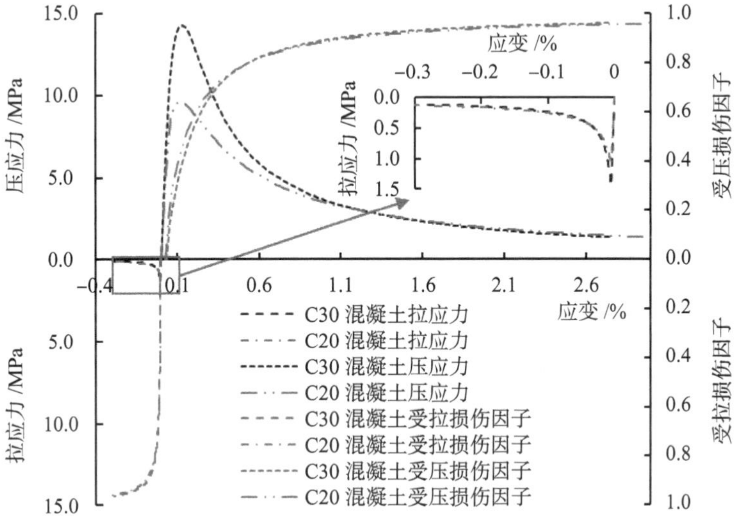

图7.7　C30、C20混凝土应力应变及损伤因子发展曲线

7.1.3　数值模型材料参数选取

模型中各土层采用M–C本构模拟，数值模型中各材料等效力学参数确定方法如下：以地勘资料中材料参数作为相关材料参数的暂定值，进行数值计算，对现场实测桩间土沉降、孔隙水压力、地基深层水平位移进行拟合，对暂定值进行修改，使模型计算结果与实测结果拟合程度达到最佳，据此确定各土层的等效力学参数。

通过上述三维数值模拟过程，模拟土工格室＋土工格栅加筋土＋塑料排水板＋CFG/插筋CFG桩＋树根桩＋水泥搅拌桩地基在荷载作用下的地基应力应变分布形态。图7.8为数值模型的拟合的桩间土0~12 m压缩曲线，桩间土沉降过程数值模型拟合曲线和实测曲线发展趋势一致，基本反映加载过程中桩间土层的压缩固结过程，堆载结束后有少许误差，原因可能在于，现场塑料排水板的排水效果和数值模型有一定差异。

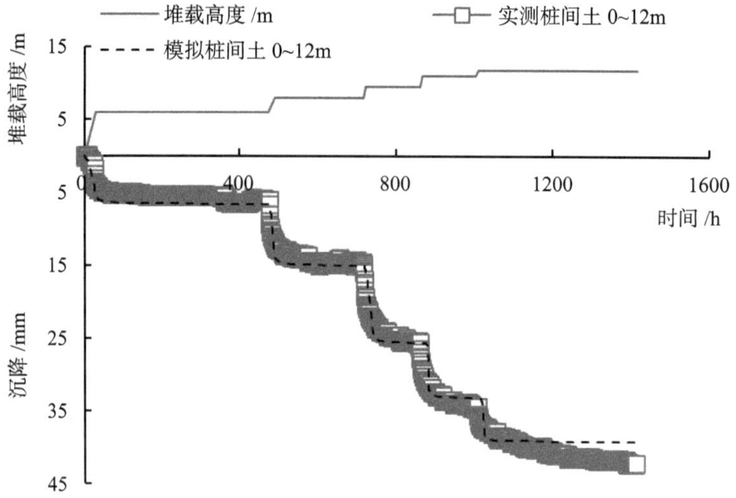

图 7.8　D3 断面堆载区中部桩间土压缩时间曲线

表 7.1 为桩间土压缩拟合误差情况。最终桩间土压缩量拟合最大绝对误差小于 3 mm，认为与实际监测情况符合。

表 7.1　模拟与实测桩间土累计压缩量对比表

荷载级数	观测时间 /h	桩间土 0~12 m 累计压缩量 /mm	
		实测值	模拟值
1	0~476	6.2	6.5
2	476~717	14.7	15
3	717~861	26	25.6
4	861~1005	34.5	33.1
5	1009~1417	42	39.1

图 7.9 为数值模型拟合的孔隙水压力发展曲线，表 7.2 为孔隙水压力拟合误差具体情况。

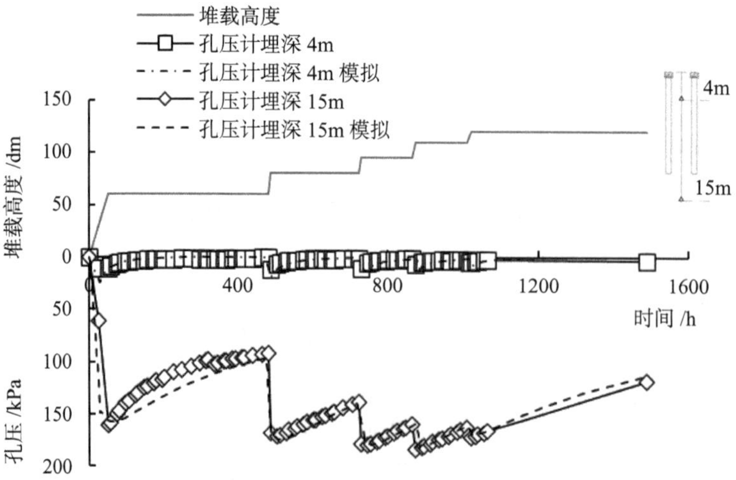

图 7.9　堆载区中部地基桩间土孔压时间过程

表7.2　模拟与实测堆载区中部地基桩间土最大孔隙水压力对比表

荷载级数	观测时间/h	桩间土深度4 m最大孔压/kPa		桩间土深度15 m最大孔压/kPa	
		实测值	模拟值	实测值	模拟值
1	0~476	10.9	24.2	160.9	157.5
2	476~717	11.6	19.5	170.9	171.6
3	717~861	10.5	14.2	180.2	179.3
4	861~1005	6.6	12	183.7	181.7
5	1009~1417	4.6	7.2	172	170.7

模拟堆载区中部桩间土孔压与实测孔压的发展趋势总体一致，桩间土深度4 m处土层每级堆载下，实测孔压峰值与模拟值有一定差距，原因可能在于现场堆载速度快，且地基浅层6 m范围设置有塑料排水板，发挥了加速排水的效果，孔压峰值出现时间较短，人工测量未能及时测量到孔压峰值。

图7.10和图7.11分别为实测和数值模拟的防尘网基础以及轨道基础中桩间土的深层水平位移分布发展情况，实测数据和数值模拟结果的趋势一致，量值相近。

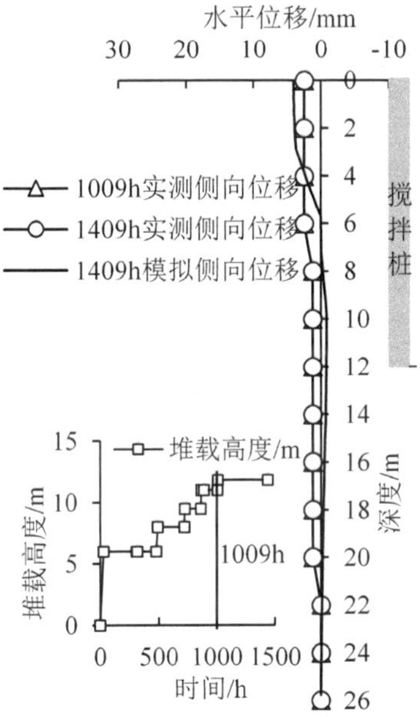

图7.10　防尘网基础桩间土深层水平位移发展曲线

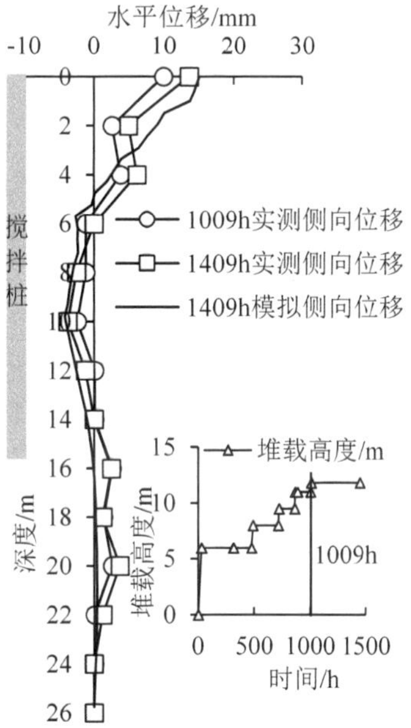

图7.11　轨道基础桩间土深层水平位移发展曲线

图7.12为堆载体变坡处CFG桩桩间土实测及数值模拟深层水平位移分布发展情况。由图可以看出，实测数据和模拟结果的趋势一致，量值相近。

图7.13为堆载体变坡处CFG桩0~8 m实测及数值模拟水平位移分布发展情况。由图可以看出，实测数据和模拟结果的趋势一致，量值相近，说明引入混凝土塑性损伤模型能较好地反映该CFG桩复合地基中桩体变形，结合混凝土塑性损伤模型进行该数值模拟是可行的。

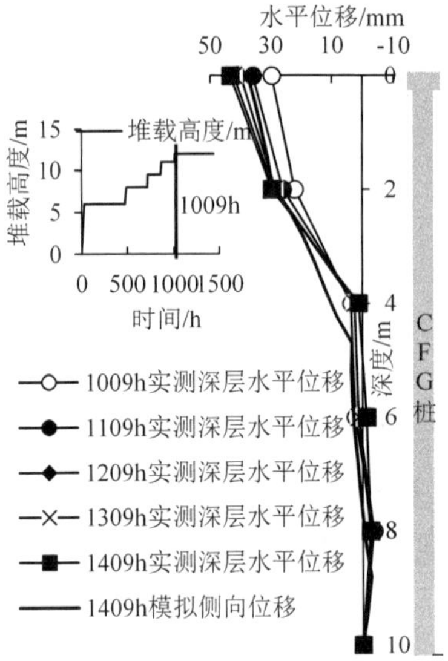

图7.12 堆载体变坡处桩间土深层水平位移分布发展曲线

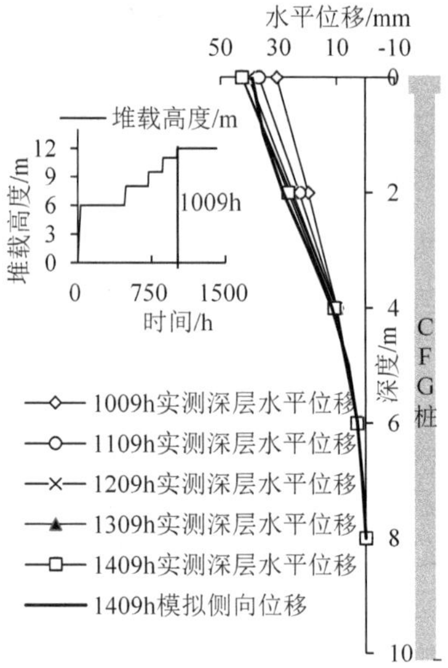

图7.13 堆载体变坡处CFG桩0~8 m水平位移分布发展曲线

基于桩间土压缩、孔隙水压力和深层水平位移实测数据，拟合确定的各材料等效力学参数见表7.3。

表7.3 数值模型采用的等效力学参数表

材料		ρ/(kN/m³)	c/kPa	ϕ/(°)	E/MPa	v	渗透系数/(cm/s)	
							k_h	k_v
铁矿石		25	5	35	80	0.25	1.1×10^{-3}	1.1×10^{-3}
褥垫层		18.5	80	30	30	0.2	1.0×10^{-3}	1.0×10^{-3}
素填土		19.1	25.1	18.7	9	0.35	2.0×10^{-6}	2.0×10^{-6}
淤泥质黏土		17.2	9.9	12.2	2	0.35	3.9×10^{-7}	1.7×10^{-7}
粉细砂		18.5	5	30	25	0.25	5.0×10^{-5}	5.0×10^{-5}
粉质黏土		19.2	27.2	17.7	9.7	0.33	1.4×10^{-6}	9.3×10^{-7}
中粗砂		18.5	5	30	26.5	0.25	5.0×10^{-5}	5.0×10^{-5}
粉质黏土		19.2	27.2	17.7	16.1	0.28	1.4×10^{-6}	9.3×10^{-7}
黏土		17.4	32.6	14.8	20.4	0.4	1.1×10^{-6}	8.6×10^{-7}
水泥搅拌桩		28			1.5×10^{2}	0.3		
树根桩	混凝土	28			2.55×10^{4}	0.2		
	钢管	78.5			2×10^{5}	0.3		
CFG桩		28			3.0×10^{4}	0.2		
桩帽		28			3.5×10^{4}	0.15		

从上文可以看出，因为数值模型经过了一定的简化，无法实现实际监测的完全重现，但模拟计算结果中，整体曲线变化规律、各指标峰值实际基本符合。

综上所述，通过拟合现场实测桩间土压缩、孔隙水压力和地基深层水平位移数据，确定的数值模型各材料等效力学参数，结合混凝土塑性损伤模型，进一步分析设置加强边桩的CFG桩复合地基承载特性具有可行性。

7.2　边桩加强和等强效果对比

本项目典型施工区试验现场堆载区地基采用土工格室＋土工格栅加筋土＋塑料排水板＋CFG/插筋CFG桩＋树根桩加固，其中堆载体坡脚处两排树根桩内置无缝钢管（边桩加强），刚度与堆载区内部CFG桩存在显著差异，常规CFG桩复合地基堆载体坡脚处边桩无内置无缝钢管加强处理（边桩等强），采用内置无缝刚管对边桩进行加强处理产生的处理效果改善，通过数值模拟方法加以比较分析，以此确定边桩加强的加固效果，为便于比较，边桩等强地基数值模型中保持边桩的长度、混凝土强度不变。

7.2.1　沉降计算结果对比

对于边桩加强以及边桩等强地基，采用与现场实际相同的加载工况，观察两种工况下的沉降特性。图7.14为边桩加强地基和边桩等强地基在相同加载工况下，堆载结束后一定时间地基沉降云图。由图可以看出，边桩加强地基最大沉降出现在堆载区中部荷载最大处，地基表面无明显隆起；边桩等强地基最大沉降出现在堆载体左侧坡肩下地基，且在堆载体左侧坡脚外地基出现了明显隆起。

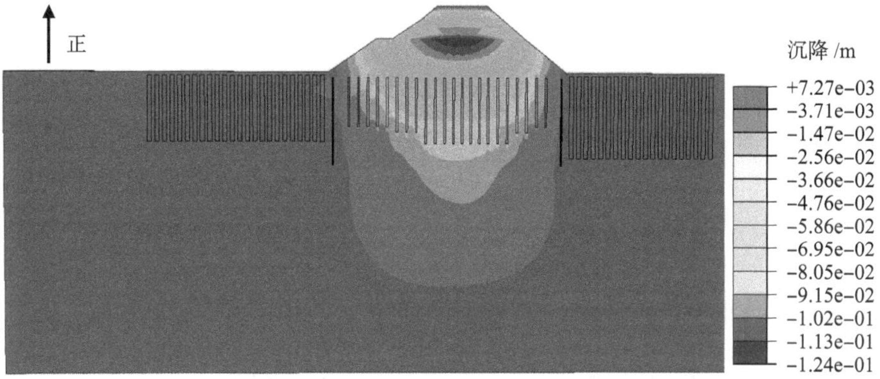

（a）边桩加强地基堆载结束1590 h沉降云图

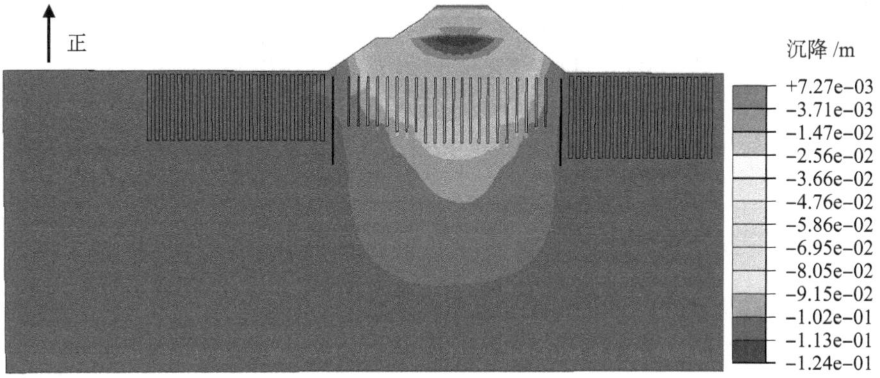

（b）边桩等强地基堆载结束32 h沉降云图

图7.14　两种方案在相同加载工况堆载结束后一定时间地基沉降云图

图7.15为边桩加强地基及边桩等强地基堆载结束后一定时间堆载区地表沉降曲线，由图可以看出，边桩加强地基堆载结束后约66天，最大地表沉降68.3 mm出现在堆载区中部，堆载区地表沉降呈良好的“锅底型”态势；边桩等强地基堆载结束后32 h，最大地表沉降1720.5 mm出现在堆载体内部偏左测（防尘网侧），防尘网侧堆载体坡角处出现528.9 mm地表隆起，图7.14（b）显示边桩等强地基最大地表隆起变形1.86 m出现在防尘网一侧堆载体坡脚外，堆载区地表沉降无明显“锅底型”态势。

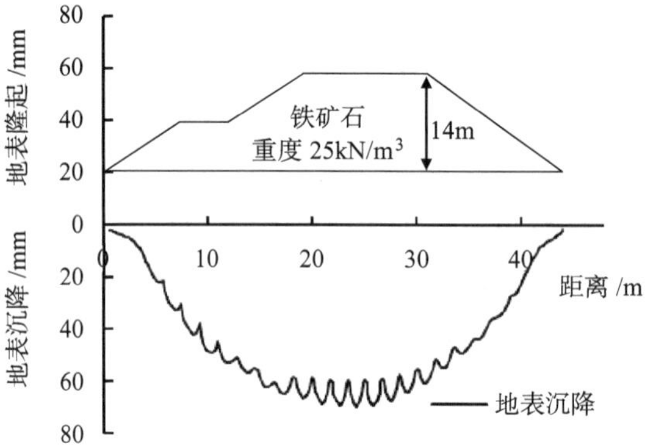

（a）边桩加强地基加荷后1590 h堆载区地表沉降

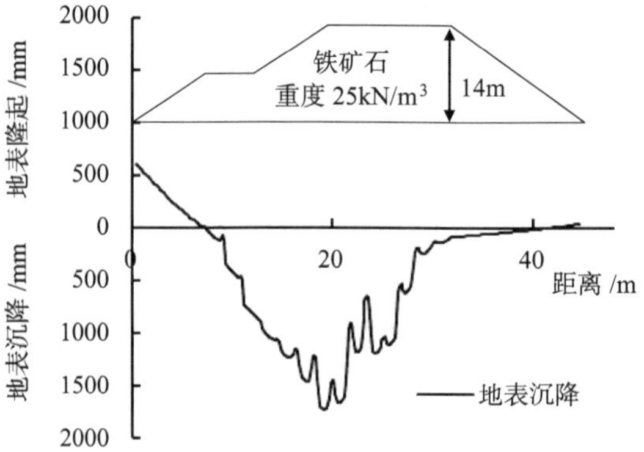

（b）边桩等强地基加荷后32 h堆载区地表沉降

图7.15　两种方案在相同加载工况堆载结束后一定时间堆载区地表沉降曲线

综上，试验工况荷载下，边桩加强地基有效地抑制了地基整体沉降变形及堆载体坡脚出地表隆起变形。

7.2.2　水平位移计算结果对比

对于边桩加强以及边桩等强地基，采用与现场实际相同的加载工况，观察两种工况下的地基水平位移特性。图7.16为边桩加强地基和边桩等强地基在相同加载工况下，堆载结束后一定时间地基水平位移云图。由图可以看出，边桩加强地基堆载结束后约66天，两侧坡脚处水平位移最大，约3~5 cm；边桩等强地基堆载结束后32 h，防尘网侧坡脚处水平位移最大约3.0 m，右侧（轨道梁侧）位移约0.3 m。由此，边桩加强地基整体稳定性良好，边桩等强地基在相同荷载条件下已失稳破坏，部分堆载体及地基向防尘网侧滑移。

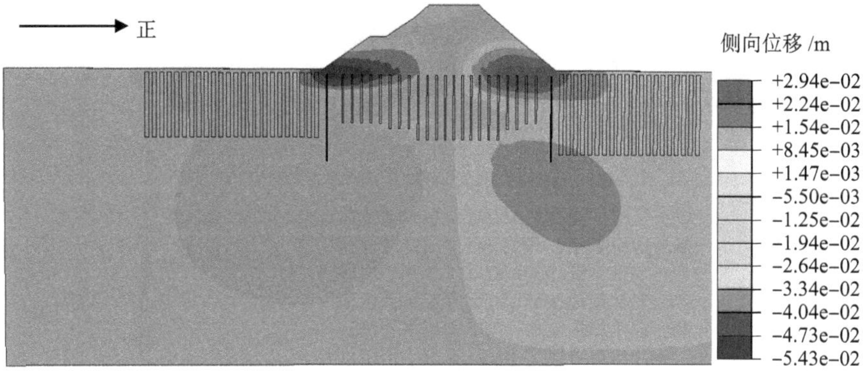

（a）边桩加强地基堆载结束1590 h水平位移云图

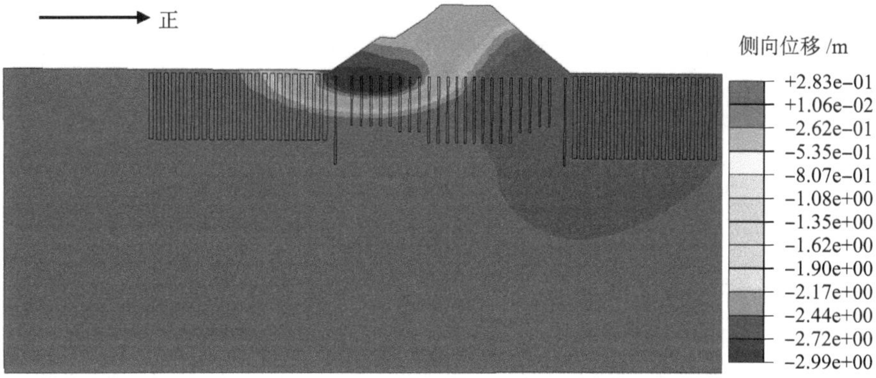

（b）边桩等强地基堆载结束32 h水平位移云图

图7.16　两种方案在相同加载工况堆载结束后一定时间地基水平位移云图

图7.17为边桩加强地基和边桩等强地基在相同加载工况下，堆载结束后堆载体变坡处桩间土深层水平位移发展曲线，图7.18为边桩加强地基和边桩等强地基在相同加载工况下，堆载结束后堆载体变坡处CFG桩0~8 m水平位移发展曲线。由图可以看出，边桩加强地基堆载结束时（1009 h）堆载变坡处桩间土及CFG桩侧向变形最大值相近，约30 mm，随着堆载结束，该处桩间土及CFG桩侧向变形快速趋于收敛态势；边桩等强地基堆载结束时（1009 h）堆载变坡处地基侧向变形量略大于边桩加强地基，约40 mm，随着堆载结束，该处桩间土及CFG桩侧向变形持续发展，并无收敛趋势。由此，堆载坡角处边桩内置钢管相对于无钢管，能有效抑制地基内部侧向变形持续发展。

综上所述，试验工况荷载下，边桩加强地基有效地抑制了地基整体水平变形，而边桩等强地基则不能保持地基稳定，两种地基中两排边桩的强度参数差异是引起地基变形和稳定状态差别的唯一因素。

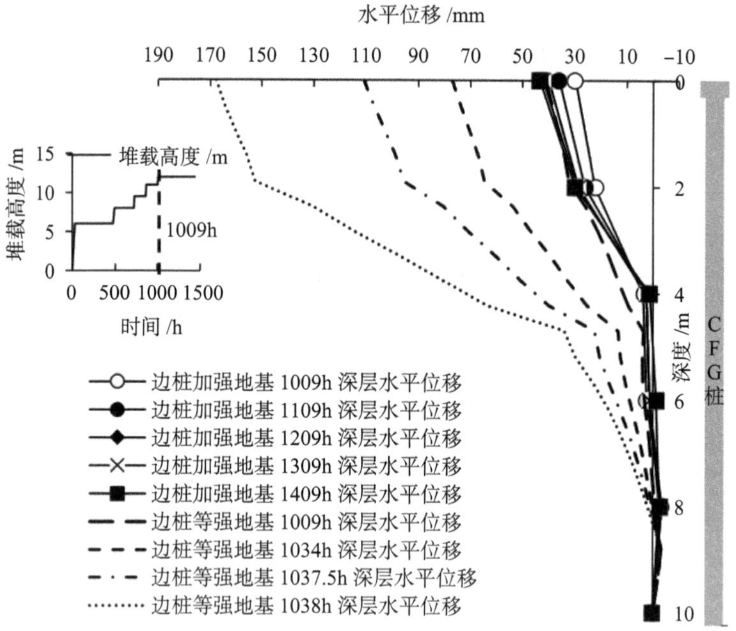

图7.17　两种方案在相同加载工况堆载结束后堆载体变坡处桩间土深层水平位移发展曲线

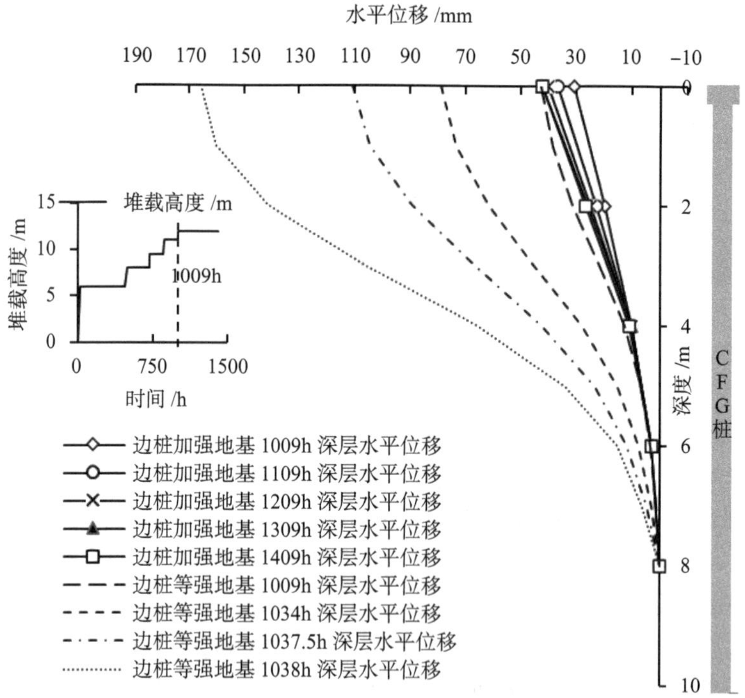

图7.18　两种方案在相同加载工况堆载结束后堆载体变坡处CFG桩0~8 m水平位移发展曲线

7.2.3　桩身混凝土破坏情况比较

图7.19为边桩加强地基和边桩等强地基在相同加载工况下，堆载结束后一定时间堆载区桩身混凝土受拉损伤云图。由图可以看出，在试验工况荷载下，边桩加强地基堆载

区桩身混凝土最大受拉损伤因子为0.818，小于0.95，说明边桩加强地基堆载区桩身混凝土未出现拉裂破坏；边桩等强地基堆载区桩身混凝土多处受拉损伤因子大于0.95，说明边桩等强地基堆载区桩身多处出现拉裂破坏，破坏位置主要集中在边桩及靠近防尘网侧桩体的各土层交界面。

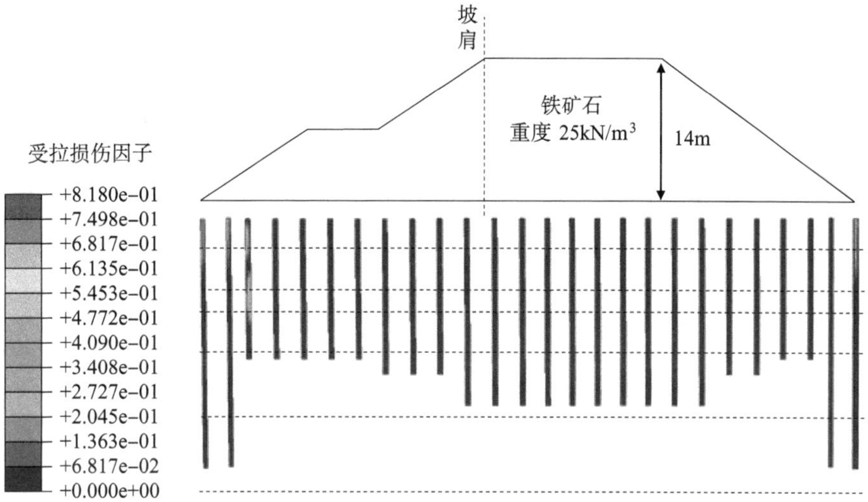

（a）边桩加强地基堆载结束1590 h桩身损伤云图

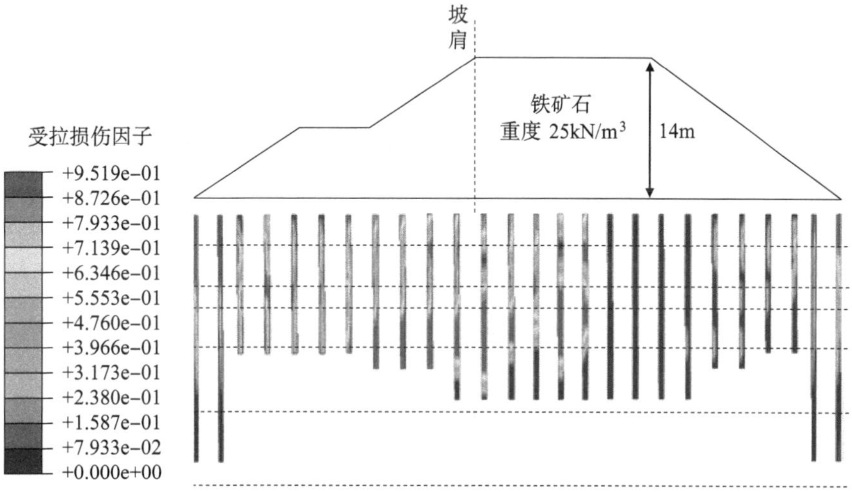

（b）边桩等强地基堆载结束32 h桩身损伤云图

图7.19 两种方案在相同加载工况堆载结束后桩身混凝土受拉损伤云图

图7.20为边桩加强地基和边桩等强地基在相同加载工况下，堆载结束后一定时间堆载区桩身混凝土受压损伤云图。由图可以看出，在试验工况荷载下，边桩加强地基堆载区桩身混凝土最大受压损伤因子为0.332，小于0.95，说明边桩加强地基堆载区桩身混凝土未出现压碎破坏；边桩等强地基堆载区桩身混凝土多出受拉损伤因子大于0.95，说明边桩等强地基堆载区桩身多处出现压碎破坏，破坏位置主要集中在堆载体坡肩下桩体。

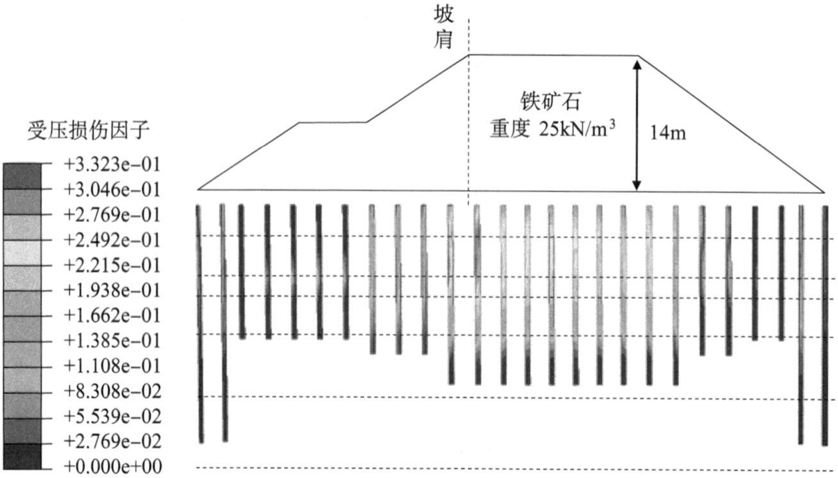

（a）边桩加强地基堆载结束1590 h桩身损伤云图

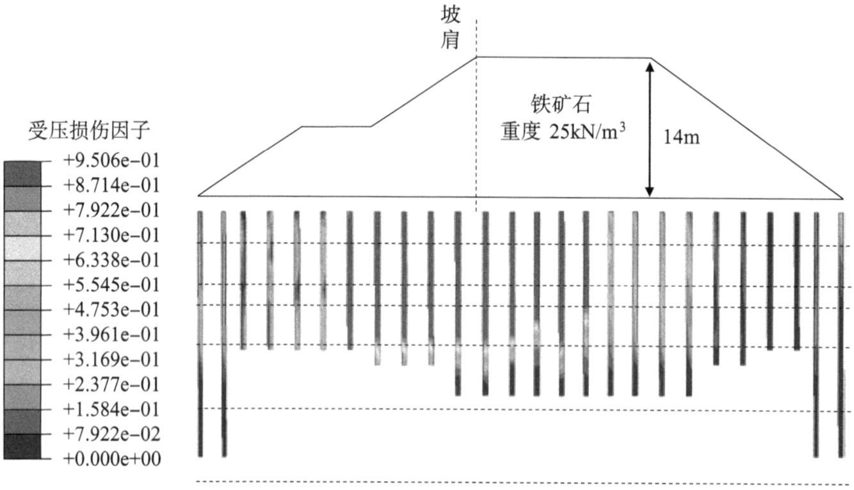

（b）边桩等强地基堆载结束32 h桩身损伤云图

图7.20　两种方案在相同加载工况堆载结束后桩身混凝土受压损伤云图

桩身混凝土出现拉裂破坏是其丧失水平承载能力的直接原因，图7.21为边桩等强地基在堆载结束后桩体出现拉裂损伤破坏的深度位置及顺序，为恒载过程中的演化过程，是基于混凝土损伤模型得到的损伤因子确定的先后顺序。由图可以看出，桩体出现破坏的位置有两种，一种是桩头，另一种是桩体上软硬土层交界处。桩头位置破坏是桩帽与桩体的刚性连接损伤，桩体位置破坏是桩体发生拉压损伤。地基左半部桩体已全部破坏且破坏位置相接，能构成连续的滑裂面，说明地基左半部深层已完全破坏，与桩体等强地基的水平位移模拟结果相一致。

基于桩体破坏的顺序和位置，可以认定地基出现渐进破坏的原因，是个别超负荷桩体破坏导致应力重新分布引起的连锁反应。先次出现破坏的桩体是处于附加应力集中区域，应该为加强桩所在的位置。图7.21中破坏顺位2、3、4所在位置处于堆载体两侧坡脚处地基，和本试验工况加强桩的位置相同，说明本试验设计的加强桩

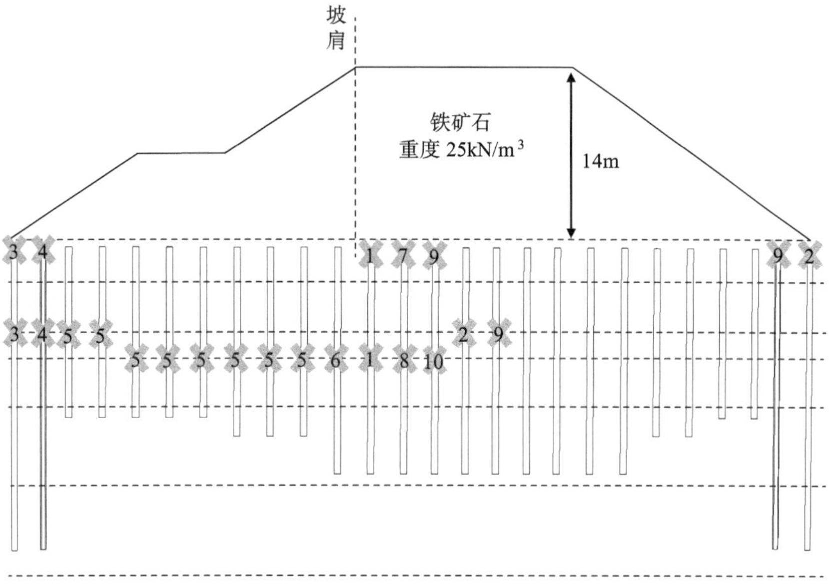

图 7.21　边桩等强地基桩体受拉破坏位置及顺序

位置具有合理性。破坏顺位1所在位置是桩体损伤连锁反应的起点，应该是首选的加强桩位，处于堆载体内部，位置和堆载的分布形式有关，在工程实施时其位置难以把握准确。

7.3　边桩加强地基破坏模拟分析

为进一步研究边桩加强地基的加固效果，采用不改变堆载形式，增加堆载体重度的形式对边桩加强地基施加更高级荷载，直至地基出现滑移或压溃破坏，进一步分析边桩加强地基的破坏模式；堆载体容重从25 kN/m^{3}以5 kN/m^{3}为阶梯逐级增加堆载体容重；发现堆载体容重达到35 kN/m^{3}时，边桩加强地基出现压溃破坏，相应边桩加强地基破坏模拟分析如下：

7.3.1　沉降计算结果分析

图7.22为边桩加强地基在堆载强度达到490 kPa后1024.9 h的地基沉降云图。由图可以看出，边桩加强地基在堆载强度达到490 kPa后地基最大沉降主要集中在堆载区中部，堆载体两侧坡脚部分土体出现隆起。

图7.23为边桩加强地基在堆载强度达到490 kPa后1024.9 h的堆载区地表沉降曲线。由图可以看出，堆载区最大地表沉降为235.9 mm，位于堆载区中部，最大地表隆起为25.4 mm，位于堆载区右侧坡脚，堆载区地表不均匀沉降达261.3 mm，堆载区地表沉降呈现“V”形态势。

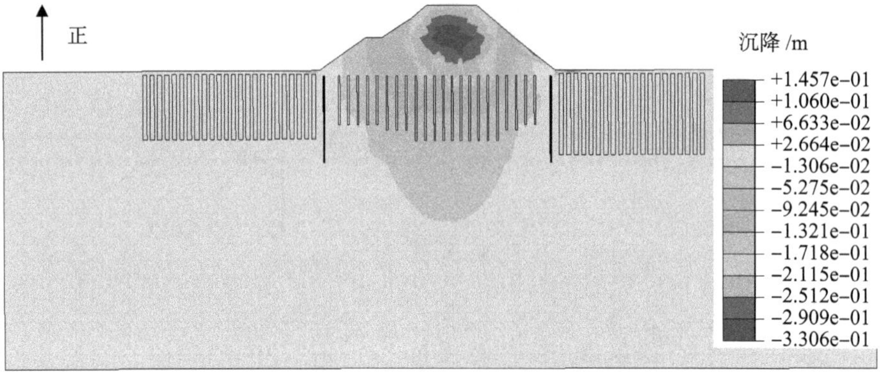

图 7.22　边桩加强地基堆载 1024.9 h 地基沉降云图

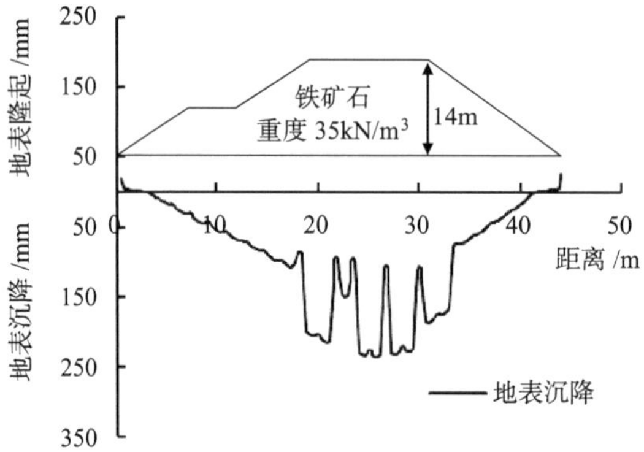

图 7.23　边桩加强地基堆载 1024.9 h 堆载区地表沉降

7.3.2　水平位移计算结果分析

图 7.24 为边桩加强地基在堆载强度达到 490 kPa 后 1024.9 h 的地基侧向位移云图。由图可以看出，边桩加强地基在堆载强度达到 490 kPa 后侧向位移最大值为 569.0 mm，位于堆载体右侧坡脚，并未出现如图 7.16（b）所示地基整体侧向变形，地基整体还能保持稳定。

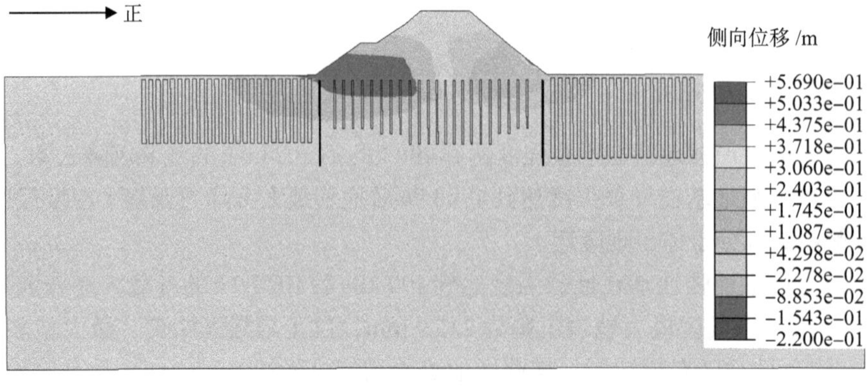

图 7.24　边桩加强地基堆载 1024.9 h 地基侧向位移云图

7.3.3 桩身混凝土破坏情况分析

图7.25为边桩加强地基在堆载强度达到490 kPa后1024.9 h的桩体受拉损伤分布情况。由图可以看出，本试验场地采用的边桩加强方案，在更高级荷载作用下，地基内桩体受拉破坏集中于堆载区中部区域桩顶及淤泥质黏土与粉细砂土层交界处，破坏位置并未构成连续的破坏面。

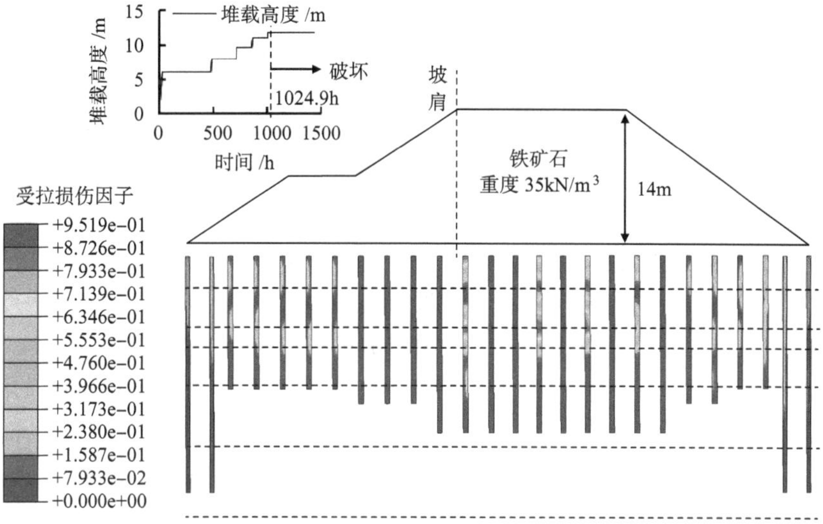

图7.25 边桩加强地基堆载1024.9 h桩体受拉损伤云图

图7.26为边桩加强地基在堆载强度达到490 kPa后1024.9 h的桩体受拉损伤分布情况。由图可以看出，本试验场地采用的边桩加强方案，在更高一级荷载作用下，地基内破坏桩体集中于堆载区中部区域对应位置，且是受压损伤，地基整体还能保持稳定。由此，堆载体两侧坡脚处的两排加强桩发挥了重要的强化地基作用。

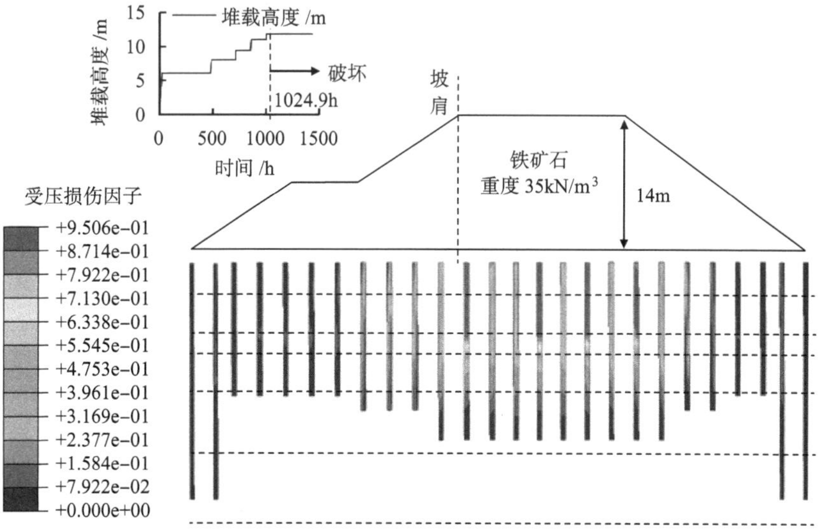

图7.26 边桩加强地基堆载1024.9 h桩体受压损伤云图

7.4 小　　结

本章通过对比实测与模拟D3断面桩间土压缩、孔隙水压力、地基深层水平位移等数据，确定数值模型各材料等效参数指标，依托ABAQUS有限元模型，通过对比边桩加强地基与边桩等强地基在试验工况荷载作用下的变形特性，分析边桩等强地基失稳的作用机理，并进一步模拟边桩加强地基在更高级荷载作用下的破坏模式，所得结论如下：

（1）边桩加强可以减小地基总沉降，并有效抑制堆载体坡脚外地表隆起。边桩加强地基堆载区地表沉降呈现良好的“锅底型”态势，最大沉降出现在地基中部，边桩等强地基堆载区最大沉降出现在堆载体变坡下地基表面，且堆载体左侧坡脚处地表出现了明显的隆起。

（2）大荷载下CFG桩复合地基内部CFG桩会发生倾斜或弯曲。CFG桩复合地基在上部荷载作用下，桩身发生弯曲，桩身混凝土在软硬土层交界处存在拉裂损伤破坏的隐患，地基稳定性分析时应考虑桩身混凝土损伤破坏的影响。

（3）边桩的强度和结构型式对CFG桩复合地基的变形具有显著的抑制作用。试验工况荷载下，边桩加强地基能有效地抑制沉降和水平变形从而保持地基稳定，而相同布桩型式的边桩等强地基则不能保持地基稳定，地基中两排边桩的结构和强度对地基整体稳定状态有重要影响。

（4）加强桩位于堆载体坡脚位置是合理的。边桩等强地基破坏是渐进过程，是个别超负荷桩体破坏导致应力重新分布引起的连锁反应，堆载体两侧坡脚处桩体属于先期破坏的单桩且位置确定性明显，以此作为加强桩的位置是合理的，实施上也具有较高可行性。

（5）更高级荷载作用下，边桩加强地基仍能保持整体稳定。在堆载强度达到490 kPa后，地基出现局部压溃破坏，堆载区地表沉降呈现“V”形态势，地基整体未出现滑移现象，边桩加强后地基可承担同量级及更高荷载。

参 考 文 献

［1］广东省航运规划设计院有限公司．霞山港区散货码头16#堆场修复工程EPC（设计、采购、施工）总承包项目岩土勘察报告（施工图设计阶段）［R］．广州：2019.

［2］中交第四航务工程勘察设计院有限公司．湛江港霞山港区散货码头工程（14~16#堆场）工程地质勘察报告）（施工图设计阶段）［R］．广州：2017.

［3］中交第四航务工程勘察设计院有限公司．湛江港散货码头16#堆场修复工程岩土工程勘察报告（施工图设计阶段）［R］．广州：2017.

［4］中交第四航务工程勘察设计院有限公司．湛江港霞山港区散货码头工程堆取料机轨道基础（含南柳河加固优化设计）补充钻探报告［R］．广州：2012.

［5］水运工程施工图文件编制规定：JTS 110–7–2013［S］．北京：人民交通出版社，2013.

［6］水运工程地基设计规范：JTS 147–1–2017［S］．北京：人民交通出版社，2018.

［7］复合地基技术规范：GB/T 50783–2012［S］．北京：中国计划出版社，2012.

［8］公路路堤刚性桩复合地基技术指南：T/CHCA 003–2019［S］．北京：人民交通出版社，2020.

［9］公路软土地基路堤设计与施工技术细则：JTGTD31–02–2013［S］．北京：人民交通出版社，2013.

［10］广东省公路软土地基设计与施工技术规定：GDJTG/T E01–2011［S］．北京：人民交通出版社，2012.

［11］建筑地基处理技术规范：JGJ 79–2012［S］．北京：中国建筑工业出版社，2012.

［12］建筑地基基础设计规范：GB 50007–2011［S］．北京：中国建筑工业出版社，2011.

［13］港口工程荷载规范：JTS 144–1–2010［S］．北京：人民交通出版社，2010.

［14］水运工程混凝土结构设计规范：JTS 151–2011［S］．北京：人民交通出版社，2011.

［15］水运工程抗震设计规范：JTS146–2012［S］．北京：人民交通出版社，2012.

［16］水运工程质量检验标准：JTS 257–2008［S］．北京：人民交通出版社，2008.

［17］水运工程土工合成材料应用技术规范：JTS/T 148–2020［S］．北京：人民交通出版社，2020.

［18］岩土工程监测规范：YS/T 5229–2019［S］．北京：中国计划出版社，2020.

［19］岩土工程勘察规范：GB 50021–2001，2009年版［S］．北京：中国建筑工业出版社，2009.

［20］土工试验方法标准：GB/T 50123–2019［S］．北京：中国计划出版社，2019.

［21］土工合成材料裂膜丝机织土工布：GB/T 17641–1998［S］．北京：中国标准出版社，1999.

[22] 港口道路与堆场设计规范：JTS 168-2017 [S]. 北京：人民交通出版社，2017.

[23] 混凝土结构设计规范：GB 50010—2010 [S]. 北京：中国建筑工业出版社，2011.

[24] 徐攸在. 桩基检验手册 [M]. 北京：中国水利水电出版社，1999.

[25] 常士骠，张苏民. 工程地质手册 [M]. 北京：中国建筑工业出版社，2007.

[26] 郑明燕，孙洋波. 声波透射法在灌注基桩完整性检测中的应用研究 [J]. 铁道建筑，2010，10：37-139.

[27] 郑刚，龚晓南，谢永利，等. 地基处理技术发展综述 [J]. 土木工程学报，2012，45（2）：127-146.

[28] 刘金龙，栾茂田，汪东林，等. 土工织物与塑料排水板联合处理软基的效果分析 [J]. 岩土力学，2009，30（06）：1726-1730.

[29] 邓礼久，金亮星，罗嘉金. 塑料排水板堆载预压法处理软基的固结效果 [J]. 铁道科学与工程学报，2013，10（03）：68-72.

[30] 吴燕开，方磊，李新伟，等. 预应力管桩联合塑料排水板加固软土地基技术探讨 [J]. 岩石力学与工程学报，2006，（S2）：3572-3576.

[31] 张国联，邹海文，王玉奇，等. 堆载预压处理滨海软基三维数值分析 [J]. 东北大学学报（自然科学版），2017，38（12）：1780-1784.

[32] 金亮星，王守林，陈明. 排水板堆载预压加固软基的固结沉降数值模拟 [J]. 地下空间与工程学报，2014，10（S2）：1930-1934.

[33] 黄飞，祁长青，李新发. 塑料排水板处理临江软基效果数值模拟 [J]. 防灾减灾工程学报，2013，33（05）：536-541.

[34] 张甲峰，钱建固，张合青，等. 塑料排水板联合超载预压处理超大面积深厚软基的数值分析 [J]. 岩土工程学报，2013，35（S2）：892-896.

[35] 贾亮，朱彦鹏，贺世开，等. CFG桩和抛石挤淤加固软土地基的试验研究 [J]. 铁道工程学报，2016，33（09）：1-4.

[36] 冯震，王连俊，王娜，等. CFG桩横向荷载作用下竖向沉降和承载力的试验研究 [J]. 北京交通大学学报，2007，（04）：68-70.

[37] 王炳龙，杨龙才，周顺华，等. CFG桩控制深厚层软土地基沉降的试验研究 [J]. 铁道学报，2006，（06）：112-116.

[38] 曾俊铖，张继文，童小东，等. 高速铁路CFG桩-筏复合地基沉降试验研究 [J]. 东南大学学报（自然科学版），2010，40（03）：570-574.

[39] 刘吉福，郑刚，龚晓南，等. 柔性荷载刚性桩复合地基修正密度法稳定分析改进 [J]. 岩土工程学报，2017，39（S2）：33-36.

[40] 郑刚，杨新煜，周海祚，等. 基于渐进破坏的路堤下刚性桩复合地基的稳定性分析及控制 [J]. 岩土工程学报，2017，39（04）：581-591.

[41] 周爱军，栗冰. CFG桩复合地基褥垫层的试验研究和有限元分析 [J]. 岩土力学. 2010，31（06）：1803-1808.

[42] 黄生根. CFG桩复合地基现场试验及有限元模拟分析 [J]. 岩土力学，2008，（05）：1275-1279.

［43］丁铭绩．高速铁路CFG桩桩板复合地基工后沉降数值模拟［J］．中国铁道科学，2008，（03）：1-6.

［44］姜彦彬，何宁，汪璋淳，等．加筋路堤下刚性桩复合地基若干有限元建模类型分析［J］．岩土工程学报，2020，42（11）：2106-2114.

［45］刘际雨，陈敬学，邓利玲．CFG桩复合地基褥垫层效用的三维有限元分析［J］．科学技术与工程，2012，12（16）：4030-4033.

［46］张建伟，原华，孔德志．CFG桩复合地基褥垫层效用的有限元分析［J］．岩土工程学报，2011，33（S2）：460-463.

［47］卢萍珍，于东晖，方云飞，等．CFG桩复合地基增强体偏位影响分析［J］．建筑结构，2014，44（20）：126-129.

［48］朱云升，胡幼常，丘作中，等．柔性基础复合地基力学性状的有限元分析［J］．岩土力学，2003，（03）：395-400.

［49］杨生彬，邵卫信，王吉元．CFG桩复合地基受力性状三维数值模拟研究［J］．岩土力学，2008，29（12）：3431-3436.

［50］李三明，阎波，安海堂，等．CFG桩软基加固质量缺陷原因分析及处理方法探讨［J］．岩土工程学报，2017，39（S2）：216-219.

［51］韩煊，李宁．复合地基中群桩相互作用机理的数值试验研究［J］．土木工程学报，1999，（04）：75-80.

［52］王瑞芳，雷学文．刚性桩复合地基应力及沉降规律数值分析［J］．工业建筑，2004，（11）：49-53.

［53］周军红，刘焕存，黄昌乾．插筋增强型CFG桩复合地基在北京地区的应用［J］．工程勘察，2009，37（02）：13-18.

［54］卓雄华．后插筋CFG桩在合福高速铁路路基中的应用［J］．路基工程，2014，（05）：201-206.

［55］李杰，吴建营．混凝土弹塑性损伤本构模型研究　Ⅰ：基本公式［J］．土木工程学报，2005，（09）：14-20.

［56］吴建营，李杰．混凝土弹塑性损伤本构模型研究　Ⅱ：数值计算和试验验证［J］．土木工程学报，2005，（09）：21-27.